≫统计学精品译丛≪

（原书第2版）

随机过程基础

Essentials of Stochastic Processes

(Second Edition)

（美）Richard Durrett 著

张景肖 李贞贞 译

机械工业出版社
CHINA MACHINE PRESS

图书在版编目（CIP）数据

随机过程基础（原书第 2 版）/（美）杜雷特（Durrett，R.）著；张景肖，李贞贞译 . —北京：机械工业出版社，2014.1（2025.1 重印）

（统计学精品译丛）

书名原文：Essentials of Stochastic Processes，Second Edition

ISBN 978-7-111-44751-1

Ⅰ . 随…　Ⅱ.①杜…　②张…　③李…　Ⅲ . 随机过程　Ⅳ . O211.6

中国版本图书馆 CIP 数据核字（2013）第 269615 号

北京市版权局著作权合同登记　图字：01-2013-5986 号。

Translation from the English language edition：Essentials of Stochastic Processes，Second Edition（ISBN：978-1-4614-3614-0）by Richard Durrett.

Copyright © 1999，2012 Springer New York.

Springer New York is a part of Springer Science+Business Media.

All rights reserved.

本书中文简体字版由 Springer Science+Business Media 授权机械工业出版社独家出版 . 未经出版者书面许可，不得以任何方式复制或抄袭本书内容 .

本书包括离散时间 Markov 链、Poisson 过程、更新过程、连续时间 Markov 链、鞅和金融数学六章内容，涵盖了随机过程的核心知识点，涉及大量较新应用 . 书中内容完全以应用为导向，不涉及高深的理论证明或数学推导，极富思想性 . 作者力求通过展示随机过程的实际应用来让学生学习这门学科，因此书中有大量的例子，还有 200 多道习题来加深读者对内容的理解 .

本书可作为各专业本科生或研究生的随机过程入门教材，也可作为相关老师和实际工作者的参考书 .

机械工业出版社（北京市西城区百万庄大街 22 号　　邮政编码　100037）

责任编辑：迟振春

北京捷迅佳彩印刷有限公司印刷

2025 年 1 月第 1 版第 7 次印刷

186mm×240mm · 12.25 印张

标准书号：ISBN 978-7-111-44751-1

定　　价：45.00 元

客服电话：（010）88361066　68326294

译 者 序

由于随机过程理论在众多领域的重要应用, 在本科和研究生阶段的很多专业都开设了这门课程. 到目前为止, 关于随机过程的中英文教材已经非常之多, 而译者认为, Richard Durrett 的《Essentials of Stochastic Processes》是这些教材中非常有特色的一部, 所以很高兴可以将该书介绍给我国的读者.

该书所讲述的内容包括 Markov 链、Poisson 过程、更新过程、鞅和金融数学的一些基本知识等. 这些内容在金融和保险等领域具有非常重要的应用, 所以本书非常适用于经济管理类专业的读者. 当然对于其他专业的读者, 本书也可以作为一个很好的参考.

该书要求一定的概率论知识, 但不需要读者有测度论的基础. 在该书的写作上, 作者一般先对理论之所以正确给出启发性的解释, 之后再给出证明的细节. 这样既可以帮助读者从直观上理解这些理论又不失数学上的严谨, 由此兼顾到不同读者的需求. 本书的另一个特点是它介绍了很多非常有趣的例子, 读者在看了这些例子之后, 可能会产生随机过程在生活中无处不在的感觉.

原书中的一些打印错误和不当之处在翻译过程中已经做了修订. 限于译者的水平, 译稿中肯定还会存在各种问题和不当之处, 敬请读者批评指正.

在翻译本书的过程中, 我们得到了很多人的帮助, 在此表示衷心的感谢. 借此机会, 我们特别感谢一直默默支持我们的家人, 没有他们的关心和帮助, 本书的翻译不可能完成. 同时感谢本书的编辑明永玲的大力协助.

前　言

在本科生第一门概率论课程和研究生第一门基于测度论的概率论课程之间，针对不同学习兴趣和不同数学水平的学生开设了许多不同的随机过程课程. 本书为了满足读者（和教师）对细节的不同需求，很多证明先是以并不严格的方式回答了"为什么这个结论是正确的"这个问题，之后再补充上前面缺失的细节. 事实上，正如即使不知道内燃机是如何工作的也可以开车一样，不知道证明的细节并不影响对 Markov 链理论的应用. 另外，我本人的哲学是"概率论是用来解决问题的"，因此我们花费了大量的精力来分析例子. 另外本书精心选择了 200 多道习题，想要学好这门课程，读者必须要认真做其中的很大部分.

本书开始于 1997 年春季我在康奈尔大学第二次教授 ORIE 361 课程的讲义. 2009 年春季，康奈尔大学数学系开设了自己的随机过程课程——MATH 474. 从此我开始准备讲义的第 2 版. 本来我计划在 2010 年春季，也就是我第二次教授这个课程之后完成本书，但是当 5 月过去，由于准备从居住了 25 年的伊萨卡⊖搬到达勒姆⊜，完成这本书的计划没有达成. 2011 年秋季，我在杜克大学教授随机过程课程——Math 216，班上有 20 名本科生和 12 名研究生. 随后在圣诞假期期间，我终于完成了第 2 版.

说来奇怪，虽然第 2 版和第 1 版在篇幅和习题的数量上都大致相同，但是二者还是有着本质的区别. 在第 2 版中有很多新的例子和习题，并附有运用 TI-83 的解法，用这种方法可以避免手工求解线性方程的烦琐的细节. 学生告诉我其实只需要运用 MATLAB 就可以求解，或许我将会在下一版中使用 MATLAB.

Markov 链这一章重新编排过. Possion 过程的章节从第 3 章前移到了第 2 章，紧随其后介绍了与其有密切关系的更新理论. 连续时间 Markov 链仍然放在第 4 章，增加了离出分布和首达时的内容，减少了排队网络的内容. 为了给新增加的第 6 章金融数学中使用鞅的知识做好准备，鞅的内容放在了第 5 章. 对这个水平的学生来说，鞅部分是比较困难的. 第 6 章扩展了前一版关于美式期权和资本资产定价模型的两节内容. 在讨论 Black-Scholes 模型时 Brown 运动客串出场，但与前一版相比，并没有对其做深入讨论.

像往常一样，在过去的十几年中，得益于那些发现错误的人们的告知，使得第 2 版得以完善. 如果你发现有新的错误，请发送电子邮件至 rtd@math. duke. edu.

Richard Durrett

⊖　即康奈尔大学所在地 Ithaca，是美国一个很小而又很偏远的大学镇. ——编辑注
⊜　即杜克大学所在地 Durham，位于北卡罗来纳州. ——编辑注

目 录

译者序

前言

第 1 章 Markov 链 ················ 1

1.1 定义和例子 ················ 1

1.2 多步转移概率 ············ 7

1.3 状态分类 ················ 10

1.4 平稳分布 ················ 15

1.5 极限行为 ················ 20

1.6 特殊例子 ················ 26

    1.6.1 双随机链 ········ 26

    1.6.2 细致平衡条件 ···· 28

    1.6.3 可逆性 ········ 31

    1.6.4 Metropolis-Hastings 算法 ··· 32

*1.7 主要定理的证明 ········ 34

1.8 离出分布 ············ 38

1.9 离出时刻 ············ 43

*1.10 无限状态空间 ········ 47

1.11 本章小结 ············ 52

1.12 习题 ················ 55

第 2 章 Poisson 过程 ············ 67

2.1 指数分布 ············ 67

2.2 Poisson 过程的定义 ······ 69

2.3 复合 Poisson 过程 ······ 74

2.4 变换 ················ 76

    2.4.1 稀释 ············ 76

    2.4.2 叠加 ············ 77

    2.4.3 条件分布 ········ 78

2.5 本章小结 ············ 79

2.6 习题 ················ 80

第 3 章 更新过程 ················ 86

3.1 大数定律 ············ 86

3.2 在排队论中的应用 ········ 90

    3.2.1 $GI/G/1$ 排队系统 ···· 90

    3.2.2 成本方程 ········ 91

    3.2.3 $M/G/1$ 排队系统 ···· 92

*3.3 年龄和剩余寿命 ········ 93

    3.3.1 离散时间情形 ···· 94

    3.3.2 一般情形 ········ 95

3.4 本章小结 ············ 96

3.5 习题 ················ 97

第 4 章 连续时间 Markov 链 ········· 100

4.1 定义和例子 ············ 100

4.2 转移概率的计算 ········ 103

4.3 极限行为 ············ 107

4.4 离出分布和首达时刻 ···· 112

4.5 Markov 排队系统 ······ 115

    4.5.1 单服务线的排队系统 ···· 115

    4.5.2 多服务线的排队系统 ···· 118

*4.6 排队网络 ············ 120

4.7 本章小结 ············ 125

4.8 习题 ················ 126

第 5 章 鞅 ···················· 132

5.1 条件期望 ············ 132

5.2 例子，基本性质 ········ 133

5.3 赌博策略，停时 ········ 136

5.4 应用 ················ 139

5.5 收敛 ················ 142

5.6 习题 ················ 145

第 6 章 金融数学 ··············· 148

6.1 两个简单例子 ········ 148

6.2 二项式模型 ········ 151

    6.2.1 单期情形 ········ 151

    6.2.2 N 期模型 ········ 152

6.3 具体例子 …………………… 154

6.4 资本资产定价模型 ………… 157

6.5 美式期权 …………………… 160

6.6 Black-Scholes 公式 ………… 162

6.7 看涨和看跌期权 …………… 165

6.8 习题 ……………………………… 167

附录 A 概率论复习 …………… 170

参考文献 ……………………………… 182

索引 …………………………………… 183

第1章　Markov 链

1.1　定义和例子

Markov 链的重要性来自两个方面：(i) 大量的物理、生物、经济和社会现象都可以以此为模型；(ii) 有很成熟的理论为计算提供支持. 下面我们先介绍一个著名的例子，之后给出 Markov 链一个性质的描述，此性质也可以作为 Markov 链的定义.

例 1.1 赌徒破产　假设你在一场赌博中的每一局赢 1 元的概率都为 $p = 0.4$，输 1 元的概率为 $1 - p = 0.6$. 进一步假设你所采用的赌博规则是：一旦财富达到了 N 元就退出游戏. 当然，如果你的财富变为 0 元，赌场会让你停止赌博. ■

用 X_n 表示 n 局之后你所拥有的金钱，则你的财富 X_n 具有"Markov 性". 换句话说，这意味着，当给定当前的状态 X_n 时，过去的任何其他信息与下一个状态 X_{n+1} 的预测都是不相干的. 为了对赌徒破产链检验此性质，注意到如果在时刻 n 你仍然在赌博，即你的财富为 $X_n = i, 0 < i < N$，则对于你财富变化的任意可能历史序列 $i_{n-1}, i_{n-2}, \cdots, i_1, i_0$，为了增加一个单位的财富，你必须赢得下一局，即

$$P(X_{n+1} = i + 1 \mid X_n = i, X_{n-1} = i_{n-1}, \cdots, X_0 = i_0) = 0.4$$

这里我们用 $P(B \mid A)$ 来表示在事件 A 发生的条件下事件 B 发生的条件概率. 回想条件概率的定义可知

$$P(B \mid A) = \frac{P(B \bigcap A)}{P(A)}$$

如果对这个概念不清楚，可参见附录 A.1.

现在转到 Markov 链的正式定义，称 X_n 是一个**转移矩阵**为 $p(i, j)$ 的离散时间 **Markov 链**，如果对任意 $j, i, i_{n-1}, \cdots, i_0$，有

$$P(X_{n+1} = j \mid X_n = i, X_{n-1} = i_{n-1}, \cdots, X_0 = i_0) = p(i, j) \tag{1.1}$$

从这里开始，用**黑体字**标明要被定义或解释的单词或短语.

等式（1.1）解释了当我们说"当给定当前的状态 X_n 时，过去的任何其他信息与 X_{n+1} 的预测都是不相干的"时意味着什么. 在公式（1.1）的表述中我们将注意力着重放在**时齐**情形，此时

$$p(i, j) = P(X_{n+1} = j \mid X_n = i)$$

即**转移概率**不依赖于时刻 n.

直观上，转移概率给定了游戏的规则. 它给出了描述一个 Markov 链所需的基本信息. 在赌徒破产链中，转移概率为

$$p(i, i+1) = 0.4, \quad p(i, i-1) = 0.6, \qquad \text{当 } 0 < i < N \text{ 时}$$
$$p(0, 0) = 1, \quad p(N, N) = 1$$

当 $N = 5$ 时，矩阵为

	0	**1**	**2**	**3**	**4**	**5**
0	1.0	0	0	0	0	0
1	0.6	0	0.4	0	0	0
2	0	0.6	0	0.4	0	0
3	0	0	0.6	0	0.4	0
4	0	0	0	0.6	0	0.4
5	0	0	0	0	0	1.0

或者将链用图形表示为

例 1.2 Ehrenfest 链   这个链来自物理学, 用于描述通过一个小孔连接的两个充满气体的立方体中的状态变化. 用数学语言来描述, 考虑概率论中的罐子模型, 即有两个罐子, 其中一共装有 N 个球. 我们从这 N 个球中随机抽取一个球, 把它从所在的罐子转移到另外一个罐子中.

用 X_n 表示在第 n 次抽取后左边罐子中球的个数. 显然 X_n 具有 Markov 性, 即, 如果我们要猜测罐子在时刻 $n+1$ 时的状态, 则左边罐子中现有球的个数 X_n 是观测状态序列 $X_n, X_{n-1}, \cdots, X_1, X_0$ 中唯一与之相关的信息. 为了验证此性质, 注意到

$$P(X_{n+1} = i+1 \mid X_n = i, X_{n-1} = i_{n-1}, \cdots, X_0 = i_0) = (N-i)/N$$

因为要使左边罐子中球的个数增加 1 个, 需要从另外一个罐子中的 $N-i$ 个球中抽出 1 个球. 相应的左边罐子中球的个数减少 1 个的概率为 i/N. 这样我们已经计算出了转移概率, 用符号表示为

$$p(i, i+1) = (N-i)/N, \quad p(i, i-1) = i/N, \quad 当 0 \leqslant i \leqslant N 时$$

其他情形下, $p(i, j) = 0$. 以 $N = 4$ 时为例, 转移矩阵为

	0	**1**	**2**	**3**	**4**
0	0	1	0	0	0
1	1/4	0	3/4	0	0
2	0	2/4	0	2/4	0
3	0	0	3/4	0	1/4
4	0	0	0	1	0

在前两个例子中, 我们先用语言描述, 后写出了转移概率. 然而, 更为通常的描述一个 Markov 链的方法是通过写出转移概率 $p(i, j)$, 它满足

(i) $p(i, j) \geqslant 0$, 因为条件概率的非负性;

(ii) $\sum_j p(i, j) = 1$, 因为当 $X_n = i$ 时, X_{n+1} 必然在某个状态 j.

等式 (ii) 表示 "对 $p(i, j)$ 关于 j 所有的可能值求和". 用文字描述, 上述两个条件表明: 该矩阵的所有元素非负且每一行和都为 1.

任意满足性质（i）和（ii）的矩阵可生成一个 Markov 链 X_n. 为构建这样一个链，我们可以想象在玩一个桌面游戏. 当我们在状态 i 时，我们通过掷骰子（或者在电脑上生成一个随机数）来选择下一个状态，以概率 $p(i, j)$ 到达状态 j.

例 1.3 天气链   令 X_n 表示纽约市 Ithaca 第 n 天的天气，我们假定天气或者是 1 = 雨天，或者是 2 = 晴天. 即使天气不完全是一个 Markov 链，但是我们可以用一个 Markov 链的模型来描述天气的变化，例如写出如下转移矩阵

	1	2
1	0.6	0.4
2	0.2	0.8

这意味着一个雨天（状态 1）之后是晴天（状态 2）的概率为 $p(1, 2) = 0.4$. 下面是人们感兴趣的一个典型问题.

问题：长期看来，天气是晴天的比例是多少？   ■

例 1.4 社会流动   令 X_n 表示一个家族的第 n 代所处的社会阶层，我们假定社会阶层包括 1 = 下层，2 = 中层，3 = 上层三种情况. 以社会学的简单观点，社会阶层的变化是一个 Markov 链，其转移概率为

	1	2	3
1	0.7	0.2	0.1
2	0.3	0.5	0.2
3	0.2	0.4	0.4

问题：处于三个阶层的人的比例是否趋于某个极限？   ■

例 1.5 品牌偏好   假设有三个品牌的洗衣粉 1，2，3，令 X_n 表示消费者在第 n 次购买时选择的品牌. 购买这三个品牌并且满意的顾客下次选择相同品牌的概率分别为 0.8，0.6，0.4. 若他们改变品牌，他们会随机选择另外两个品牌中的一个. 则此链的转移概率为

	1	2	3
1	0.8	0.1	0.1
2	0.2	0.6	0.2
3	0.3	0.3	0.4

问题：三个品牌产品的市场占有率是否稳定？   ■

例 1.6 库存链   我们考虑运用 s, S 库存控制策略的结果：当一天结束时，如果存货降到 s 或者更少，就要订购足够的产品使得存货的数量回到 S. 简单起见，假定补充货物发生在第二天的开始. 用 X_n 表示第 n 天结束时手中的存货量，D_{n+1} 为第 $n+1$ 天的需求量. 引入一个表示实数正部的符号

$$x^+ = \max\{x, 0\} = \begin{cases} x & x > 0 \\ 0 & x \leqslant 0 \end{cases}$$

则通常可以将这个链写为

$$X_{n+1} = \begin{cases} (X_n - D_{n+1})^+ & X_n > s \\ (S - D_{n+1})^+ & X_n \leqslant s \end{cases}$$

用文字来叙述，如果 $X_n > s$，则不需要订货，第二天的存货量以 X_n 单位的产品开始. 如果需求量 $D_{n+1} \leqslant X_n$，则当天结束时 $X_{n+1} = X_n - D_{n+1}$. 如果需求量 $D_{n+1} > X_n$，则当天结束时 $X_{n+1} = 0$. 如果 $X_n \leqslant s$，则第二天的存货量以 S 单位的产品开始，对 X_{n+1} 可以同理分析.

假设现在有一个电子产品店，在销售某款视频游戏系统时采用 $s = 1, S = 5$ 的库存策略. 即当一天结束时，如果店里的库存量为 1 或者 0 时，他们要订购足够单位的产品使得第二天开始时库存总量为 5. 如果假定

$$
\begin{array}{cccc}
k = & 0 & 1 & 2 & 3 \\
P(D_{n+1} = k) = & 0.3 & 0.4 & 0.2 & 0.1
\end{array}
$$

则我们可得如下的转移矩阵：

	0	**1**	**2**	**3**	**4**	**5**
0	0	0	0.1	0.2	0.4	0.3
1	0	0	0.1	0.2	0.4	0.3
2	0.3	0.4	0.3	0	0	0
3	0.1	0.2	0.4	0.3	0	0
4	0	0.1	0.2	0.4	0.3	0
5	0	0	0.1	0.2	0.4	0.3

为了解释此矩阵中的各元素，注意到当 $X_n \geqslant 3$ 时 $X_n - D_{n+1} \geqslant 0$. 当 $X_n = 2$ 时，这也几乎是正确的，但是 $p(2,0) = P(D_{n+1} = 2$ 或者 $3)$. 当 $X_n = 1$ 或者 0 时，第二天将以 5 单位产品的库存开始，所以最终结果与 $X_n = 5$ 时一致.

在这个例子中，我们可能会对下面的问题感兴趣.

问题：假设每 1 单位的产品，当它被售出时我们可以获得 12 元的利润，否则每天需花费 2 元存储. 那么长期来看，这种存货策略平均每天的利润是多少？为了获得最大利润，应该如何选择 s, S？　■

例 1.7 修复链　一台机器有三个关键零件容易出故障，但只要其中两个能工作，机器就可正常运行. 当有两个零件出故障时，它们将被替换，机器在第二天恢复正常运转. 为了构造一个 Markov 链模型，我们以损坏的零件 $\{0, 1, 2, 3, 12, 13, 23\}$ 为状态空间. 如果假定零件 1，2，3 损坏的概率分别为 0.01，0.02，0.04，但没有两个零件在同一天损坏，则可以得到下面的转移矩阵：

	0	**1**	**2**	**3**	**12**	**13**	**23**
0	0.93	0.01	0.02	0.04	0	0	0
1	0	0.94	0	0	0.02	0.04	0
2	0	0	0.95	0	0.01	0	0.04
3	0	0	0	0.97	0	0.01	0.02
12	1	0	0	0	0	0	0
13	1	0	0	0	0	0	0
23	1	0	0	0	0	0	0

如果我们有一台这样的机器，那么很自然的一个问题就是：长期来看，维持这台机器运转

所需的日平均费用是多少. 例如,我们可能问下面的问题.

问题: 如果想让这台机器运转 1800 天(大约 5 年),那么将分别使用多少件零件 1、零件 2 和零件 3? ∎

例 1.8 分支过程 这类过程来源于 Francis Galton 进行的家族姓氏消亡的统计调查. 假设一个群体中第 n 代的每一个个体产生后代都是相互独立的,产生 k 个后代(即第 $n+1$ 代的成员)的概率为 p_k. 在 Galton 的应用中只计算了男孩儿的个数,因为只有他们继承家族姓氏.

为了定义这个 Markov 链,注意到第 n 代的个体数 X_n 可以是任意非负整数,所以状态空间为 $\{0,1,2,\cdots\}$. 如果令 $Y_1,Y_2,\cdots$ 为独立随机变量且 $P(Y_m = k) = p_k$,则转移概率可写为

$$p(i,j) = P(Y_1 + \cdots + Y_i = j) \qquad i > 0, j \geqslant 0$$

当群体中没有成员时,则不会有新的成员出生,所以 $p(0,0) = 1$.

Galton 问题最初于 1873 年在 Educational Times 提出,该问题如下.

问题: 一个家族消亡的概率是多少? 也就是说,这个分支过程被吸收于 0 状态的概率是多少?

Henry William Watson 牧师给出了一个解决方案. 他们于 1874 年一起写了题为 "On the probability of extinction of families(关于家庭消亡的概率)" 的论文. 因此,这些链通常也称为 Galton-Watson 过程. ∎

例 1.9 Wright-Fisher 模型 考虑一个有 N 个基因的固定群体,基因是 A 或者 a 这两种类型之一. 例如一个包含 $N/2$ 个二倍体个体,每个染色体都有两个副本的群体,或者一个包含 N 个单倍体个体,每个染色体只有一个副本的群体. 这个模型最简单的版本是,该群体在时刻 $n+1$ 时基因的状态是通过时刻 n 的状态置换而来. 这种情形下,若令 X_n 为时刻 n 时 A 的等位基因个数,则 X_n 是以

$$p(i, j) = \binom{N}{j}\left(\frac{i}{N}\right)^j\left(1 - \frac{i}{N}\right)^{N-j}$$

为转移概率的 Markov 链,这时等式右边服从进行 N 次独立试验且成功概率是 i/N 的二项分布.

在这个模型中状态 $x = 0$ 和 N 为吸收状态,即 $p(x,x) = 1$,对应于群体中所有状态均为 a 或者 A 的固定情形. 因此自然要问下面的问题.

问题 1: 从 i 个 A 等位基因, $N-i$ 个 a 等位基因开始,群体基因归一到 A 状态的概率是多少?

为了使这个简单模型更为真实,我们引入突变概率: 一个 A 以概率 u 突变为下一代的 a,一个 a 以概率 v 突变为下一代的 A. 在这种情形下,由给定的基因状态产生一个 A 的概率为

$$\rho_i = \frac{i}{N}(1-u) + \frac{N-i}{N}v$$

但是转移概率仍然为二项分布形式

$$p(i,j) = \binom{N}{j}(\rho_i)^j(1-\rho_i)^{N-j}$$

若 u,v 都是正数，则 0 和 N 不再是吸收态，所以要问：

问题 2：当时间 $t \to \infty$ 时基因组合最终能达到**平衡分布**么？

下面一个例子说明扩展 Markov 链的概念以涵盖如下情形是容易的：当我们知道最近的两个状态，那么未来的进展与过去其他信息是独立的. ■

例 1.10 两阶段 Markov 链 在 Markov 链中 X_{n+1} 的分布仅仅与 X_n 相关. 这一条件可以很容易推广到 X_{n+1} 的分布只与 (X_n, X_{n-1}) 有关的情形. 举一个具体的例子，假设一个篮球运动员以下面的概率投中一球：

1/2，如果他最近两次投篮都未投中

2/3，如果他最近两次投篮中有一球未投中

3/4，如果他最近两次投篮都投中

构建一个 Markov 链以描述他的投篮，令过程状态为他的最近两次投球结果：{HH，HM，MH，MM}，其中 M 为未投中的简写，H 代表投中. 转移概率为

	HH	HM	MH	MM
HH	3/4	1/4	0	0
HM	0	0	2/3	1/3
MH	2/3	1/3	0	0
MM	0	0	1/2	1/2

为了解释这一矩阵，假设从状态 HM，即 $X_{n-1} = $ H，$X_n = $ M 开始，则下一次投篮结果为 H 的概率为 2/3. 当它发生时，下一个状态为 $(X_n, X_{n+1}) = $ (M，H). 如果他未投中，事件的概率为 1/3，$(X_n, X_{n+1}) = $ (M，M).

手热现象是大多数打篮球或者观看篮球比赛的人所熟知的现象. 在进了几个球之后，运动员被认为"进入最佳状态"，接下来更可能投篮命中. 金州勇士队的 Purvis Short 用更富有诗意的语言描述此现象：

"你身在自己的世界，妙不可言. 篮框似乎是那么宽，不管你做什么，你都知道球将投进."

遗憾的是，由 Gliovich，Vallone and Taversky（1985）收集的数据显示这是一个错觉. 下面的表格给出了费城 76 人队的 9 个运动员在连续 3 次投篮未中，连续 2 次投篮未中，…，连续 3 次投篮命中之后再度投篮命中的条件概率，9 个运动员分别为：Darryl Dawkins（403），Maurice Cheeks（339），Steve Mix（351），Bobby Jones（433），Clint Richardson（248），Julius Erving（884），Andrew Toney（451），Caldwell Jones（272），Lionel Hollins（419）. 括号里的数字是每个运动员的投篮次数.

$P(H|3M)$	$P(H|2M)$	$P(H|1M)$	$P(H|1H)$	$P(H|2H)$	$P(H|3H)$
0.88	0.73	0.71	0.57	0.58	0.51
0.77	0.60	0.60	0.55	0.54	0.59
0.70	0.56	0.52	0.51	0.48	0.36
0.61	0.58	0.58	0.53	0.47	0.53

（续）

$P(H\mid 3M)$	$P(H\mid 2M)$	$P(H\mid 1M)$	$P(H\mid 1H)$	$P(H\mid 2H)$	$P(H\mid 3H)$
0.52	0.51	0.51	0.53	0.52	0.48
0.50	0.47	0.56	0.49	0.50	0.48
0.50	0.48	0.47	0.45	0.43	0.27
0.52	0.53	0.51	0.43	0.40	0.34
0.50	0.49	0.46	0.46	0.46	0.32

事实上，数据支持相反的断言：当投篮未中后球员将更频繁地命中. ■

1.2 多步转移概率

转移概率 $p(i,j) = P(X_{n+1} = j \mid X_n = i)$ 给出了从状态 i 经过一步到达状态 j 的概率. 本节的目标是计算从状态 i 经过 $m > 1$ 步转移到状态 j 的概率：

$$p^m(i,j) = P(X_{n+m} = j \mid X_n = i)$$

正如符号 p^m 已经给出的暗示，最终将证明它恰是转移矩阵的 m 次幂，见定理 1.1.

作为热身，先回忆社会流动链的转移概率：

	1	2	3
1	0.7	0.2	0.1
2	0.3	0.5	0.2
3	0.2	0.4	0.4

考虑以下具体问题.

问题 1：你的父母是中层阶级（状态 2）. 那么你在上层阶级（状态 3），你的孩子却在下层阶级（状态 1）的概率是多少？

解 直观上，由 Markov 性可得，从状态 2 开始，转移到 3 然后到达 1 的概率为

$$p(2,3)p(3,1)$$

也可从定义得到此结果，注意到根据条件概率的定义，有

$$P(X_2 = 1, X_1 = 3 \mid X_0 = 2)$$

$$= \frac{P(X_2 = 1, X_1 = 3, X_0 = 2)}{P(X_0 = 2)}$$

$$= \frac{P(X_2 = 1, X_1 = 3, X_0 = 2)}{P(X_1 = 3, X_0 = 2)} \cdot \frac{P(X_1 = 3, X_0 = 2)}{P(X_0 = 2)}$$

$$= P(X_2 = 1 \mid X_1 = 3, X_0 = 2) \cdot P(X_1 = 3 \mid X_0 = 2)$$

应用 Markov 性 (1.1)，上式中最后一行等于

$$P(X_2 = 1 \mid X_1 = 3) \cdot P(X_1 = 3 \mid X_0 = 2) = p(2,3)p(3,1)$$

接下来是真正的问题.

问题 2：假定你的父母处于中层阶级（2），那么你的孩子会进入下层阶级（1）的概率是多少？

解 为了求解此问题，只需要考虑你所处的阶级，共有三个可能的状态，然后运用之

前问题的解.

$$P(X_2 = 1 \mid X_0 = 2) = \sum_{k=1}^{3} P(X_2 = 1, X_1 = k \mid X_0 = 2) = \sum_{k=1}^{3} p(2,k)\, p(k,1)$$
$$= 0.3 \times 0.7 + 0.5 \times 0.3 + 0.2 \times 0.2$$
$$= 0.21 + 0.15 + 0.04 = 0.21$$

这里选状态 2 和状态 1 并没有什么特殊之处. 同理可知

$$P(X_2 = j \mid X_0 = i) = \sum_{k=1}^{3} p(i,k)\, p(k,j)$$

|9| 上述等式的右边是矩阵 p 乘以其自身之后所得矩阵的第 (i,j) 个元素.

为了解释这个结果, 注意到, 为了计算 $p^2(2,1)$, 只需用矩阵的第二行乘以第一列:

$$\begin{bmatrix} . & . & . \\ 0.3 & 0.5 & 0.2 \\ . & . & . \end{bmatrix} \begin{bmatrix} 0.7 & . & . \\ 0.3 & . & . \\ 0.2 & . & . \end{bmatrix} = \begin{bmatrix} . & . & . \\ 0.40 & . & . \\ . & . & . \end{bmatrix}$$

若想得到 $p^2(1,3)$, 只需将第一行元素与第三列元素相乘:

$$\begin{bmatrix} 0.7 & 0.2 & 0.1 \\ . & . & . \\ . & . & . \end{bmatrix} \begin{bmatrix} . & . & 0.1 \\ . & . & 0.2 \\ . & . & 0.4 \end{bmatrix} = \begin{bmatrix} . & . & 0.15 \\ . & . & . \\ . & . & . \end{bmatrix}$$

当所有的计算完成之后可得

$$\begin{bmatrix} 0.7 & 0.2 & 0.1 \\ 0.3 & 0.5 & 0.2 \\ 0.2 & 0.4 & 0.4 \end{bmatrix} \begin{bmatrix} 0.7 & 0.2 & 0.1 \\ 0.3 & 0.5 & 0.2 \\ 0.2 & 0.4 & 0.4 \end{bmatrix} = \begin{bmatrix} 0.57 & 0.28 & 0.15 \\ 0.40 & 0.39 & 0.21 \\ 0.34 & 0.40 & 0.26 \end{bmatrix}$$

如果使用科学计算器如 TI-83, 计算将变得容易很多. 使用 2nd-MATRIX 在界面的上端我们可以看到 NAMES, MATH, EDIT. 选择 EDIT 可以将矩阵, 比如 [A], 输入到计算器. 选择 NAMES 可以将 [A]^2 输入计算行, 得到 A^2. 如果运用这个步骤来计算 A^{20}, 可以得到一个矩阵, 三行的对应元素的小数点后六位都相等, 分别等于:

$$0.468\,085 \quad 0.340\,425 \quad 0.191\,489$$

稍后我们将看到当 $n \to \infty$ 时, p^n 收敛于一个矩阵, 三行的对应元素都相等, 分别等于 $[22/47, 16/47, 9/47]$.

为了解释我们对 p^m 的兴趣, 现在证明下面这个定理.

定理 1.1 m 步转移概率 $P(X_{n+m} = j \mid X_n = i)$ 是转移矩阵 p 的 m 次幂.

证明此定理的关键因素是 **Chapman-Kolmogorov 方程**

$$p^{m+n}(i,j) = \sum_k p^m(i,k)\, p^n(k,j) \tag{1.2}$$

一旦证明此方程成立, 定理 1.1 随即可得, 这是因为在式 (1.2) 中, 取 $n = 1$ 时有

$$p^{m+1}(i,j) = \sum_k p^m(i,k)\, p(k,j)$$

|10| 即 $m+1$ 步转移概率是 m 步转移概率乘以 p.

式 (1.2) 为什么成立? 为了从状态 i 经过 $m+n$ 步到达 j, 我们需要先从状态 i 经过 m 步

到达某个状态 k，然后从 k 经过 n 步到达 j. Markov 性意味着这两部分行程是相互独立的.

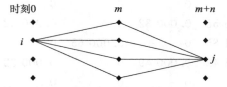

式（1.2）的证明 综合运用问题 1 和问题 2 的解来证明此方程. 根据 Markov 链在时刻 m 的状态进行分解，

$$P(X_{m+n} = j \mid X_0 = i) = \sum_k P(X_{m+n} = j, X_m = k \mid X_0 = i)$$

同求解问题 1 一样，根据条件概率的定义有

$$
\begin{aligned}
&P(X_{m+n} = j, X_m = k \mid X_0 = i) \\
&= \frac{P(X_{m+n} = j, X_m = k, X_0 = i)}{P(X_0 = i)} \\
&= \frac{P(X_{m+n} = j, X_m = k, X_0 = i)}{P(X_m = k, X_0 = i)} \cdot \frac{P(X_m = k, X_0 = i)}{P(X_0 = i)} \\
&= P(X_{m+n} = j \mid X_m = k, X_0 = i) \cdot P(X_m = k \mid X_0 = i)
\end{aligned}
$$

由 Markov 性式（1.1）可得，上述等式的最后一行

$$= P(X_{m+n} = j \mid X_m = k) \cdot P(X_m = k \mid X_0 = i) = p^m(i,k) p^n(k,j)$$

式（1.2）得证. ◀

式（1.2）已经得到了，现在回到计算上来.

例 1.11 赌徒破产 为简单起见，假设在例 1.1 中 $N = 4$，从而转移概率为

	0	1	2	3	4
0	1.0	0	0	0	0
1	0.6	0	0.4	0	0
2	0	0.6	0	0.4	0
3	0	0	0.6	0	0.4
4	0	0	0	0	1.0

逐行计算 p^2，我们注意到：

$p^2(0,0) = 1$ 且 $p^2(4,4) = 1$，因为它们为吸收态；

$p^2(1,3) = (0.4)^2 = 0.16$，因为链必须连续增加两次；

$p^2(1,1) = 0.4 \times 0.6 = 0.24$，链必须从 1 到达 2，再回到 1；

$p^2(1,0) = 0.6$，要使得链在时刻 2 时处于状态 0，第一步必须转移到 0.

$i = 2,3$ 的情形留给读者. 我们得到

$$
p^2 = \begin{bmatrix}
1.0 & 0 & 0 & 0 & 0 \\
0.6 & 0.24 & 0 & 0.16 & 0 \\
0.36 & 0 & 0.48 & 0 & 0.16 \\
0 & 0.36 & 0 & 0.24 & 0.4 \\
0 & 0 & 0 & 0 & 1
\end{bmatrix}
$$

使用计算机很容易计算

$$p^{20} = \begin{bmatrix} 1.0 & 0 & 0 & 0 & 0 \\ 0.876\,55 & 0.000\,32 & 0 & 0.000\,22 & 0.122\,91 \\ 0.691\,86 & 0 & 0.000\,65 & 0 & 0.307\,49 \\ 0.418\,42 & 0.000\,49 & 0 & 0.000\,32 & 0.584\,37 \\ 0 & 0 & 0 & 0 & 1 \end{bmatrix}$$

0 和 4 为吸收态. 这里我们看到链在转移 20 步之后，因状态 3 避免吸收的概率是 0.000 54，因状态 2 避免吸收的概率是 0.000 65，因状态 1 避免吸收的概率是 0.000 81. 稍后我们会看到

$$\lim_{n \to \infty} p^n = \begin{bmatrix} 1.0 & 0 & 0 & 0 & 0 \\ 57/65 & 0 & 0 & 0 & 8/65 \\ 45/65 & 0 & 0 & 0 & 20/65 \\ 27/65 & 0 & 0 & 0 & 38/65 \\ 0 & 0 & 0 & 0 & 1 \end{bmatrix}$$

1.3　状态分类

首先给出几个重要符号. 我们通常对一个固定初始状态的链的行为感兴趣，因此我们引入简写

$$P_x(A) = P(A \mid X_0 = x)$$

之后我们还需考虑在概率下的期望值，将其记为 E_x.

令 $T_y = \min\{n \geqslant 1 : X_n = y\}$ 为**首次回到 y 的时刻**（即不计时间 0），且令

$$\rho_{yy} = P_y(T_y < \infty)$$

为 X_n 从 y 开始返回到 y 的概率. 注意到如果不排除 $n = 0$，这个概率始终为 1.

直观上，Markov 性意味着 X_n 至少返回到 y 两次的概率为 ρ_{yy}^2，因为在第一次返回之后，链在 y，第一次返回之后第二次返回的概率同样是 ρ_{yy}.

为了证明上述段落中的推理是合理的，我们需要引入一个定义并陈述一个定理. 我们称 T 是一个**停时**，如果事件"在时刻 n 停止"，即 $\{T = n\}$ 发生（或者不发生）可以通过观察过程直到时刻 n 的值 $X_0, \cdots, X_n$ 来决定. 注意到

$$\{T_y = n\} = \{X_1 \neq y, \cdots, X_{n-1} \neq y, X_n \neq y\}$$

并且等式右边可以由 $X_0, \cdots, X_n$ 的值决定，可以看出 T_y 是一个停时.

既然在时刻 n 是否停止仅与 $X_0, \cdots, X_n$ 的值相关，且在一个 Markov 链中未来分布仅仅通过现在的状态与过去相关，不难相信 Markov 性对停时也成立. 这个事实可正式陈述为：

定理 1.2（强 Markov 性）　设 T 是一个停时. 给定 $T = n$ 和 $X_T = y$，则 $X_0, \cdots, X_T$ 的任意其他信息对未来的预测都无关，且 $X_{T+k}, k \geqslant 0$ 的行为与初始状态为 y 的 Markov 链相同.

这为什么是正确的呢？为了让事情尽可能简单，我们仅证明

$$P(X_{T+1} = z \mid X_T = y, T = n) = p(y, z)$$

令 V_n 为向量集 $(x_0, \cdots, x_n)$，使得如果 $X_0 = x_0, \cdots, X_n = x_n$，则 $T = n$ 和 $X_T = y$. 根

据 $X_0, \cdots, X_n$ 的值进行分解，有

$$P(X_{T+1} = z, X_T = y, T = n)$$
$$= \sum_{x \in V_n} P(X_{n+1} = z, X_n = x_n, \cdots, X_0 = x_0)$$
$$= \sum_{x \in V_n} P(X_{n+1} = z \mid X_n = x_n, \cdots, X_0 = x_0) P(X_n = x_n, \cdots, X_0 = x_0)$$

其中第二步运用了**乘法定理**

$$P(A \cap B) = P(B \mid A) P(A)$$

对任意 $(x_0, \cdots, x_n) \in V_n$，都有 $T = n$ 和 $X_T = y$，所以 $x_n = y$. 运用 Markov 性 (1.1)，并回忆上面给出的 V_n 定义，有

$$P(X_{T+1} = z, T = n, X_T = y) = p(y, z) \sum_{x \in V_n} P(X_n = x_n, \cdots, X_0 = x_0)$$
$$= p(y, z) P(T = n, X_T = y)$$

两边同时除以 $P(T = n, X_T = y)$，所需结论得证. ◀

令 $T_y^1 = T_y$，当 $k \geqslant 2$ 时，令

$$T_y^k = \min\{n > T_y^{k-1} : X_n = y\} \tag{1.3}$$

为第 k 次返回到状态 y 的时刻. 强 Markov 性意味着在已经返回了 $k-1$ 次的条件下再一次返回到 y 的条件概率为 ρ_{yy}. 由此，根据归纳法可得

$$P_y(T_y^k < \infty) = \rho_{yy}^k \tag{1.4}$$

就此，有如下两种可能性.

(i) $\rho_{yy} < 1$：当 $k \to \infty$ 时，返回 k 次的概率 $\rho_{yy}^k \to 0$. 因此 Markov 链最终不能再返回到 y. 这种情形下称状态 y 为**非常返的**，因为在某个时刻之后 Markov 链永远不再访问该状态.

(ii) $\rho_{yy} = 1$：返回 k 次的概率为 $\rho_{yy}^k = 1$，所以该链返回 y 无穷多次. 在这种情形下称状态 y 为**常返的**，因为它在 Markov 链中持续出现.

为了理解这些符号，下面转向我们的例子.

例 1.12 赌徒破产 考虑 $N = 4$ 情形的具体例子：

	0	1	2	3	4
0	1	0	0	0	0
1	0.6	0	0.4	0	0
2	0	0.6	0	0.4	0
3	0	0	0.6	0	0.4
4	0	0	0	0	1

我们要说明该链最终将陷入破产者状态（0）或快乐的赢家状态（4）两者中的一个. 按照刚才的定义，我们将证明状态 $0 < y < 4$ 为非常返的，而状态 0 和 4 是常返的.

容易验证状态 0 和 4 是常返的. 因为 $p(0,0) = 1$，该链以概率 1 下一步返回到 0，即

$$P_0(T_0 = 1) = 1$$

因此 $\rho_{00} = 1$. 同理可证明 4 是常返的. 通常如果 y 是一个吸收态，即 $p(y, y) = 1$，则 y 是一个非常强的常返状态，链将会一直留在那里.

为了验证中间的状态 1，2，3 的非常返性，注意到从 1 开始，如果链转移到 0，它将永远不再返回到 1，所以永远不再返回到 1 的概率为

$$P_1(T_1 = \infty) \geqslant p(1,0) = 0.6 > 0$$

同样，从状态 2 开始，链可以到达 1 然后到达 0，所以

$$P_2(T_2 = \infty) \geqslant p(2,1)p(1,0) = 0.36 > 0$$

最后，从状态 3 开始，注意到链可直接到达 4，以概率 0.4 永远不再返回，所以

$$P_3(T_3 = \infty) \geqslant p(3,4) = 0.4 > 0$$

在有些情况下很容易识别出常返状态.

例 1.13 **社会流动**　回想其转移概率为

	1	2	3
1	0.7	0.2	0.1
2	0.3	0.5	0.2
3	0.2	0.4	0.4

首先注意到无论 X_n 处于什么状态，下一步至少以概率 0.1 到达 3，因此

$$当 n \to \infty 时，P_3(T_3 > n) \leqslant (0.9)^n \to 0$$

也就是说，我们将以概率 1 返回 3. 上述论证更适用于状态 1 和 2，因为下一步跳转到它们的概率至少为 0.2. 因此三个状态都是常返的.

概括上述讨论，给出如下有用的事实.

引理 1.3　假设对于状态空间 S 中的所有 x 都有 $P_x(T_y \leqslant k) \geqslant \alpha > 0$. 则

$$P_x(T_y > nk) \leqslant (1-\alpha)^n$$

总结上面两个例子中的经验，我们将给出更一般化的结论来帮助我们识别非常返和常返状态.

15 **定义 1.1**　若从状态 x 有一个正的概率可以到达 y，则称 x **可达** y，记为 $x \to y$，即概率

$$\rho_{xy} = P_x(T_y < \infty) > 0$$

注意到上述概率不仅包含从 x 一步转移到 y 的概率，还包括从 x 开始，中间经过几个其他状态后再到达 y 的概率. 下面的性质很简单但是很实用. 此处和接下来的文中，引理都是用来证明更为重要的结论——定理的方式. 为了更容易找到定理和引理的位置，我们将它们统一排序.

引理 1.4　若 $x \to y$ 且 $y \to z$，则 $x \to z$.

证明　因 $x \to y$，则存在一个 m，使得 $p^m(x,y) > 0$. 类似地，存在一个 n，使得 $p^n(y, z) > 0$. 因 $p^{m+n}(x,z) \geqslant p^m(x,y)p^n(y,z)$，所以 $x \to z$.

定理 1.5　若 $\rho_{xy} > 0$，但 $\rho_{yx} < 1$，则 x 是非常返的.

证明　令 $K = \min\{k : p^k(x,y) > 0\}$ 表示可以从 x 到达 y 所需要的最少步数. 因为 $p^K(x,y) > 0$，则必然存在一个序列 $y_1, \cdots, y_{K-1}$ 使得

$$p(x,y_1)p(y_1,y_2) \cdots p(y_{K-1},y) > 0$$

既然 K 是最小值，上述所有 $y_i \neq y$（否则将会有一个更短路径），并且

$$P_x(T_x = \infty) \geqslant p(x,y_1)p(y_1,y_2) \cdots p(y_{K-1},y)(1-\rho_{yx}) > 0$$

因此 x 是非常返的.

之后会看到，当状态空间有限时，根据定理 1.5 可以识别出所有的非常返状态. 定理 1.5 的一个直接推论是引理 1.6.

引理 1.6 若 x 是常返的且 $\rho_{xy} > 0$，则 $\rho_{yx} = 1$.

证明 若 $\rho_{yx} < 1$，则根据定理 1.5 可知 x 是非常返的.

为了能够对任意有限状态的 Markov 链进行分析，我们需要一些理论. 为了发展出这些理论，先考虑例 1.14.

例 1.14 **一个七状态的链** 假设转移矩阵为：

	1	2	3	4	5	6	7
1	0.7	0	0	0	0.3	0	0
2	0.1	0.2	0.3	0.4	0	0	0
3	0	0	0.5	0.3	0.2	0	0
4	0	0	0	0.5	0	0.5	0
5	0.6	0	0	0	0.4	0	0
6	0	0	0	0	0	0.2	0.8
7	0	0	0	1	0	0	0

为了识别状态中的常返态和非常返态，我们首先绘制一幅图，若 $p(i,j) > 0$ 且 $i \neq j$，则图中包含一个从 i 到 j 的箭头. 不需要绘制 $p(i,i) > 0$ 所对应状态的自回路，因为这种转移并不能帮助链到达新的状态（见图 1-1）.

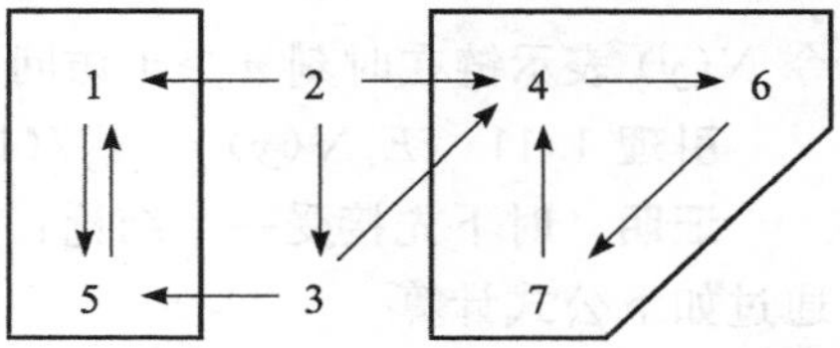

图 1-1

从图 1-1 可知，状态 2 可达 1，但 1 不可达 2，因此由定理 1.5 可知 2 是非常返的. 同样地，3 可达 4，但是 4 不可达 3，因此 3 是非常返的. 为了说明其余的所有状态都是常返的，我们引入两个定义和一个事实.

称一个集合 A 是闭集，如果不能从该集合离开，即若 $i \in A$ 且 $j \notin A$，则 $p(i,j) = 0$. 在例 1.14 中，$\{1,5\}$ 和 $\{4,6,7\}$ 是闭集. 它们的并集 $\{1,4,5,6,7\}$ 也是闭集. 增加 3 可得到另一个闭集 $\{1,3,4,5,6,7\}$. 最后，整个状态空间 $\{1,2,3,4,5,6,7\}$ 始终是一个闭集.

在上述例子的闭集中，显然某些闭集太大了. 为了排除之，我们需要一个定义. 一个集合 B 称为不可约的，若任意 $i,j \in B$，i 可达 j. 例 1.14 中不可约闭集为 $\{1,5\}$ 和 $\{4,6,7\}$. 下一个结论解释了我们对不可约闭集感兴趣的原因.

定理 1.7 如果 C 是一个有限的不可约闭集，则 C 中的所有状态都是常返的.

在解释此结论之前，注意到由定理 1.7 可知状态 1，5，4，6 和 7 都是常返的，我们以这个之前就断言过的结论结束对例 1.14 的研究.

事实上，结合定理 1.5 和定理 1.7 足以对任意有限状态 Markov 链的状态进行分类. 下面结论的证明过程中介绍了一个算法.

定理 1.8 若状态空间 S 是有限的，则 S 可以写为互不相交集合的并 $T \cup R_1 \cup \cdots \cup R_k$，

其中 T 是非常返状态组成的集合，$R_i(1 \leqslant i \leqslant k)$ 为常返状态组成的不可约闭集.

证明　令 T 为状态 x 的集合：存在一个 y，使得 $x \to y$ 但是 $y \not\to x$. 由定理 1.5 可知 T 中的状态是非常返的. 下一步要证明其余状态 $S - T$ 是常返的.

任选一个 $x \in S - T$，令 $C_x = \{y : x \to y\}$. 因为 $x \notin T$，则它满足：若 $x \to y$，则 $y \to x$. 为了验证 C_x 是闭集，注意到若 $y \in C_x$ 且 $y \to z$，由引理 1.4 可知 $x \to z$，因此 $z \in C_x$. 为了验证不可约性，注意到若 $y, z \in C_x$，根据前面的观察有 $y \to x$，由定义可知 $x \to z$，从而应用引理 1.4 有 $y \to z$. 由 C_x 是一个不可约闭集可知 C_x 中的所有状态都是常返的. 令 $R_1 = C_x$. 若 $S - T - R_1 = \varnothing$，证明结束. 否则，任选一个状态 $w \in S - T - R_1$ 并重复上述过程即可. ◀

本节的其余部分致力于定理 1.7 的证明. 为此，只需证明下面的两个结论.

引理 1.9　如果 x 是常返的且 $x \to y$，则 y 是常返的. ◀

引理 1.10　在一个有限闭集中至少存在一个常返状态. ◀

为了证明这些结论我们需要引入更多理论. 回忆第 k 次访问 y 的时刻

$$T_y^k = \min\{n > T_y^{k-1} : X_n = y\}$$

以及由 x 开始曾在某一个时刻 $n \geqslant 1$ 访问过 y 的概率 $\rho_{xy} = P_x(T_y < \infty)$. 同式（1.4）的证明一样，由强 Markov 性，有

$$P_x(T_y^k < \infty) = \rho_{xy}\rho_{yy}^{k-1}. \tag{1.5}$$

令 $N(y)$ 表示链在时刻 $n \geqslant 1$ 访问 y 的总次数. 根据式（1.5）可以计算 $EN(y)$.

引理 1.11　$E_x N(y) = \rho_{xy}/(1 - \rho_{yy})$

证明　时下先接受一个结论：对任意一个取值为非负整数的随机变量 X，它的期望可通过如下公式计算

$$EX = \sum_{k=1}^{\infty} P(X \geqslant k) \tag{1.6}$$

我们会在引理 1.11 的证明结束之后再证明此结论. 现在考虑链至少返回 k 次的事件 $\{N(y) \geqslant k\}$ 的概率，这与链第 k 次返回发生即 $\{T_y^k < \infty\}$ 的概率相同，因此由式（1.5）有

$$E_x N(y) = \sum_{k=1}^{\infty} P(N(y) \geqslant k) = \rho_{xy}\sum_{k=1}^{\infty}\rho_{yy}^{k-1} = \frac{\rho_{xy}}{1 - \rho_{yy}}$$

因为当 $|\theta| < 1$ 时 $\sum_{n=0}^{\infty}\theta^n = 1/(1-\theta)$. ◀

式（1.6）的证明　令 $1_{\{X \geqslant k\}}$ 表示如下随机变量：当 $X \geqslant k$ 时，取值为 1，其他情形取值为 0. 显然

$$X = \sum_{k=1}^{\infty} 1_{\{X \geqslant k\}}$$

取期望并注意到 $E1_{\{X \geqslant k\}} = P(X \geqslant k)$，则

$$EX = \sum_{k=1}^{\infty} P\{X \geqslant k\}$$

接下来我们用不同的方法计算返回到 y 的期望次数.

引理 1.12 $E_x N(y) = \sum_{n=1}^{\infty} p^n(x, y)$

证明   令 $1_{\{X_n = y\}}$ 为如下随机变量：当 $X_n = y$ 时取值为 1，其他情形取值为 0. 显然

$$N(y) = \sum_{n=1}^{\infty} 1_{\{X_n = y\}}$$

求期望，可得

$$E_x N(y) = \sum_{n=1}^{\infty} P_x(X_n = y) \qquad \blacktriangleleft$$

由已经建立的这两个引理，我们现在可以给出下面的主要结论.

定理 1.13 y 是常返的当且仅当

$$\sum_{n=1}^{\infty} p^n(y, y) = E_y N(y) = \infty$$

证明   第一个等式是引理 1.12. 从引理 1.11 可知 $E_y N(y) = \infty$ 当且仅当 $\rho_{yy} = 1$，这恰是常返的定义. $\qquad \blacktriangleleft$

有了这些结论，我们很容易完成引理 1.9 和引理 1.10 的证明.

引理 1.9 的证明   假设 x 是常返的且 $\rho_{xy} > 0$. 由引理 1.6 必须有 $\rho_{yx} > 0$. 选择 j 和 l 使得 $p^j(y, x) > 0$，$p^l(x, y) > 0$. $p^{j+k+l}(y, y)$ 为从 y 经过 $j+k+l$ 步之后到达 y 的概率，而乘积 $p^j(y, x) p^k(x, x) p^l(x, y)$ 为从 y 经过 $j+k+l$ 步之后到达 y 且其在时刻 j、$j+k$ 处于 x 的概率. 从而必然有

$$\sum_{k=0}^{\infty} p^{j+k+l}(y, y) \geqslant p^j(y, x) \left(\sum_{k=0}^{\infty} p^k(x, y) \right) p^l(x, y)$$

若 x 是常返的，则 $\sum_k p^k(x, x) = \infty$，因此 $\sum_m p^m(y, y) = \infty$. 由定理 1.13 可知 y 是常返的. $\qquad \blacktriangleleft$

19

引理 1.10 的证明   若 C 中所有状态都是非常返的，则根据引理 1.11 可知对于 C 中的所有 x 和 y 都有 $E_x N(y) < \infty$. 因为 C 是有限集，由引理 1.12

$$\infty > \sum_{y \in C} E_x N(y) = \sum_{y \in C} \sum_{n=1}^{\infty} p^n(x, y) = \sum_{n=1}^{\infty} \sum_{y \in C} p^n(x, y) = \sum_{n=1}^{\infty} 1 = \infty$$

其中在倒数第二个等式中我们使用了 C 是闭集的性质. 得出矛盾，所需结论得证. $\qquad \blacktriangleleft$

1.4 平稳分布

在下一节中我们将看到，如果增加一个所谓非周期性的假定条件，则一个有限状态的不可约 Markov 链会收敛于一个平稳分布

$$p^n(x, y) \to \pi(y)$$

为此本节先介绍平稳分布并说明如何计算平稳分布. 首先考虑

当一个 Markov 链的初始状态是随机的，将会发生什么情况?

根据初始状态的值进行分解并运用条件概率的定义

$$P(X_n = j) = \sum_i P(X_0 = i, X_n = j)$$

$$= \sum_i P(X_0 = i) P(X_n = j \mid X_0 = i)$$

若我们引入 $q(i) = P(X_0 = i)$，则最后一个等式可写为

$$P(X_n = j) = \sum_i q(i) p^n(i, j) \tag{1.7}$$

用文字来叙述，就是以初始概率向量 q 左乘转移矩阵. 如果有 k 个状态，则 $p^n(x, y)$ 是一个 $k \times k$ 矩阵. 因此为了实现矩阵相乘，需要 q 是一个 $1 \times k$ 矩阵或者说是一个"行向量".

例 1.15 考虑天气链（例 1.3）且假定初始分布是 $q(1) = 0.3$ 和 $q(2) = 0.7$. 这种情形下，因为

$$0.3 \times 0.6 + 0.7 \times 0.2 = 0.32$$
$$0.3 \times 0.4 + 0.7 \times 0.8 = 0.68$$

$$\begin{bmatrix} 0.3 & 0.7 \end{bmatrix} \begin{bmatrix} 0.6 & 0.4 \\ 0.2 & 0.8 \end{bmatrix} = (0.32 \quad 0.68)$$ ∎

例 1.16 考虑社会流动链（例 1.4）且假定初始分布为 $q(1) = 0.5$，$q(2) = 0.2$ 和 $q(3) = 0.3$. 向量 q 乘以转移矩阵得到在时刻 1 时的概率向量.

$$\begin{bmatrix} 0.5 & 0.2 & 0.3 \end{bmatrix} \begin{bmatrix} 0.7 & 0.2 & 0.1 \\ 0.3 & 0.5 & 0.2 \\ 0.2 & 0.4 & 0.4 \end{bmatrix} = \begin{bmatrix} 0.47 & 0.32 & 0.21 \end{bmatrix}$$

验证该计算，注意到右边的三个元素为

$$0.5 \times 0.7 + 0.2 \times 0.3 + 0.3 \times 0.2 = 0.35 + 0.06 + 0.06 = 0.47$$
$$0.5 \times 0.2 + 0.2 \times 0.5 + 0.3 \times 0.4 = 0.10 + 0.10 + 0.12 = 0.32$$
$$0.5 \times 0.1 + 0.2 \times 0.2 + 0.3 \times 0.4 = 0.05 + 0.04 + 0.12 = 0.21$$ ∎

若 $qp = q$，则称 q 为一个**平稳分布**. 若 0 时刻的分布同 1 时刻的分布相同，则由 Markov 性可知这也将是所有 $n \geqslant 1$ 时刻的分布.

平稳分布在 Markov 链理论中具有特殊重要的地位，因此我们使用一个特殊字母 π 来表示方程

$$\pi p = \pi$$

的解. 为了在脑海中给出 Markov 链移动一步后概率分布变化情况的一个图像，如下思考是有益的：在状态 i 时我们有 $q(i)$ 磅沙子，并且沙子的总量 $\sum_i q(i)$ 为 1 磅. 当 Markov 链移动一步时，在 i 处的 $p(i, j)$ 比例的沙子移动到 j. 此时沙子的分布为

$$qp = \sum_i q(i) p(i, j)$$

若经过此过程沙子的分布没有发生变化，则 q 是一个平稳分布.

例 1.17 天气链 为了计算平稳分布，我们要求解

$$\begin{bmatrix} \pi_1 & \pi_2 \end{bmatrix} \begin{bmatrix} 0.6 & 0.4 \\ 0.2 & 0.8 \end{bmatrix} = \begin{bmatrix} \pi_1 & \pi_2 \end{bmatrix}$$

矩阵相乘可得两个方程：

$$0.6\pi_1 + 0.2\pi_2 = \pi_1$$
$$0.4\pi_1 + 0.8\pi_2 = \pi_2$$

两个方程都化简为 $0.4\pi_1 = 0.2\pi_2$. 因为需要满足 $\pi_1 + \pi_2 = 1$，所以必须有 $0.4\pi_1 = 0.2 - 0.2\pi_2$，从而

$$\pi_1 = \frac{0.2}{0.2 + 0.4} = \frac{1}{3} \quad \pi_2 = \frac{0.4}{0.2 + 0.4} = \frac{2}{3}$$

为验证此结果，注意到

$$[1/3 \quad 2/3] \begin{bmatrix} 0.6 & 0.4 \\ 0.2 & 0.8 \end{bmatrix} = \begin{bmatrix} \dfrac{0.6}{3} + \dfrac{0.4}{3} & \dfrac{0.4}{3} + \dfrac{1.6}{3} \end{bmatrix}$$
∎

广义两状态转移概率

	1	**2**
1	$1-a$	a
2	b	$1-b$

我们以这种方式表述该链，则平稳分布的简单公式为

$$\pi_1 = \frac{b}{a+b} \quad \pi_2 = \frac{a}{a+b} \tag{1.8}$$

初步验证该公式：注意到在天气链中 $a = 0.4$，$b = 0.2$，根据该公式计算平稳分布为 $(1/3, 2/3)$，与之前的计算结果相同. 一般我们可以通过画一个图来证明此公式：

$$\frac{b}{a+b} \cdot \overset{\mathbf{1}}{\underset{b}{\overset{a}{\rightleftarrows}}} \cdot \overset{\mathbf{2}}{\frac{a}{a+b}}$$

用文字表述为：从 1 流入 2 的沙子的量与从 2 流入 1 的沙子的量相同，因此在每一个时刻沙子的量都保持不变. 用代数方法验证 $\pi p = \pi$：

$$\frac{b}{a+b}(1-a) + \frac{a}{a+b}b = \frac{b-ba+ab}{a+b} = \frac{b}{a+b}$$

$$\frac{b}{a+b}a + \frac{a}{a+b}(1-b) = \frac{ba+a-ab}{a+b} = \frac{a}{a+b} \tag{1.9}$$

式（1.8）给出了任何一个两状态链的平稳分布，我们进一步考虑三状态的情形.

例 1.18 社会流动（续例 1.4）

	1	**2**	**3**
1	0.7	0.2	0.1
2	0.3	0.5	0.2
3	0.2	0.4	0.4

方程 $\pi p = \pi$ 表达为

$$[\pi_1 \quad \pi_2 \quad \pi_3] \begin{bmatrix} 0.7 & 0.2 & 0.1 \\ 0.3 & 0.5 & 0.2 \\ 0.2 & 0.4 & 0.4 \end{bmatrix} = [\pi_1 \quad \pi_2 \quad \pi_3]$$

将其转化为三个方程
$$0.7\pi_1 + 0.3\pi_2 + 0.2\pi_3 = \pi_1$$
$$0.2\pi_1 + 0.5\pi_2 + 0.4\pi_3 = \pi_2$$
$$0.1\pi_1 + 0.2\pi_2 + 0.4\pi_3 = \pi_3$$

注意到矩阵的列数决定了方程的个数. 将三个方程相加可得
$$\pi_1 + \pi_2 + \pi_3 = \pi_1 + \pi_2 + \pi_3$$

所以第三个方程是多余的. 如果我们用 $\pi_1 + \pi_2 + \pi_3 = 1$ 来代替第三个方程且在第一个方程两边同时减去 π_1，在第二个方程两边同时减去 π_2，则有
$$-0.3\pi_1 + 0.3\pi_2 + 0.2\pi_3 = 0$$
$$0.2\pi_1 - 0.5\pi_2 + 0.4\pi_3 = 0$$
$$\pi_1 + \pi_2 + \pi_3 = 0 \tag{1.10}$$

此时我们可以通过笔算或者使用计算器求解.

笔算 注意到第三个方程蕴含着 $\pi_3 = 1 - \pi_1 - \pi_2$，将其代入到前两个方程，得
$$0.2 = 0.5\pi_1 - 0.1\pi_2$$
$$0.4 = 0.2\pi_1 + 0.9\pi_2$$

第一个方程乘以 0.9，第二个方程乘以 0.1 后相加可得
$$2.2 = (0.45 + 0.02)\pi_1 \quad \text{或者} \quad \pi_1 = 22/47$$

第一个方程乘以 0.2，第二个方程乘以 -0.5 后相加可得
$$-0.16 = (-0.02 - 0.45)\pi_2 \quad \text{或者} \quad \pi_2 = 16/47$$

因三个概率之和为 1，则 $\pi_3 = 9/47$.

使用 TI83 计算器 更容易些. 首先将式（1.10）表达成矩阵形式
$$\begin{bmatrix} \pi_1 & \pi_2 & \pi_3 \end{bmatrix} \begin{bmatrix} -0.2 & 0.1 & 1 \\ 0.2 & -0.4 & 1 \\ 0.3 & 0.3 & 1 \end{bmatrix} = \begin{bmatrix} 0 & 0 & 1 \end{bmatrix}$$

我们若令中间的 3×3 矩阵为 $\boldsymbol{A}$，则上式可以改写为 $\boldsymbol{\pi A} = [0, 0, 1]$. 两边同时乘以 $\boldsymbol{A}^{-1}$，有
$$\boldsymbol{\pi} = [0, 0, 1]\boldsymbol{A}^{-1}$$

这恰是 $\boldsymbol{A}^{-1}$ 的第三行. 为计算 $\boldsymbol{A}^{-1}$，将 $\boldsymbol{A}$ 输入到计算器中（使用菜单 MATRIX 和其子菜单 EDIT），按 MATRIX 键在计算行中输入 [A]，按 x^{-1} 键，然后按 ENTER 键. 读取第三行我们得平稳分布为
$$[0.468\,085, 0.340\,425, 0.191\,489]$$

选择 MATH 菜单的第一个选项将结果转换为分数，得
$$[22/47, 16/47, 9/47]$$

例 1.19 **品牌偏好**（例 1.5 续）

	1	**2**	**3**
1	0.8	0.1	0.1
2	0.2	0.6	0.2
3	0.3	0.3	0.4

根据前两个方程再由 π 的和为 1，得

$$0.8\pi_1 + 0.2\pi_2 + 0.3\pi_3 = \pi_1$$
$$0.1\pi_1 + 0.6\pi_2 + 0.3\pi_3 = \pi_2$$
$$\pi_1 + \pi_2 + \pi_3 = 1$$

在第一个方程两边同时减去 π_1，在第二个方程两边同时减去 π_2，上述方程组变换为 $\pi A = [0,0,1]$，其中

$$A = \begin{bmatrix} -0.2 & 0.1 & 1 \\ 0.2 & -0.4 & 1 \\ 0.3 & 0.3 & 1 \end{bmatrix}$$

[24]

注意到在这个例子和之前的例子中，A 的前两列是由转移概率矩阵的对角元素减去 1 后的矩阵的前两列构成，而它的最后一列均为 1. 计算 A 的逆且读取其最后一行为

$$[0.545\,454, 0.272\,727, 0.181\,818]$$

选择 MATH 菜单的第一个选项将结果转换为分数，得

$$[6/11, 3/11, 2/11]$$

为验证此结果，注意到

$$[6/11 \quad 3/11 \quad 2/11] \begin{bmatrix} 0.8 & 0.1 & 0.1 \\ 0.2 & 0.6 & 0.2 \\ 0.3 & 0.3 & 0.4 \end{bmatrix}$$
$$= \left[\frac{4.8+0.6+0.6}{11} \quad \frac{0.6+1.8+0.6}{11} \quad \frac{0.6+0.6+0.8}{11} \right] \quad ■$$

例 1.20 篮球链（例 1.10 续） 我们可以遵循同样的步骤来求解这个例子的平稳分布. A 的前三列由转移矩阵的对角元素减去 1 后得到的矩阵前三列构成，最后一列均为 1.

$$\begin{matrix} -1/4 & 1/4 & 0 & 1 \\ 0 & -1 & 2/3 & 1 \\ 2/3 & 1/3 & -1 & 1 \\ 0 & 0 & 1/2 & 1 \end{matrix}$$

答案由 A^{-1} 的第四行给出：

$$[0.5, 0.1875, 0.1875, 0.125] = [1/2, 3/16, 3/16, 1/8]$$

因此长期看来，运动员的投篮命中率为

$$\pi(HH) + \pi(MH) = 0.6875 = 11/36. \quad ■$$

此时我们已经给出了计算平稳分布的方法，但很自然的一个问题是：矩阵总是可逆么？我们计算得到的 π 总是 $\geqslant 0$ 么？我们将在 1.7 节中运用概率的方法证明此问题. 这里我们先根据线性代数的方法给出一个初等的证明.

定理 1.14 设 $k \times k$ 转移矩阵 p 是不可约的. 则 $\pi p = \pi$ 存在唯一解，其中 $\sum_x \pi_x = 1$ 且对所有的 x 都有 $\pi_x > 0$.

证明 设 I 为单位阵. 因 $p - I$ 的行和为 0，则矩阵的秩 $\leqslant k-1$ 且存在一个向量 v 使得 $vp = v$.

令 $q = (I+p)/2$ 为懒惰链，它以概率 $1/2$ 原地不动，以概率 $1/2$ 根据 p 转移一步. 因 $vp = v$，则 $vq = v$. 令 $r = q^{k-1}$ 并注意到 $vr = v$. 因为 p 是不可约的，所以对任意 $x \neq y$，存在

[25]

一个从 x 到 y 的路径. 因为这类路径中的最短路径对任意状态都不可能访问一次以上, 所以我们总能在 $k-1$ 步内从 x 到达 y, 从而 $r(x,y) > 0$.

下一步证明所有的 v_x 同号. 假设符号不同. 这种情况下, 因为 $r(x,y) > 0$, 所以

$$|v_y| = \left| \sum_x v_x r(x,y) \right| < \sum_x |v_x| r(x,y)$$

为验证第二个不等式, 注意到在左边求和项中正负号都存在, 因此肯定会抵消一部分. 对 y 求和并应用 $\sum_y r(x,y) = 1$, 可知

$$\sum_y |v_y| < \sum_x |v_x|$$

得出矛盾.

现在假设所有的 $v_x \geqslant 0$. 由

$$v_y = \sum_x v_x r(x,y)$$

可知对所有的 y 都有 $v_y > 0$. 这证明了一个正解的存在性. 还需证明唯一性, 注意到若假设 $p-I$ 的秩 $\leqslant k-2$, 由线性代数的知识可知方程存在两个正交解, v 和 w, 但由上述讨论可知, 我们可以选择符号使得对所有的 x 有 $v_x, w_x > 0$. 此时, 两个向量不可能是正交的, 与假设矛盾. ◀

1.5 极限行为

如果 y 是一个非常返状态, 由引理 1.11 可知, 对任意初始状态 x 有 $\sum_{n=1}^{\infty} p^n(x,y) < \infty$, 从而

$$p^n(x,y) \to 0$$

这意味着我们可以把注意力集中在常返状态上, 并且根据分解定理——定理 1.8, 可以集中在链只包含一个不可约常返集的情形. 我们下面的第一个例子给出了一个可以避免 $p^n(x,y)$ 收敛的问题.

26

例 1.21 Ehrenfest 链 (例 1.2 续) 为了具体起见, 假设有 3 个球. 这种情形下的转移概率为

	0	1	2	3
0	0	3/3	0	0
1	1/3	0	2/3	0
2	0	2/3	0	1/3
3	0	0	3/3	0

在 p 的 2 次幂中, 零的位置发生了变动:

	0	1	2	3
0	1/3	0	2/3	0
1	0	7/9	0	2/9
2	2/9	0	7/9	0
3	0	2/3	0	1/3

为了说明 0 会持续出现，注意到如果在左边罐子中有奇数个球，则不论增加一个还是减少一个，左边罐子中球的个数都将是偶数. 同理，如果球的个数为偶数，则下一步将为奇数. 这种奇偶交替说明在奇数步后不可能回到初始状态. 用符号表示，即如果 n 是奇数，则对所有 x，$p^n(x,x)=0$. ■

为了说明上例中的问题对任意倍数 N 都可能发生，考虑下面这个例子.

例 1.22 更新链 我们将在3.3节中解释这一名称. 此时我们用它来说明"病理". 令 f_k 表示一个在正整数上取值的分布并令 $p(0,k-1)=f_k$. 对状态 $i>1$，我们令 $p(i,i-1)=1$. 用文字叙述为，链以概率 f_k 从 0 跳转到 $k-1$，然后逐步返回到 0. 如果 $X_0=0$ 且链下一步跳转至 $k-1$，则链在时刻 k 返回到 0. 如果假设 $f_5=f_{15}=1/2$，则当 n 不是 5 的倍数时，$p^n(0,0)=0$. ■

一个状态的**周期**是能整除所有满足 $p^n(x,x)>0$ 的整数 $n\geq 1$ 的最大值. 也就是说它是 $I_x=\{n\geq 1:p^n(x,x)>0\}$ 的最大公约数. 为验证此定义是没问题的，注意到在例 1.21 中，$\{n\geq 1:p^n(x,x)>0\}=\{2,4,\cdots\}$，最大公约数为 2. 同样，在例 1.22 中，$\{n\geq 1:p^n(x,x)>0\}=\{5,10,\cdots\}$，则最大公约数为 5. 但下面的例子说明，问题并不总是这么简单.

例 三角形和正方形 [⊖] 考虑转移矩阵：

	−2	**−1**	**0**	**1**	**2**	**3**
−2	0	0	1	0	0	0
−1	1	0	0	0	0	0
0	0	0.5	0	0.5	0	0
1	0	0	0	0	1	0
2	0	0	0	0	0	1
3	0	0	1	0	0	0

用文字叙述，从 0 开始，等概率地到达 1 或者 −1，从 −1 开始，以概率 1 到达 −2 然后返回到 0，从 1 开始，先到达 2 然后到达 3 然后返回到 0. 此例子的题目所指的事实是，$0\to -1\to -2\to 0$ 是一个三角形而 $0\to 1\to 2\to 3\to 0$ 是一个正方形（见图 1-2）.

显然，$p^3(0,0)>0$，$p^4(0,0)>0$，则 $3,4\in I_0$. 要计算 I_0，下面的内容是有帮助的. ■

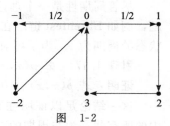

图 1-2

引理 1.15 I_x 是加法封闭集. 即若 $i,j\in I_x$，则 $i+j\in I_x$.

证明 若 $i,j\in I_x$，则 $p^i(x,x)>0$，$p^j(x,x)>0$，所以

$$p^{i+j}(x,x)\geq p^i(x,x)p^j(x,x)>0$$

因此 $i+j\in I_x$. ◀

应用此引理我们看到

$$I_0=\{3,4,6,7,8,9,10,11,\cdots\}$$

⊖ 此例原书编号是"Example 4.4"，显然是错误的，故删去编号. ——编辑注

注意到在这个例子，一旦在 I_0 中找到三个连续数（例如 6，7，8）则 $6+3, 7+3, 8+3 \in I_0$，因此 I_0 中包含所有 $n \geq 6$ 的整数.

对于另外一个不普通的例子，假设更新链（例 1.22）中 $f_5 = f_{12} = 1/2$. $5, 12 \in I_0$，由此应用引理 1.15，得

$$I_0 = \{5, 10, 12, 15, 17, 20, 22, 24, 25, 27, 29, 30, 32,$$
$$34, 35, 36, 37, 39, 40, 41, 42, 43, \cdots\}$$

为验证此结果，注意到由 5 可得 $10 = 5+5$ 和 $17 = 5+12$，10 可得 15 和 22，12 可得 17 和 24 等. 一旦在 I_0 中找到五个连续的数，这里是 39，40，41，42，43，我们将得到剩下的所有整数. 由上述两个例子可得如下引理.

引理 1.16 若 x 的周期为 1，即 I_x 的最大公约数为 1，则存在一个 n_0，使得当 $n \geq n_0$ 时，$n \in I_x$. 用文字叙述即 I_x 包含某个数值 n_0 之后的所有整数.

证明 首先通过观察可知，只需证明 I_x 中会包含两个连续的整数：k 和 $k+1$. 据此它将包含 $2k, 2k+1, 2k+2$ 和 $3k, 3k+1, 3k+2, 3k+3$，或者一般地 $jk, jk+1, \cdots, jk+j$. 对于 $j \geq k-1$，这些区块存在重叠并且没有遗漏任何整数. 在最后一个例子中，$24, 25 \in I_0$ 隐含着 $48, 49, 50 \in I_0$，蕴含着 $72, 73, 74, 75 \in I_0$ 和 $96, 97, 98, 99, 100 \in I_0$，因此可知当 $n_0 = 96$ 时引理结论成立. 实际上当 $n_0 = 39$ 时引理同样成立，但得到精确的界限并不重要.

为证明 I_x 中存在两个连续整数，我们直接使用数论中的一个事实：若集合 I_x 的最大公约数为 1，则存在整数 $i_1, \cdots, i_m \in I_x$ 和整数系数 c_i（可正可负）使得 $c_1 i_1 + \cdots + c_m i_m = 1$. 令 $a_i = c_i^+$ 和 $b_i = (-c_i)^+$. 用文字叙述，即 a_i 为正系数，b_i 为负系数的 -1 倍. 重新排列上述等式可得

$$a_1 i_1 + \cdots + a_m i_m = (b_1 i_1 + \cdots + b_m i_m) + 1$$

由引理 1.15 已经发现 I_x 中有两个连续整数. ◀

尽管周期性是一个理论可能性，但是在应用中很难证明它，除了个别情况，像奇-偶问题，例如 Ehrenfest 链. 在大多数情形我们会发现（或者设计）链是**非周期的**，即所有的状态的周期为 1. 为了可对例子验证此性质，我们需要讨论一些理论.

引理 1.17 若 $p(x, x) > 0$，则 x 的周期为 1.

证明 若 $p(x, x) > 0$，则 $1 \in I_x$，因此最大公约数为 1. ◀

这一结论足以证明在天气链（例 1.3），社会流动（例 1.4）和品牌偏好链（例 1.5）中的所有状态为非周期的. 下一个结论对于转移矩阵的对角元素为 0 的情形是有用的.

引理 1.18 若 $\rho_{xy} > 0$ 且 $\rho_{yx} > 0$，则 x 和 y 具有相同的周期.

这为什么是正确的？简略的答案是：如果两状态周期不同，则从 x 到达 y，再以各种可能的方式从 y 返回 y，然后再由 y 到达 x，在此过程我们会得到矛盾.

证明 假设 x 的周期为 c，而 y 的周期为 $d < c$. 令 k 是满足 $p^k(x, y) > 0$ 的数，m 满足 $p^m(y, x) > 0$. 因为

$$p^{k+m}(x, x) \geq p^k(x, y) p^m(y, x) > 0$$

则有 $k+m \in I_x$. 而 x 的周期为 c，所以 $k+m$ 必然为 c 的倍数. 设 l 为满足 $p^l(y, y) > 0$ 的任意整数. 因为

$$p^{k+l+m}(x,x) \geqslant p^k(x,y)p^l(y,y)p^m(y,x) > 0$$

则 $k+l+m \in I_x$ 且 $k+l+m$ 必然为 c 的倍数. 既然 $k+m$ 本身为 c 的倍数, 这就意味着 l 也是 c 的倍数. 由于 $l \in I_y$ 的取值为任意的, 这就已经证明了 c 是 I_y 中每一个元素的一个公约数, 但是 $d < c$ 是最大公约数, 矛盾. ◀

根据引理 1.18, 容易解答库存链 (例 1.6) 的问题

	0	1	2	3	4	5
0	0	0	0.1	0.2	0.4	0.3
1	0	0	0.1	0.2	0.4	0.3
2	0.3	0.4	0.3	0	0	0
3	0.1	0.2	0.4	0.3	0	0
4	0	0.1	0.2	0.4	0.3	0
5	0	0	0.1	0.2	0.4	0.3

因为当 $x = 2,3,4,5$ 时 $p(x,x) > 0$, 由引理 1.17 可知这些状态都是非周期的. 由于该链是不可约的, 根据引理 1.18, 0 和 1 也是非周期的.

现在考虑篮球链 (例 1.10):

	HH	HM	MH	MM
HH	3/4	1/4	0	0
HM	0	0	2/3	1/3
MH	2/3	1/3	0	0
MM	0	0	1/2	1/2

由引理 1.17 可以看出 HH 和 MM 是非周期的. 则由该链的不可约性, 根据引理 1.18, HM 和 MH 也是非周期的.

现在给出本章的主要结论: 我们首先列出假设条件. 无论 S 是有限还是无限的, 以下的结论都成立.

- I: p 是不可约的
- A: 非周期, 所有状态的周期为 1
- R: 所有状态都是常返的
- S: 存在一个平稳分布 π

定理 1.19 (收敛定理) 假设 I, A, S 成立, 则当 $n \to \infty$ 时, $p^n(x,y) \to \pi(y)$. ◀

为陈述下一个结论, 我们需要给出一个定义. 称 $\mu(x) \geqslant 0$ 是一个**平稳测度**, 如果 $\sum_x \mu(x)p(x,y) = \mu(y)$. 若 S 是有限的, 我们可将 μ 正则化为一个平稳分布.

定理 1.20 假设 I 和 R 成立, 则存在一个平稳测度, 且对于所有的 x, $\mu(x) > 0$. ◀

下一个结论描述了 "在每一个状态上花费时间比例的极限".

定理 1.21 (渐近频率) 假设 I 和 R 成立. 如果 $N_n(y)$ 为在时刻 n 之前访问 y 的总次数, 则

$$\frac{N_n(y)}{n} \to \frac{1}{E_y T_y}$$

◀

随后我们将看到, 可能会有 $E_y T_y = \infty$ 的情况, 此时上述极限为 0. 作为一个推

论，有

定理 1.22 若 I 和 S 成立，则

$$\pi(y) = 1/E_y T_y$$

从而平稳分布是唯一的. ◀

在接下来的两个例子中，我们感兴趣的将是与一个 Markov 链有关的长期运行成本问题. 为此，我们需要对定理 1.21 进行如下推广.（当 $x = y$ 或 x 为 0 时，$f(x) = 1$；其他情形下 $f(x)$ 取之前的数值.）

定理 1.23 假设 I, S 成立，并且 $\sum_x |f(x)| \pi(x) < \infty$，则

$$\frac{1}{n} \sum_{m=1}^{n} f(X_m) \to \sum_x f(x)\pi(x)$$

◀

注意到定理 1.21 和定理 1.23 并不要求非周期性.

为了说明定理 1.23 的用处，考虑下面的例子.

例 1.23 修复链（例 1.7 续） 一台机器有三个关键零件易受损，但只要其中两个零件能运行机器就可以正常工作. 当有两个零件损坏时，它们将被替换，机器在第二天投入正常运转. 以损坏的零件 $\{0,1,2,3,12,13,23\}$ 为它的状态空间，转移矩阵如下：

	0	1	2	3	12	13	23
0	0.93	0.01	0.02	0.04	0	0	0
1	0	0.94	0	0	0.02	0.04	0
2	0	0	0.95	0	0.01	0	0.04
3	0	0	0	0.97	0	0.01	0.02
12	1	0	0	0	0	0	0
13	1	0	0	0	0	0	0
23	1	0	0	0	0	0	0

要问的是：如果想让这台机器运转 1800 天（大约 5 年），将要分别使用多少个零件 1、零件 2 和零件 3?

为了求解平稳分布，我们观察下面矩阵的最后一行

$$\begin{bmatrix} -0.07 & 0.01 & 0.02 & 0.04 & 0 & 0 & 1 \\ 0 & -0.06 & 0 & 0 & 0.02 & 0.04 & 1 \\ 0 & 0 & -0.05 & 0 & 0.01 & 0 & 1 \\ 0 & 0 & 0 & -0.03 & 0 & 0.01 & 1 \\ 1 & 0 & 0 & 0 & -1 & 0 & 1 \\ 1 & 0 & 0 & 0 & 0 & -1 & 1 \\ 1 & 0 & 0 & 0 & 0 & 0 & 1 \end{bmatrix}^{-1}$$

将结果转化为分数之后，有

$$\pi(0) = 3000/8910$$

$$\pi(1) = 500/8910 \quad \pi(2) = 1200/8910 \quad \pi(3) = 4000/8910$$

$$\pi(12) = 22/8910 \quad \pi(13) = 60/8910 \quad \pi(23) = 128/8910$$

每次访问到 12 或者 13 时，都要更换一个类型 1 的零件，所以平均每天要使用 82/8910 个零件 1. 经过 1800 天平均将使用 $1800 \times 82/8910 = 16.56$ 个零件 1. 同样，长期来看，类型 2 零件和类型 3 零件平均每天的使用量分别是 150/8910 和 188/8910，所以经过 1800 天将平均使用 30.30 个零件 2 和 37.98 个零件 3. ∎

例 1.24 库存链（例 1.6 续） 有一家销售视频游戏系统的电子产品店，分别以概率 0.3，0.4，0.2 和 0.1 销售 0，1，2，3 单位的该商品. 每天晚上关门时可以订购新货，这些新货可以在第二天早上开门时到达. 假设每销售 1 单位该商品可以获得 12 元的利润，但在店里存储 1 单位每天需花费 2 元. 因为一天不可能销售 4 单位的该商品，所以手中未售出的库存量不可能大于 3.

假设我们使用 2，3 库存策略. 即当库存 $\leqslant 2$ 时补货，使得第二天开始时有 3 单位库存. 在这种情形下我们总是以 3 单位开始一天的销售，因此转移概率每行都相等

	0	1	2	3
0	0.1	0.2	0.4	0.3
1	0.1	0.2	0.4	0.3
2	0.1	0.2	0.4	0.3
3	0.1	0.2	0.4	0.3

显然这种情形下平稳分布为 $\pi(0) = 0.1, \pi(1) = 0.2, \pi(2) = 0.4, \pi(3) = 0.3$. 如果我们一天结束时剩余了 k 单位该商品，则我们销售了 $3 - k$ 单位，剩余这 k 个单位要在店中储存过夜. 因此长期来看，这个策略下的销售额为

$$\text{每天} \quad 0.1 \times 36 + 0.2 \times 24 + 0.4 \times 12 = 3.6 + 4.8 + 4.8 = 13.2 \text{ 元}$$

而库存需花费

$$2 \times 0.2 + 4 \times 0.4 + 6 \times 0.3 = 0.4 + 1.6 + 1.8 = 3.8$$

即每天的净利润为 9.4 元.

假设采用 1，3 库存策略. 这种情形下转移概率为

	0	1	2	3
0	0.1	0.2	0.4	0.3
1	0.1	0.2	0.4	0.3
2	0.3	0.4	0.3	0
3	0.1	0.2	0.4	0.3

求解得平稳分布为

$$\pi(0) = 19/110 \quad \pi(1) = 30/110 \quad \pi(2) = 40/110 \quad \pi(3) = 21/110$$

为了计算销售商品可获得的利润，注意到，如果我们总有充足存货，则由第一种情形下的计算，每天将售得 13.2 元. 然而，当 $X_n = 2$，需求量为 3 时，我们恰好错失销售 1 单位，该事件的概率为 $(4/11) \times 0.1 = 0.03636$. 由此长期看来，我们获得的利润为

$$\text{每天} \quad 13.2 - 0.036 \times 12 = 12.7636 \text{ 元}$$

在这个新策略下，库存需花费

$$2 \times \frac{30}{110} + 4 \times \frac{40}{110} + 6 \times \frac{21}{110} = \frac{60 + 160 + 126}{110} = 3.1454$$

所以现在的利润为 $12.7636 - 3.1454 = 9.6128$ 元.

假设采用 0，3 库存策略. 这种情形下转移概率为

	0	**1**	**2**	**3**
0	0.1	0.2	0.4	0.3
1	0.7	0.3	0	0
2	0.3	0.4	0.3	0
3	0.1	0.2	0.4	0.3

求解平稳分布的方程可得

$$\pi(0) = 343/1070 \quad \pi(1) = 300/1070 \quad \pi(2) = 280/1070 \quad \pi(3) = 147/1070$$

为了求得我们的利润，注意到，正如之前的计算，如果总有充足的存货，每天将获得 13.2 元. 考虑到各种措失的销售情况，长期看来，销售额为

$$每天 \ 13.2 - 12 \times \frac{280}{1070} \times 0.1 + \frac{300}{1070}(0.1 \times 2 + 0.2 \times 1) = 11.54 \ 元$$

在此新方案下的库存花费为

$$2 \times \frac{300}{1070} + 4 \times \frac{280}{1070} + 6 \times \frac{147}{1070} = \frac{600 + 1120 + 882}{1070} = \frac{4720}{1472} = 2.43$$

则长期的利润为每天 $11.54 - 2.43 = 9.11$ 元.

此时，我们已计算出

策略	0，3	1，3	2，3
每天所得利润	9.11 元	9.62 元	9.40 元

所以 1，3 库存策略是最优的.

1.6   特殊例子

1.6.1   双随机链

定义 1.2   称转移矩阵 p 是 **双随机** 的，如果其各列之和为 1，或用符号表示为 $\sum_x p(x, y) = 1$.

形容词 "双" 归因于转移概率矩阵的定义：矩阵各行元素之和为 1，即 $\sum_y p(x, y) = 1$. 这种情形下容易猜想其平稳分布.

定理 1.24   若 p 是一 N 状态的 Markov 链的双随机概率，则均匀分布，即对所有的 x，$\pi(x) = 1/N$，是其平稳分布.

证明   为验证此结论，注意到，若 $\pi(x) = 1/N$，则

$$\sum_x \pi(x) p(x, y) = \frac{1}{N} \sum_x p(x, y) = \frac{1}{N} = \pi(y)$$

观察第二个等式我们得到其逆命题：若 $\pi(x) = 1/N$，则 p 是双随机的.   ◀

例 1.25 直线上带反射壁的对称随机游动   状态空间为 $\{0, 1, 2, \cdots, L\}$. 该链每一步以 $1/2$ 概率向右或者向左移动一步，为了服从该规则，当链试图从 0 向左或者从 L 向右移动

时，它停在原地不动. 例如，当 $L = 4$ 时，转移概率为

	0	1	2	3	4
0	0.5	0.5	0	0	0
1	0.5	0	0.5	0	0
2	0	0.5	0	0.5	0
3	0	0	0.5	0	0.5
4	0	0	0	0.5	0.5

显然在 $L = 4$ 这个例子中，每列之和为 1. 经过进一步思考可知，这个结论对任意 L 都成立，即 $\pi(i) = 1/(L+1)$. ■

例 1.26 小型桌面类游戏 考虑一个仅有六个格子 $\{0,1,2,3,4,5\}$ 的圆形桌面游戏. 每一轮我们通过投掷骰子来决定移动的距离，其中骰子的三面为 1，两面为 2，一面为 3. 这里假定 5 和 0 相邻，从而如果我们在 5，掷得 2，则结果将移动到 $5 + 2 \bmod 6 = 1$，其中 $i + k \bmod 6$ 指 $i + k$ 除以 6 后的余数. 这种情形下转移概率为

	0	1	2	3	4	5
0	0	1/3	1/3	1/6	0	0
1	0	0	1/2	1/3	1/6	0
2	0	0	0	1/2	1/3	1/6
3	1/6	0	0	0	1/2	1/3
4	1/3	1/6	0	0	0	1/2
5	1/2	1/3	1/6	0	0	0

显然各列之和为 1，则平稳分布是均匀分布. 验证满足收敛定理的假设条件，注意到在 3 轮之后，我们已经移动的步数包含了 3 到 9，所以对任意的 i 和 j 都有 $p^3(i,j) > 0$. ■

35

例 1.27 数学家大富翁 大富翁游戏是在游戏板上进行的，它一共有 40 格，摆放在一个正方形周围. 格子的名字是"雷丁铁路"、"停车场"等诸如此类，但是我们将给格子编号为 0（出发），1（波罗的海大道），$\cdots$，39（博德路）. 在大富翁游戏中你投掷两枚骰子并向前移动两骰子之和的步长. 现在，我们忽略如"入狱""机会"和其他使得游戏更加有趣的事情，并将它的动态变化写成如下公式：令 r_k 表示两个骰子之和为 k 的概率（$r_2 = 1/36, r_3 = 2/36, \cdots, r_7 = 6/36, \cdots, r_{12} = 1/36$）且

$$p(i,j) = r_k \qquad \text{如果 } j = i + k \bmod 40$$

其中 $i + k \bmod 40$ 为 $i + k$ 除以 40 后的余数. 例如，假定我们在 $i = 37$ 公园广场，掷得 $k = 6$，$37 + 6 = 43$ 但是它除以 40 后的余数为 3，所以 $p(37,3) = r_6 = 5/36$.

这个例子状态比较多，但与之前的例子具有相同的结构. 每一行具有相同的元素，但是每次要向右移动一个位置，在最右边消失的元素在 0 状态所对应的列出现. 这种结构意味着行中每一个元素在每一列中只出现一次，因此列元素之和为 1，平稳分布为均匀分布. 为验证收敛定理，注意到在 4 轮过后，你可能向前移动 8 到 48 格，所以对任意 i 和 j 都有 $p^4(i,j) > 0$.

例 1.28 真实的大富翁游戏 这个游戏有两个复杂化条件：

• 格子 30 是"入狱"，将让你返回到格子 10. 你可以付费离开监狱，但是在下面我们

给出的结论中，我们假定你是吝啬的，你可以依下面的方式出狱：如果你掷出的两枚骰子点数相同，即可出狱；如果你尝试三次都没能掷出相同点数，那么你需付罚金才能出狱.

● 格子 7，12，36 这三格是"机会"（图板上的钻石），格子 2，17，33 这三格是"公益基金"（图板上的方块），在这些格子中你可以抽取一个卡片，该卡片可将你送至另外一个格子中.

图 1-3 是通过计算机模拟获得的，给出了长时间下在大富翁游戏中你投掷结束后到达不同格子的频率. 为更容易观察，我们已经删除了待在监狱中的概率 9.46%. 格子 10 对应的值 2.14% 是"到达监狱"的概率，即通过投掷骰子到达监狱的概率值. 显然格子 30 "送入监狱"对应的值是 0. 另外三个最小值发生在机会格子中. 由于从 30 到 10 的转移，到达 20 附近格子的频率相对于平均水平 2.5% 增加了，而那些在 30 之后或者 10 之前的则降低了. 格子 0 （出发）

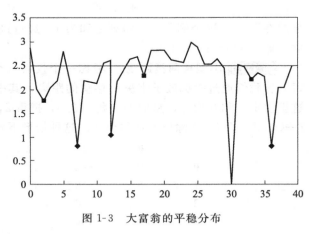

图 1-3　大富翁的平稳分布

和格子 5 （雷丁铁路）和这个趋势相反，因为有机会卡引导你到达这两个状态. ■

1.6.2　细致平衡条件

称 π 满足**细致平衡条件**，如果

$$\pi(x)p(x,y)=\pi(y)p(y,x) \tag{1.11}$$

为了说明这是比 $\pi p=\pi$ 更严格的条件，对上式两端关于 x 求和，得

$$\sum_x \pi(x)p(x,y)=\pi(y)\sum_x p(y,x)=\pi(y)$$

同之前对平稳分布的讨论一样，我们把 $\pi(x)$ 看做 x 处给定的沙子量，链的一步转移看做将 x 处 $p(x,y)$ 比例的沙子移到 y. 在这种情况下，细致平衡条件的意思是：从 x 一步转移到 y 的沙子量恰好等于从 y 一步转移到 x 的沙子量. 相比之下，条件 $\pi p=\pi$ 说明在所有的转移结束后，每个位置上的沙子量与该位置开始时的沙子量相等.

有许多链的平稳分布并不满足细致平衡条件.

例 1.29　考虑

	1	**2**	**3**
1	0.5	0.5	0
2	0.3	0.1	0.6
3	0.2	0.4	0.4

此链并不存在满足细致平衡条件的平稳分布，这是因为：$\pi(1)p(1,3)=0$，但 $p(3,1)>0$，所以为满足细致平衡条件，必须有 $\pi(3)=0$，再根据 $\pi(3)p(3,i)=\pi(i)p(i,3)$，推出所有

的 $\pi(i) = 0$. 但是该链是一个双随机链，因此 $(1/3, 1/3, 1/3)$ 是它的平稳分布. ■

例 1.30 生灭链　由以下性质定义：它的状态空间为某整数序列 $l, l+1, \cdots, r-1, r$ 并且一步转移不可能超过 1：

$$p(x, y) = 0 \qquad \text{当} \mid x - y \mid > 1 \text{时}$$

假设转移概率满足

$$p(x, x+1) = p_x \qquad \text{当} x < r \text{时}$$
$$p(x, x-1) = q_x \qquad \text{当} x > l \text{时}$$
$$p(x, x) = 1 - p_x - q_x \qquad \text{当} l \leqslant x \leqslant r \text{时}$$

其他情形下 $p(x, y) = 0$. 如果 $x < r$, x 和 $x+1$ 之间的细致均衡意味着 $\pi(x)p_x = \pi(x+1)q_{x+1}$, 从而

$$\pi(x+1) = \frac{p_x}{q_{x+1}} \cdot \pi(x) \tag{1.12}$$

对 $x = l$ 运用上述结果，得到 $\pi(l+1) = \pi(l)p_l/q_{l+1}$. 取 $x = l+1$ 有

$$\pi(l+2) = \frac{p_{l+1}}{q_{l+2}} \cdot \pi(l+1) = \frac{p_{l+1} \cdot p_l}{p_{l+2} \cdot q_{l+1}} \cdot \pi(l)$$

由这两个结果推断，我们发现，一般地有

$$\pi(l+i) = \pi(l) \cdot \frac{p_{l+i-1} \cdot p_{l+i-2} \cdots p_{l+1} \cdot p_l}{q_{l+i} \cdot q_{l+i-1} \cdots q_{l+2} \cdot q_{l+1}}$$

为使下标看起来更直白，注意到：(i) 分子、分母都有 i 项，(ii) 下标每次递减 1，(iii) 结果并不依赖于 q_l (它为 0) 或者 p_{l+i}. ■

下面用一个具体的例子来说明这个公式的应用.

例 1.31 Ehrenfest 链　为了具体起见，假设有 3 个球. 在这种情形下转移概率为

	0	**1**	**2**	**3**
0	0	3/3	0	0
1	1/3	0	2/3	0
2	0	2/3	0	1/3
3	0	0	3/3	0

令 $\pi(0) = c$, 应用式 (1.12) 可得

$$\pi(1) = 3c, \quad \pi(2) = \pi(1) = 3c, \pi(3) = \pi(2)/3 = c.$$

π 的和为 $8c$, 从而 $c = 1/8$ 并得到

$$\pi(0) = 1/8, \quad \pi(1) = 3/8, \quad \pi(2) = 3/8, \quad \pi(3) = 1/8$$

知道答案后，观察最后的等式我们发现，π 表示的是抛掷 3 枚硬币时头像出现次数的分布，则可以猜想并验证：在一般情况下的平稳分布是 $p = 1/2$ 时的二项分布：

$$\pi(x) = 2^{-n} \binom{n}{x}$$

$$\binom{n}{x} = \frac{n!}{x!(n-x)!}$$

是二项式系数，它给出了从一个含有 n 个对象的集合中选择 x 个对象的方法数，其中 $m! = 1 \times 2 \times \cdots \times (m-1)$, 且 $0! = 1$.

为验证我们的猜想满足细致平衡条件，注意到

$$\pi(x)p(x,\,x+1) = 2^{-n}\,\frac{n!}{x!(n-x)!}\cdot\frac{n-x}{n}$$

$$= 2^{-n}\,\frac{n!}{(x+1)!(n-x-1)!}\cdot\frac{x+1}{n} = \pi(x+1)p(x+1,x)$$

然而接下来的证明用语言描述更为简单. 通过抛掷硬币产生 X_0 并令头像＝"在左边罐子". 从 X_0 到 X_1 的转移可以通过随机的选择一枚硬币, 然后将其翻个面来得到. 显然在时刻 1 抛掷硬币的 2^n 种结果都是等可能的, 因此 X_1 服从二项分布. ■

例 1.32 **三台机器, 一个维修工**   假设一个办公室中有 3 台机器, 每台机器每天损坏的可能性都为 0.1, 但是当办公室至少 1 台机器损坏时, 维修工以 0.5 的概率可以修好其中的一台机器, 该机器第二天可以使用. 假设我们忽略两台机器同一天损坏的可能性, 则可以用生灭链来描述正常运转的机器数, 转移矩阵为:

	0	1	2	3
0	0.5	0.5	0	0
1	0.05	0.5	0.45	0
2	0	0.1	0.5	0.4
3	0	0	0.3	0.7

39

显然可得状态 0 和 3 对应行的值. 解释 1 所对应的行, 注意到, 当一台机器损坏且维修工正在维修的机器仍然没有修理好时, 状态将减少 1, 此事件的概率为 0.1×0.5, 而当维修工修理好机器并且没有新的损坏发生时, 状态增加 1, 此事件的概率为 0.5×0.9. 同理可得 $p(2,1)=0.2\times0.5$ 和 $p(2,3)=0.5\times0.8$.

为了得到平稳分布, 利用递归公式 (1.12) 推导得, 如果 $\pi(0)=c$, 则

$$\pi(1) = \pi(0)\cdot\frac{p_0}{q_1} = c\cdot\frac{0.5}{0.05} = 10c$$

$$\pi(2) = \pi(1)\cdot\frac{p_1}{q_2} = 10c\cdot\frac{0.45}{0.1} = 45c$$

$$\pi(3) = \pi(2)\cdot\frac{p_2}{q_3} = 45c\cdot\frac{0.4}{0.3} = 60c$$

π 的和为 $116c$, 因此若令 $c=1/116$, 则可得

$$\pi(3) = \frac{60}{116},\quad \pi(2) = \frac{45}{116},\quad \pi(1) = \frac{10}{116},\quad \pi(0) = \frac{1}{116}$$ ■

很多其他的链, 虽然不是生灭链, 但是依然存在满足细致平衡条件的平稳分布. 下面的例子中提供了很多种可能.

例 1.33 **图上的随机游动**   通过给定两个条件来描述一个图: (i) 顶点集合 V (我们假定其为有限集) 和 (ii) 一个邻接矩阵 $A(u,v)$, 当存在一条边连接 u 和 v 时, $A(u,v)$ 取值为 1, 否则取值为 0. 依惯例, 对所有的 $v\in V$, 令 $A(v,v)=0$(见图 1-4).

顶点 u 的度等于与它相邻接的顶点数. 用符号表示即

$$d(u) = \sum_v A(u,v)$$

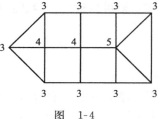

图   1-4

因为每一个与 u 相邻的顶点都对求和贡献 1. 为了帮助理解这个概念，我们在例子中已经标注出了度. 我们以此种方式写出度以明确

（＊）$$p(u,v) = \frac{A(u,v)}{d(u)}$$

定义了一个转移概率. 用文字描述，即若 $X_n = u$，则在时刻 $n+1$，转移到随机选出的一个与 u 相邻的顶点.

从（＊）中可直接得出，如果 c 是一个正常数，则 $\pi(u) = cd(u)$ 满足细致平衡条件：

$$\pi(u)p(u,v) = cA(u,v) = cA(v,u) = \pi(v)p(u,v)$$

因此若取 $c = 1/\sum_u d(u)$，则可得一个平稳分布，在这个例子中 $c = 1/40$. ■

考虑一个具体的例子.

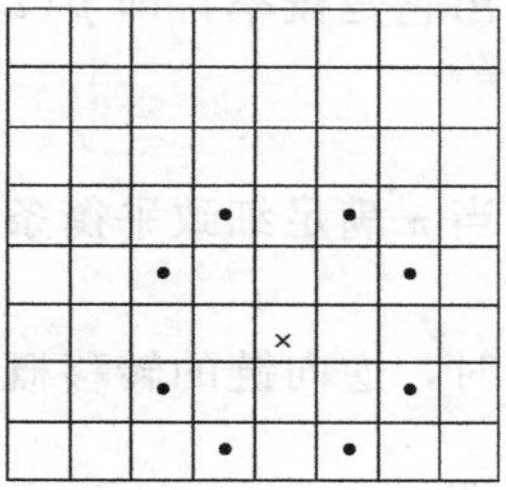

例 1.34 国际象棋棋盘上一个马的随机游动 国际象棋的棋盘是一个 8×8 的方格. 马的走法为在一个方向上走两步，然后在与其垂直的方向上走一步（见图 1-5）.

通过耐心地检验所有的可能性，可以看出顶点的度由下面的表格给出. 为了使得对称性更加明显，我们在表中画了线.

2	3	4	4	4	4	3	2
3	4	6	6	6	6	4	3
4	6	8	8	8	8	6	4
4	6	8	8	8	8	6	4
4	6	8	8	8	8	6	4
4	6	8	8	8	8	6	4
3	4	6	6	6	6	4	3
2	3	4	4	4	4	3	2

图 1-5

度的和为 $4 \times 2 + 8 \times 3 + 20 \times 4 + 16 \times 6 + 16 \times 8 = 336$，因此平稳概率为度除以 336. ■

对于车来说，这个问题是乏味的，因为车从任何一个方格中都有 14 种可能的移动方式，因此有一个均匀的平稳分布. 在本章的习题中，我们将考虑另外 3 个有趣的例子：王，象和后.

1.6.3 可逆性

令 $p(i,j)$ 为转移概率，其平稳分布为 $\pi(i)$. X_n 是从平稳分布开始的 Markov 链，即 $P(X_0 = i) = \pi(i)$. 接下来的结论说明：如果我们逆向观察 $X_m, 0 \leqslant m \leqslant n$，则它是一个 Markov 链.

定理 1.25 固定 n 且令 $Y_m = X_{n-m}, 0 \leqslant m \leqslant n$. 则 Y_m 是一个 Markov 链，转移概率为

$$\hat{p}(i,j) = P(Y_{m+1} = j \mid Y_m = i) = \frac{\pi(j)p(j,i)}{\pi(i)} \tag{1.13}$$

证明 我们需要计算条件概率：

$$P(Y_{m+1} = i_{m+1} \mid Y_m = i_m, Y_{m-1} = i_{m-1}, \cdots, Y_0 = i_0)$$

$$= \frac{P(X_{n-(m+1)} = i_{m+1}, X_{n-m} = i_m, X_{n-m+1} = i_{m-1}, \cdots, X_n = i_0)}{P(X_{n-m} = i_m, X_{n-m+1} = i_{m-1}, \cdots, X_n = i_0)}$$

利用 Markov 性，分子等于

$$\pi(i_{m+1})p(i_{m+1},i_m)P(X_{n-m+1}=i_{m-1},\cdots,X_n=i_0\mid X_{n-m}=i_m)$$

同理分母可以写为

$$\pi(i_m)P(X_{n-m+1}=i_{m-1},\cdots,X_n=i_0\mid X_{n-m}=i_m)$$

将上面两个式子相除并注意到可以消去条件概率，有

$$P(Y_{m+1}=i_{m+1}\mid Y_m=i_m,\cdots,Y_0=i_0)=\frac{\pi(i_{m+1})p(i_{m+1},i_m)}{\pi(i_m)}$$

这就证明了 Y_m 是一个具有已给出的转移概率的 Markov 链. ◀

式 (1.13) 给出的转移概率称为**对偶转移概率**，它看起来可能有点奇怪，但是容易看出它是概率，即 $\hat{p}(i,j)\geqslant 0$，且因 $\pi p=\pi$，所以有

$$\sum_j\hat{p}(i,j)=\sum_j\pi(j)p(j,i)\pi(i)=\frac{\pi(i)}{\pi(i)}=1$$

当 π 满足细致平衡条件

$$\pi(i)p(i,j)=\pi(j)p(j,i)$$

时，逆向链的转移概率

$$\hat{p}(i,j)=\frac{\pi(j)p(j,i)}{\pi(i)}=p(i,j)$$

与原本的链相同. 用文字叙述，即如果我们把一个从满足细致平衡条件的初始分布开始的 Markov 链 $X_m(0\leqslant m\leqslant n)$ 的运动拍成电影，然后从后往前看（即考虑 $Y_m=X_{n-m},0\leqslant m\leqslant n$），那么我们看到一个具有相同分布的随机过程. 为了帮助理解这个概念，引入一个算法.

1.6.4 Metropolis-Hastings 算法

下面的主题是介绍一个从分布 $\pi(x)$ 中生成样本的算法. 算法以此主题的两篇基础性论文的作者而命名. 一篇论文是由 Nicholas Metropolis 和姓氏为 Rosenbluth 、Teller 的两对夫妇 (1953) 完成的，另一篇的作者是 W. K. Hastings (1970). 对于贝叶斯统计中计算后验分布 (Tierney，1994)、重建图像（Geman and Geman，1984）以及统计物理中复杂模型的研究 (Hammersley and Handscomb，1984)，该算法都是一个非常有用的工具. 要介绍这些应用，会让我们偏离主题太远，所以这里只介绍算法的简单思想，这也是算法的关键.

从一个 Markov 链 $q(x,y)$ 开始，$q(x,y)$ 为给定的跳分布. 转移以概率

$$r(x,y)=\min\left\{\frac{\pi(y)q(y,x)}{\pi(x)q(x,y)},1\right\}$$

被接受，从而转移概率为

$$p(x,y)=q(x,y)r(x,y)$$

为验证 π 满足细致平衡条件，可以假设 $\pi(y)q(y,x)>\pi(x)q(x,y)$. 在这种情形下

$$\pi(x)p(x,y)=\pi(x)q(x,y)\cdot 1$$

$$\pi(y)p(y,x)=\pi(y)q(y,x)\frac{\pi(x)q(x,y)}{\pi(y)q(y,x)}=\pi(x)q(x,y)$$

为了从 $\pi(x)$ 产生一个样本，我们让链运行足够长时间以使其达到均衡. 为了获得大量样本，在相距很远的时刻输出状态. 当然，要想知道多长时间的间隔可以使输出的状态

之间相互独立有一个技巧. 如果我们对一个特殊函数的期望值感兴趣,那么(若链不可约且状态空间是有限的)定理 1.23 保证

$$\frac{1}{n}\sum_{m=1}^{n}f(X_m) \to \sum_x f(x)\pi(x)$$

Metropolis-Hastings 算法经常用于状态空间连续的情形,但那需要更复杂的 Markov 链理论,因此我们将用离散状态空间情形的例子来解释这个算法.

例 1.35 几何分布 假设 $\pi(x) = \theta^x(1-\theta), x = 0,1,2,\cdots$. 为了生成跳分布,我们用一个对称随机游动 $q(x,x+1) = q(x,x-1) = 1/2$. 由于 q 是对称的,$r(x,y) = \min\{1,\pi(y)/\pi(x)\}$. 在这种情形下,如果 $x>0,\pi(x-1)>\pi(x),\pi(x+1)/\pi(x) = \theta$,则

$$p(x,x-1) = 1/2 \quad p(x,x+1) = \theta/2 \quad p(x,x) = (1-\theta)/2$$

当 $x = 0, \pi(-1) = 0$ 时,

$$p(0,-1) = 0 \quad p(0,1) = \theta/2 \quad p(0,0) = 1 - (\theta/2)$$

为验证可逆性,注意到,若 $x \geqslant 0$,那么

$$\pi(x)p(x,x+1) = \theta^x(1-\theta) \cdot \frac{\theta}{2} = \pi(x+1)p(x+1,x)$$

在这里,像 Metropolis-Hastings 算法的大多数应用一样,q 的选择是非常重要的. 如果 θ 接近于 1,那么我们将选择 $q(x,x+i) = 1/2L+1, -L \leqslant i \leqslant L$,其中 $L = O(1/(1-\theta))$,以使得链更快地在状态空间中转移,而不是有很多步被拒绝. ∎

例 1.36 二项分布 假设 $\pi(x)$ 服从二项分布 Binomial (N,θ). 在这种情况下,对所有 $0 \leqslant x,y \leqslant N$,可以令 $q(x,y) = 1/(N+1)$,因为 q 是对称的,所以 $r(x,y) = \min\{1,\pi(y)/\pi(x)\}$. 这和**拒绝采样**方法紧密相关,拒绝采样产生独立随机变量 U_i,它们都服从 $\{0,1,\cdots,N\}$ 上的均匀分布,且保持 U_i 的概率为 $\pi(U_i)/\pi^*$,其中 $\pi^* = \max_{0 \leqslant x \leqslant_n}\pi(x)$. ∎

44

例 1.37 二维 Ising 模型 Metropolis-Hastings 算法起源于统计物理. 一个典型的问题是关于铁磁性的 Ising 模型. 空间由一个二维网格 $\Lambda = \{-L,\cdots,L\}^2$ 表示. 如果要把网格做成三维,可以想象一根铁棒中的原子. 在现实中每个原子都有一个在某方向的自旋,但是我们将其简单化为假定每次自旋的方式为向上 $+1$ 或者向下 -1. 系统的状态为函数:$\xi: \Lambda \to \{-1,1\}$,即乘积空间 $\{-1,1\}^\Lambda$ 上的一个点. 如果 y 是 $x+(1,0),x+(-1,0),x+(0,1),x+(0,-1)$ 这四个点之一,我们称 x 和 y 在 Λ 为近邻. 观察图 1-6.

```
+   −   +   +   +   −   −
−   −   −   +   +   +   −
+   −   +   +   −   −   +
+   +   −       y   +   −
+   −   +   y   x   y   −
+   +   −       y   +   −
+   −   +   +   −   −   +
```

图 1-6

给定一个与温度成反比的相互作用参数 β，均衡状态为

$$\pi(x) = \frac{1}{Z(\beta)} \exp\left(\beta \sum_{x, y \sim x} \xi_x \xi_y\right)$$

其中求和是对所有的 $x, y \in \Lambda$，且 y 为 x 的一个近邻；$Z(\beta)$ 是一个使得概率和为 1 的常数. 在正方形的边界上自旋只有 3 个近邻. 处理这种问题有几种选择：（i）假定外部的自旋为 0，或者（ii）指定一个固定边界条件，例如所有的自旋为 +.

当情形（i）中所有的自旋都一致或者当情形（ii）中所有的自旋都为 + 时求和的值最大. 这些构型使得能量 $H = -\sum_{x, y \sim x} \eta_x \eta_y$ 达到最小，但是包含了 + 和 − 的随机混合的构型有很多. 事实证明，随着 β 的增大，系统经历了从一个 + 和 − 几乎等量的随机状态到超过 1/2 的自旋指向同一个方向的状态的位相转移.

$Z(\beta)$ 很难计算，所以很庆幸在 Metropolis-Hastings 算法中它仅作为概率比值出现. 对于给定的跳分布，当 ξ 和 ξ^x 只在 x 点不同时，令 $q(\xi, \xi^x) = 1/(2L + 1)^2$. 在这种情形下转移概率为

$$p(\xi, \xi^x) = q(\xi, \xi^x) \min\left\{\frac{\pi(\xi^x)}{\pi(\xi)}, 1\right\}$$

注意到因为 $Z(\beta)$ 抵消了，所以容易计算比值 $\pi(\xi^x)/\pi(\xi)$，只需计算求和中不包含 x 和它的近邻的所有项. 因为 $\xi^x(x) = -\xi(x)$，所以

$$\frac{\pi(\xi^x)}{\pi(\xi)} = \exp\left(-2\beta \sum_{y \sim x} \xi_x \xi_y\right)$$

如果 x 同它的 4 个近邻中的 k 个相同，则比值为 $\exp(-2(4 - 2k))$. 用文字叙述，$p(x, y)$ 可以描述为：当它降低能量时，以概率 1 接受给定的移动；否则以概率 $\pi(y)/\pi(x)$ 接受给定的移动. ∎

例 1.38 模拟退火法 Metropolis-Hastings 算法也可应用于最小化复杂函数. 例如，考虑旅行推销员问题，此问题是要寻找能够到达一个列表上所有城市的最短（或最经济）路线. 这种情形下，状态空间为列表上的城市 $x, \pi(x) = \exp(-\beta l(x))$，其中 $l(x)$ 为行程的长度. 给定的核 q 是选择来以某种方式修改列表的. 例如，我们可能按列表从一个城市到达另外一个城市，或者对一序列城市进行反序的拜访. 当 β 较大时，平稳分布集中在最优路线及其附近. 像 Ising 模型中一样，β 看做与温度成反比. 模拟退火法的名字来源于在模拟过程中，我们增大 β 值（即降低温度）以使得链能达到一个更优解. 这个过程要慢慢进行，否则过程将陷入局部最小值. 更多关于模拟退火法的内容可参考 Kirkpatrick 等（1983）. ∎

*1.7　主要定理的证明[⊖]

为了给收敛定理即定理 1.19 的证明作准备，需要如下结论.

引理 1.26 如果存在一个平稳分布，那么所有使得 $\pi(y) > 0$ 的状态 y 都是常返的.

⊖　加星号"＊"部分为选学内容. ——编辑注

证明：由引理 1.12 可知 $E_x N(y) = \sum_{n=1}^{\infty} p^n(x, y)$，因此

$$\sum_x \pi(x) E_x N(y) = \sum_x \pi(x) \sum_{n=1}^{\infty} p^n(x, y)$$

交换求和顺序并应用 $\boldsymbol{\pi p^n = \pi}$，由于 $\pi(y) > 0$，上式

$$= \sum_{n=1}^{\infty} \sum_x \pi(x) p^n(x, y) = \sum_{n=1}^{\infty} \pi(y) = \infty$$

应用引理 1.11 得 $E_x N(y) = \rho_{xy} / (1 - \rho_{yy})$，从而有

$$\infty = \sum_x \pi(x) \frac{\rho_{xy}}{1 - \rho_{yy}} \leqslant \frac{1}{1 - \rho_{yy}}$$

第二个不等式成立是因为 $\rho_{xy} \leqslant 1$，π 是概率测度。这就证明了 $\rho_{yy} = 1$，即 y 是常返的。◀

有了引理 1.26，我们已经准备好证明收敛定理。

定理 1.19⊖（收敛定理）　假设 p 不可约、非周期，并且有平稳分布 π。则当 $n \to \infty$ 时，$p^n(x, y) \to \pi(y)$。

证明　令 S 表示 p 的状态空间。定义在 $S \times S$ 上的一个转移概率 $\bar{p}$，

$$\bar{p}((x_1, y_1), (x_2, y_2)) = p(x_1, x_2) p(y_1, y_2)$$

用文字叙述即每个坐标独立移动。

第一步　首先证明如果 p 是非周期且不可约的，那么 $\bar{p}$ 是不可约的。因为 p 不可约，所以存在 K, L，使得 $p^K(x_1, x_2) > 0$，$p^L(y_1, y_2) > 0$。因为 x_2, y_2 的周期为 1，根据引理 1.16 可知，如果 M 足够大，则 $p^{L+M}(x_2, x_2) > 0$，$p^{K+M}(y_2, y_2) > 0$，因此

$$\bar{p}^{K+L+M}((x_1, y_1), (x_2, y_2)) > 0$$

第二步　因为两个坐标相互独立，从而 $\bar{\pi}(a, b) = \pi(a)\pi(b)$ 定义了 $\bar{p}$ 的一个平稳分布，又因为根据引理 1.26 可知 $\bar{p}$ 的所有状态都是常返的。令 (X_n, Y_n) 表示 $S \times S$ 上的链，T 表示两坐标首次相等的时刻，即 $T = \min\{n \geqslant 0 : X_n = Y_n\}$。用 $V_{(x,x)} = \min\{n \geqslant 0 : X_n = Y_n = x\}$ 表示首次访问 (x, x) 的时刻。因为 $\bar{p}$ 是不可约且常返的，$V_{(x,x)} < \infty$ 以概率 1 成立。因为对任意 x 都有 $T \leqslant V_{(x,x)}$，所以必须有

$$P(T < \infty) = 1 \tag{1.14}$$

第三步　考虑两个坐标首次交汇的时间和地点，再利用 Markov 性可得

$$P(X_n = y, T \leqslant n) = \sum_{m=1}^{n} \sum_x P(T = m, X_m = x, X_n = y)$$

$$= \sum_{m=1}^{n} \sum_x P(T = m, X_m = x) P(X_n = y \mid X_m = x)$$

$$= \sum_{m=1}^{n} \sum_x P(T = m, Y_m = x) P(Y_n = y \mid Y_m = x)$$

$$= P(Y_n = y, T \leqslant n)$$

第四步　为完成所有证明，我们观察到，因为 X_n 和 Y_n 的分布在 $\{T \leqslant n\}$ 上相同，

⊖ 此定理编号原书有误，因为牵涉很多交叉索引，所以保留此错误。——编辑注

于是有
$$|P(X_n = y) - P(Y_n = y)| \leqslant P(X_n = y, T > n) + P(Y_n = y, T > n)$$
对 y 求和，得
$$\sum_y |P(X_n = y) - P(Y_n = y)| \leqslant 2P(T > n)$$
若令 $X_0 = x$，Y_0 的分布是平稳分布 π，则 Y_n 的分布为 π，再根据式（1.14），有
$$\sum_y |p^n(x, y) - \pi(y)| \leqslant 2P(T > n) \to 0$$
收敛定理得证.

接下来我们证明平稳测度的存在性.

定理 1.20　假设 p 是不可约且常返的. 令 $x \in S$，$T_x = \inf\{n \geqslant 1 : X_n = x\}$，则
$$\mu_x(y) = \sum_{n=0}^{\infty} P_x(X_n = y, T_x > n)$$
定义了一个平稳测度，且对所有的 y 都有 $0 < \mu_x(y) < \infty$.

这为什么是正确的？这个结论称为"循环把戏". $\mu_x(y)$ 是在时间 $\{0, \cdots, T_x - 1\}$ 内访问 y 的期望次数. 将它乘以 p 就使得我们前进一个时间单位，因此 $\mu_x p(y)$ 表示在时间 $\{1, \cdots, T_x\}$ 内访问 y 的期望次数. 因为 $X(T_x) = X_0 = x$，所以 $\mu_x = \mu_x p$（见图 1-7）.

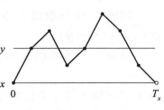

图 1-7　循环把戏图

证明　为给以上直观一个正式表示，令 $\overline{p}_n(x, y) = P_x(X_n = y, T_x > n)$，交换求和顺序可得
$$\sum_y \mu_x(y) p(y, z) = \sum_{n=0}^{\infty} \sum_y \overline{p}_n(x, y) p(y, z)$$

情形 1　首先考虑一般情形：$z \neq x$.
$$\sum_y \overline{p}_n(x, y) p(y, z) = \sum_y P_x(X_n = y, T_x > n, X_{n+1} = z)$$
$$= P_x(T_x > n + 1, X_{n+1} = z) = \overline{p}_{n+1}(x, z)$$
其中第二个等式成立是因为链在 n 时刻一定处于某个状态，第三个等式恰是 $\overline{p}_{n+1}$ 的定义. 从 $n = 0$ 到 ∞ 求和，有
$$\sum_{n=0}^{\infty} \sum_y \overline{p}_n(x, y) p(y, z) = \sum_{n=0}^{\infty} \overline{p}_{n+1}(x, z) = \mu_x(z)$$
因为 $\overline{p}_0(x, z) = 0$.

情形 2　现在假设 $z = x$. 同上推理，有
$$\sum_y \overline{p}_n(x, y) p(y, x) = \sum_y P_x(X_n = y, T_x > n, X_{n+1} = x) = P_x(T_x = n + 1)$$
从 $n = 0$ 到 ∞ 求和，有
$$\sum_{n=0}^{\infty} \sum_y \overline{p}_n(x, y) p(y, x) = \sum_{n=0}^{\infty} P_x(T_x = n + 1) = 1 = \mu_x(x)$$
因为 $p_x(T_x = 0) = 0$.

为了验证 $\mu_x(y) < \infty$, 注意到 $\mu_x(x) = 1$ 且

$$1 = \mu_x(x) = \sum_z \mu_x(z) p^n(z,x) \geqslant \mu_x(y) p^n(y,x)$$

因此如果选择使得 $p^n(y,x) > 0$ 的 n, 就会得到 $\mu_x(y) < \infty$ 的结论.

为证明 $\mu_x(y) > 0$, 注意到, 这对 $y = x$ 这一用于定义测度的点来说是平凡的. 当 $y \neq x$ 时, 我们借用定理 1.5 中的一个思想来证明. 令 $K = \min\{k : p^k(x,y) > 0\}$. 因为 $p^K(x,y) > 0$, 从而必然存在一个序列 $y_1, \cdots, y_{K-1}$ 使得

$$p(x,y_1) p(y_1,y_2) \cdots p(y_{K-1},y) > 0$$

因为 K 最小, 所有 $y_i \neq y$, 因此 $P_x(X_K = y, T_x > K) > 0$, 从而 $\mu_x(y) > 0$. ◀

定理 1.21 假设 p 是不可约且常返的. 若令 $N_n(y)$ 表示在时刻 n 之前链访问 y 的次数, 则当 $n \to \infty$,

$$\frac{N_n(y)}{n} \to \frac{1}{E_y T_y}$$

它为什么正确? 首先假设我们从 y 开始. 每次返回的时间间隔 $t_1, t_2, \cdots$ 是独立同分布的, 因此根据非负随机变量情形的强大数定律可知, 第 k 次返回到 y 的时刻 $R(k) = \min\{n \geqslant 1 : N_n(y) = k\}$, 满足

$$\frac{R(k)}{k} \to E_y T_y \leqslant \infty \tag{1.15}$$

如果我们不从 y 开始, 则 $t_1 < \infty$ 且 $t_2, t_3, \cdots$ 独立同分布, 同样可得式 (1.15). 将 $a_k/b_k \to 1$ 记为 $a_k \sim b_k$, 则有 $R(k) \sim k E_y T_y$. 取 $k = n/E_y T_y$, 可以看出在时刻 n 之前大约返回 $n/E_y T_y$ 次.

证明 我们已经证明了式 (1.15). 为了将其转化为想要的结果, 注意到, 根据 $R(k)$ 的定义可知 $R(N_n(y)) \leqslant n < R(N_n(y)+1)$. 每一项都除以 $N_n(y)$ 再对最后一项乘以并除以 $N_n(y)+1$, 有

$$\frac{R(N_n(y))}{N_n(y)} \leqslant \frac{n}{N_n(y)} < \frac{R(N_n(y)+1)}{N_n(y)+1} \cdot \frac{N_n(y)+1}{N_n(y)}$$

令 $n \to \infty$, 我们发现 $n/N_n(y)$ 被夹在都收敛于 $E_y T_y$ 的两者之间, 从而

$$\frac{n}{N_n(y)} \to E_y T_y$$

所要的结论得证. ◀

定理 1.22 若 p 不可约, 且有平稳分布 π, 则
$$\pi(y) = 1/E_y T_y$$

证明 设 X_0 的分布为 π. 根据定理 1.21 可知

$$\frac{N_n(y)}{n} \to \frac{1}{E_y T_y}$$

对其取期望并利用 $N_n(y) \leqslant n$ 的事实, 可以证明这意味着

$$\frac{E_\pi N_n(y)}{n} \to \frac{1}{E_y T_y}$$

但因为 π 是一个平稳分布, 所以 $E_\pi N_n(y) = n\pi(y)$. ◀

定理 1.23 假设 p 不可约, 具有平稳分布 π, 并且 $\sum_x |f(x)| \pi(x) < \infty$, 那么

$$\frac{1}{n}\sum_{m=1}^{n}f(X_m) \to \sum_{x}f(x)\pi(x)$$

这里的关键思想是：根据返回 x 的时刻来分解链的路径，由此得到一个随机变量序列，对该序列可以运用大数定律.

证明梗概 假设链从 x 开始. 令 $T_0=0$，$T_k = \min\{n > T_{k-1} : X_n = x\}$ 表示第 k 次返回到 x 的时刻. 由强 Markov 性，随机变量

$$Y_k = \sum_{m=T_{k-1}+1}^{T_k}f(X_m)$$

独立同分布. 根据在定理 1.20 证明过程中的循环把戏，

$$EY_k = \sum_{x}\mu_x(y)f(y)$$

利用独立同分布随机变量的大数定律，有

$$\frac{1}{L}\sum_{m=1}^{T_L}f(X_m) = \frac{1}{L}\sum_{k=1}^{L}Y_k \to \sum_{x}\mu_x(y)f(y)$$

取 $L = N_n(x) = \max\{k : T_k \leqslant n\}$，且忽略最后一个未完成的循环 $(N_n(x), n]$ 的贡献，有

$$\frac{1}{n}\sum_{m=1}^{n}f(X_m) \approx \frac{N_n(x)}{n}\cdot\frac{1}{N_n(x)}\sum_{k=1}^{N_n(x)}Y_k$$

根据定理 1.21 和大数定律，上式

51

$$\to \frac{1}{E_xT_x}\sum_{y}\mu_x(y)f(y) = \sum_{y}\pi(y)f(y)$$
◀

1.8 离出分布

为了说明问题研究的动机，我们从一个例子开始.

例 1.39 两年制大学   在当地的一所两年制大学里，60％的一年级学生可以升到大学二年级，25％的仍为一年级学生，15％的退学. 70％的二年级学生毕业且转入到一个四制大学，20％的仍为二年级学生，10％的退学. 那么新生最终毕业的比例是多少？

用一个 Markov 链来描述此问题，状态空间为 1＝一年级学生，2＝二年级学生，G＝毕业，D＝退学. 转移概率为

	1	**2**	**G**	**D**
1	0.25	0.6	0	0.15
2	0	0.2	0.7	0.1
G	0	0	1	0
D	0	0	0	1

用 $h(x)$ 表示一个现在的状态是 x 的学生最终毕业的概率. 考虑移动一步后发生的情况

$$h(1) = 0.25h(1) + 0.6h(2)$$
$$h(2) = 0.2h(2) + 0.7$$

求解此问题，注意到，从第二个等式可知 $h(2) = 7/8$，从而根据第一个等式得

$$h(1) = \frac{0.6}{0.75} \times \frac{7}{8} = 0.7$$

■

例 1.40 **网球比赛** 在网球比赛中，一局比赛中第一个得 4 分的运动员获胜，除非比分为 4-3，这种情况下比赛继续进行直到一个运动员领先 2 分而获胜. 假设发球员得分的概率为 0.6，每次得分与否是相互独立的. 若比分为 3-3 时，发球员赢得此局比赛的概率是多少？他领先一分的情况下获胜的概率是多少？落后一分的情况下获胜的概率又是多少？

我们以一个 Markov 链的模型来描述该比赛，状态是得分之差. 则状态空间为 2，1，0，-1，-2（其中 2 代表发球员获胜，-2 代表对方获胜）. 转移概率为

	2	1	0	-1	-2
2	1	0	0	0	0
1	0.6	0	0.4	0	0
0	0	0.6	0	0.4	0
-1	0	0	0.6	0	0.4
-2	0	0	0	0	1

若令 $h(x)$ 表示当得分差为 x 时发球员获胜的概率，则

$$h(x) = \sum_y p(x, y)h(y)$$

其中 $h(2) = 1$，$h(-2) = 0$. 据此可得含有 3 个未知数的 3 个方程

$$h(1) = 0.6 + 0.4h(0)$$
$$h(0) = 0.6h(1) + 0.4h(-1)$$
$$h(-1) = 0.6h(0)$$

将第一个和第三个方程代入第二个方程，有

$$h(0) = 0.6(0.6 + 0.4h(0)) + 0.4(0.6h(0)) = 0.36 + 0.48h(0)$$

于是解得 $h(0) = 0.36/0.52 = 0.6923$.

上述计算利用了这个例子的特殊性质. 为了介绍一个通用的方法，重新排列方程，得到

$$h(1) - 0.4h(0) + 0h(-1) = 0.6$$
$$-0.6h(1) + h(0) - 0.4h(-1) = 0$$
$$0h(1) - 0.6h(0) + h(-1) = 0$$

上述方程组可以用矩阵表示为

$$\begin{bmatrix} 1 & -0.4 & 0 \\ -0.6 & 1 & -0.4 \\ 0 & -0.6 & 1 \end{bmatrix} \begin{bmatrix} h(1) \\ h(0) \\ h(-1) \end{bmatrix} = \begin{bmatrix} 0.6 \\ 0 \\ 0 \end{bmatrix}$$

设 $C = \{1, 0, -1\}$ 为非吸收态，令 $r(x, y)$ 表示 p 限定在 $x, y \in C$ 的部分（即转移矩阵中黑线内的 3×3 矩阵）. 在此符号下，上面的矩阵恰是 $I - r$. 求解得

$$\begin{bmatrix} h(1) \\ h(0) \\ h(-1) \end{bmatrix} = (I - r)^{-1} \begin{bmatrix} 0.6 \\ 0 \\ 0 \end{bmatrix} = \begin{bmatrix} 0.8769 \\ 0.6923 \\ 0.4154 \end{bmatrix}$$

通解 假设发球员每次得一分的概率为 w. 若比赛现在为平分，则在两分之后，发球

者以概率 w^2 获胜, 以概率 $(1-w)^2$ 输掉此局比赛, 以概率 $2w(1-w)$ 再次回到平分, 从而 $h(0) = w^2 + 2w(1-w)h(0)$. 因为 $1 - 2w(1-w) = w^2 + (1-w)^2$, 求解得

$$h(0) = \frac{w^2}{w^2 + (1-w)^2}$$

图 1-8 给出了该函数图.　　　　　　　　　　　　　　　　　　　　　　　　■

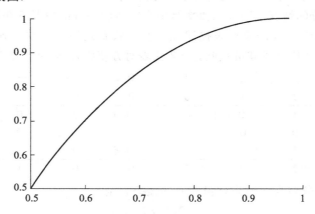

图 1-8　平分后发球员获胜的概率与其赢得下一分的概率间的函数图

我们已经给出了两个例子, 现在是证明我们得到的是正确结果的时间了. 在某些情况下, 我们将猜测并验证结果. 在那些情形中很高兴知道所求解的结果是唯一的. 下一个结论证明了这点.

定理 1.27　考虑一个有限状态空间 S 上的 Markov 链. 令 a 和 b 是 S 中的两个状态, $C = S - \{a,b\}$. 假设 $h(a) = 1$, $h(b) = 0$, 并且对于 $x \in C$, 有

$$h(x) = \sum_y p(x,y)h(y) \tag{1.16}$$

如果对所有的 $x \in C$, 都有 $P_x(V_a \wedge V_b < \infty) > 0$, 那么 $h(x) = P_x(V_a < V_b)$.

证明　令 $T = V_a \wedge V_b$. 根据引理 1.3 可知, 对所有的 $x \in C$ 都有 $P_x(T < \infty) = 1$. 由式 (1.16) 得, 当 $x \neq a, b$ 时, $h(x) = E_x h(X_1)$. 根据 Markov 性, 有

$$h(x) = E_x h(X_{T \wedge n}).$$

因为没有假定方程在 $x = a, b$ 时也有效, 所以我们必须在时刻 T 停止. 因为 S 是有限的, 对所有的 $x \in C$ 都有 $P_x(T < \infty) = 1$, 且 $h(a) = 1$, $h(b) = 0$, 不难证明 $E_x h(X_{T \wedge n}) \to P_x(V_a < V_b)$, 据此可得所求结论.　◀

例 1.41 **硬币匹配游戏**　Bob 有 15 便士, Charlie 有 10 便士, 他们决定玩一个游戏. 他们每人投掷一枚硬币. 如果两枚硬币朝上的面相同, 那么 Bob 得到 2 便士 (赢 1 便士). 如果两枚硬币朝上的面不同, 则 Charlie 得到 2 便士. 一旦一个人赢得所有的便士, 他们就结束游戏. Bob 赢得游戏的概率是多少?

答案将被证明是 15/25, 即 Bob 拥有的便士与总便士之比. 为了解释此结果, 以 X_n 表示 n 局之后 Bob 拥有的便士数. X_n 是一个公平赌博, 即 $x = E_x X_1$, 或者用文字来叙述, Bob 拥有便士的期望值是常数. 令

$$V_y = \min\{n \geqslant 0 : X_n = y\}$$

表示第一次访问 y 的时刻. 先接受一个结论（目前看来有些跳跃），即游戏结束时他期望拥有的钱数与游戏开始时相等，因此

$$x = N P_x(V_N < V_0) + 0 P_x(V_0 < V_n)$$

求解得

$$P_x(V_N < V_0) = x/N, \quad 0 \leqslant x \leqslant N \tag{1.17}$$

为了证明此结论，注意，考虑一步转移会发生的情况，则

$$h(x) = \frac{1}{2} h(x+1) + \frac{1}{2} h(x-1)$$

等式两边同时乘以 2，整理得

$$h(x+1) - h(x) = h(x) - h(x-1)$$

或者用文字叙述为，h 具有常数斜率. 因为 $h(0) = 0, h(N) = 1$，斜率必定为 $1/N$，$h(x) = x/N$. ■

这个例子中的推理可以应用于例 1.9 的研究.

例 1.42 不含突变的 Wright-Fisher 模型　状态空间 $S = \{0, 1, \cdots, N\}$ 且转移概率为

$$p(x, y) = \binom{N}{y} \left(\frac{x}{N}\right)^y \left(\frac{N-x}{N}\right)^{N-y}$$

右边是二项分布 $(N, x/N)$，即进行 N 次独立重复试验且每次试验成功的概率为 x/N 时的试验成功次数，所以成功次数的期望值为 x. 由此，如果定义 $h(x) = x/N$，那么

$$h(x) = \sum_y p(x, y) h(y)$$

取 $a = N, b = 0$，则有 $h(a) = 1, h(b) = 0$. 因为对所有的 $0 < x < N$，都有 $P_x(V_a \wedge V_b < \infty) > 0$，根据引理 1.27 得

$$P_x(V_N < V_0) = x/N \tag{1.18}$$

即固定到均为 A 的概率等于 A 基因所占的比例. ■

下面讨论不公平赌博.

例 1.43 赌徒破产　考虑你在一场赌博的每一局中赢 1 元的概率都为 $p \neq 1/2$，输 1 元的概率为 $1 - p$；进一步假设你的财富一旦达到了 N 元就退出赌博. 当然，如果你的财富变为 0 元，赌场会让你停止赌博. 令

$$h(x) = P_x(V_N < V_0)$$

表示高兴的事件，即以 x 元开始赌博的赌徒在破产之前达到了目标 N 元. 由于 V_x 的定义是满足 $X_n = x$ 的 $n \geqslant 0$ 的最小值，所以有 $h(0) = 0, h(N) = 1$. 为了计算 $0 < x < N$ 时 $h(x)$ 的取值，令 $q = 1 - p$ 来简化公式并考虑一步之后会发生的情况，得到

$$h(x) = p h(x+1) + q h(x-1) \tag{1.19}$$

为求解此方程，将其重新排列得 $p(h(x+1) - h(x)) = q(h(x) - h(x-1))$，推出

$$h(x+1) - h(x) = \frac{q}{p} \cdot (h(x) - h(x-1)) \tag{1.20}$$

若令 $c = h(1) - h(0)$，则式（1.20）意味着，对于 $x \geqslant 1$，有

$$h(x) - h(x-1) = c\left(\frac{q}{p}\right)^{x-1}$$

对其从 $x = 1$ 到 N 求和，有

$$1 = h(N) - h(0) = \sum_{x=1}^{N} h(x) - h(x-1) = c\sum_{x=1}^{N}\left(\frac{q}{p}\right)^{x-1}$$

当 $\theta \neq 1$ 时，几何级数的部分和为

$$\sum_{j=0}^{N-1} \theta^j = \frac{1-\theta^N}{1-\theta} \tag{1.21}$$

为了验证此结果，注意到

$$(1-\theta)(1+\theta+\cdots+\theta^{N-1}) = (1+\theta+\cdots+\theta^{N-1}) - (\theta+\theta^2+\cdots+\theta^N) = 1-\theta^N$$

利用式（1.21）我们发现 $c = (1-\theta)/(1-\theta^N)$，其中 $\theta = q/p$. 求和并根据 $h(0) = 0$ 的事实，有

$$h(x) = h(x) - h(0) = c\sum_{i=0}^{x-1}\theta^i = c \cdot \frac{1-\theta^x}{1-\theta} = \frac{1-\theta^x}{1-\theta^N}$$

回想 $h(x)$ 的定义并整理分式，有

$$P_x(V_N < V_0) = \frac{\theta^x - 1}{\theta^N - 1} \qquad \text{其中 } \theta = \frac{1-p}{p} \tag{1.22} \blacksquare$$

通过具体例子解释式（1.22）的意义，考虑下例.

例 1.44 **轮盘赌**   轮盘有 18 个红色，18 个黑色和 2 个绿色（0 和 00）的槽，如果我们在轮盘上的红色上下赌注 1 元，那么我们赢 1 元的概率为 18/38=0.4737，输 1 元的概率为 20/38. 假设我们带了 50 元到赌场，希望在破产之前达到 100 元. 那么我们成功的概率是多少？

这里 $\theta = q/p = 20/18$，所以根据式（1.22）可得

$$P_{50}(V_{100} < V_0) = \frac{\left(\frac{20}{18}\right)^{50} - 1}{\left(\frac{20}{18}\right)^{100} - 1}$$

利用 $(20/18)^{50} = 194$，有

$$P_{50}(V_{100} < V_0) = \frac{194 - 1}{(194)^2 - 1} = \frac{1}{194 + 1} = 0.005\ 128$$

现在让我们改变视角，从赌场的角度来观察这个赌博，即 $p = 20/38$. 假设赌场以不太高的赌本 $x = 100$ 开始赌博. 从式（1.22）可知他们将在破产之前先到达 N 的概率为

$$\frac{(9/10)^{100} - 1}{(9/10)^N - 1}$$

若令 $N \to \infty$，则 $(9/10)^N \to 0$，因此结果收敛于

$$1 - (9/10)^{100} = 1 - 2.656 \times 10^{-5}$$

若我们将赌本增加到 200 元，那么要破产需要首先输掉 100 元，然后再输掉剩下的 100 元，从而失败概率是原来的平方. 在这种情况下，失败概率令人难以置信的小：$(2.656 \times 10^{-5})^2 = 7.055 \times 10^{-10}$.

从上面的分析中我们看到，若 $p > 1/2, q/p < 1$，令式（1.22）中 $N \to \infty$，将得到

$$P_x(V_0 = \infty) = 1 - \left(\frac{q}{p}\right)^x \quad \text{和} \quad P_x(V_0 < \infty) = \left(\frac{q}{p}\right)^x \tag{1.23}$$

为了解释最后结果的形式是合理的，注意到，要从 x 到 0，必须经历 $x \rightarrow x-1 \rightarrow x-2 \cdots \rightarrow 1 \rightarrow 0$，因此

$$P_x(V_0 < \infty) = P_1(v_0 < \infty)^x$$ ∎

1.9 离出时刻

为了发展出之后的理论，我们从一个例子开始.

例 1.45 两年制大学 在例 1.39 中我们介绍了一个 Markov 链，状态空间为 1＝一年级学生，2＝二年级学生，G＝毕业，D＝退学，转移概率为

	1	2	G	D
1	0.25	0.6	0	0.15
2	0	0.2	0.7	0.1
G	0	0	1	0
D	0	0	0	1

那么平均来看一个学生到毕业或者退学需要花费几年时间？

令 $g(x)$ 表示一个起始于状态 x 的学生到毕业或者退学所需时间的期望值，则 $g(G) = g(D) = 0$. 考虑第一步转移发生的情况有

$$g(1) = 1 + 0.25g(1) + 0.6g(2)$$
$$g(2) = 1 + 0.2g(2)$$

其中 $1+$ 是因为到发生一步跳跃时，一年的时间已经过去了. 为求解 g，注意到，由第二个方程可得 $g(2) = 1/0.8 = 1.25$，那么根据第一个方程有

$$g(1) = \frac{1 + 0.6(1.25)}{0.75} = \frac{1.75}{0.75} = 2.3333$$ ∎

58

例 1.46 网球比赛 在例 1.40 中我们用 Markov 链描述了比赛的最后部分，其状态为双方得分之差，状态空间为 $S = \{2,1,0,-1,-2\}$，其中 2 代表发球员获胜，-2 代表对方获胜. 转移概率为

	2	1	0	−1	−2
2	1	0	0	0	0
1	0.6	0	0.4	0	0
0	0	0.6	0	0.4	0
−1	0	0	0.6	0	0.4
−2	0	0	0	0	1

令 $g(x)$ 表示从当前状态 x 开始到比赛结束所需时间的期望值. 考虑第一步转移发生的情况有

$$g(x) = 1 + \sum_y p(x,y)g(y)$$

因为 $g(2) = g(-2) = 0$，若令 $r(x,y)$ 表示限定在 $1,0,-1$ 上的转移概率，有

$$g(x) - \sum_y r(x,y)g(y) = 1$$

用 **1** 表示一个所有元素都为 1 的 3×1 矩阵（即列向量），从而可将上式写为

$$(I-r)g = 1$$

因此 $g = (I-r)^{-1}\mathbf{1}$.

还有另外一种方法能得到这个结果. 用 $N(y)$ 表示到时刻 $n \geqslant 0$ 访问 y 的次数，由式（1.12），有

$$E_x N(y) = \sum_{n=0}^{\infty} r^n(x,y)$$

为了说明这恰好是 $(I-r)^{-1}(x,y)$，注意到

$$(I-r)(I+r+r^2+r^3+\cdots) = (I+r+r^2+r^3+\cdots) - (r+r^2+r^3+r^4+\cdots) = I$$

即可. 若 T 是比赛所持续的时间，那么 $T = \sum_y N(y)$，所以

$$E_x T = (I-r)^{-1}\mathbf{1} \tag{1.24}$$

为求解此问题，注意到

$$I-r = \begin{bmatrix} 1 & -0.4 & 0 \\ -0.6 & 1 & -0.4 \\ 0 & -0.6 & 1 \end{bmatrix} \qquad (I-r)^{-1} = \begin{bmatrix} 19/13 & 10/13 & 4/13 \\ 15/13 & 25/13 & 10/13 \\ 9/13 & 15/13 & 19/13 \end{bmatrix}$$

因此 $E_0 T = (15+25+10)/13 = 50/13 = 3.846$ 分. 这里求和的三项分别为访问 $-1, 0$ 和 1 的期望次数. ■

有了以上两个例子，现在是时候证明我们已经计算的结果了. 在某些情形中，我们将猜想并验证结果. 在这样的情形下，知道所求结果是唯一的是很好的. 下一个结论即证明此论断.

定理 1.28 考虑一个有限状态空间 S 上的 Markov 链. 令 $A \subset S$，$V_A = \inf\{n \geqslant 0 : X_n \in A\}$. 假设 $C = S - A$ 是有限的，并且对任意 $x \in C$ 有 $P_x(V_A < \infty) > 0$. 假设对所有 $a \in A$，有 $g(a) = 0$；且对 $x \in C$ 有

$$g(x) = 1 + \sum_y p(x,y)g(y) \tag{1.25}$$

则 $g(x) = E_x(V_A)$.

证明 根据引理 1.3，对所有 $x \in C$ 有 $E_x V_A < \infty$. 式（1.25）表明当 $x \notin A$ 时 $g(x) = 1 + E_x g(X_1)$. 由 Markov 性，得

$$g(x) = E_x(T \wedge n) + E_x g(X_{T \wedge n}).$$

由于当 $x \in A$ 时方程不成立，因此必须在时刻 T 停止. 根据期望的定义，有 $E_x(T \wedge n) \uparrow E_x T$. 因为 S 是有限的，从而对所有的 $x \in C$ 有 $P_x(T < \infty) = 1$，对所有的 $a \in A$，有 $g(a) = 0$，不难证明 $E_x g(X_{T \wedge n}) \to 0$. ◀

例 1.47 等待 TT 出现的时间 令 T_{TT} 表示我们得到硬币连续出现两次反面朝上之前，需要抛掷硬币的（随机）次数. 为了计算 T_{TT} 的期望值，我们引入一个 Markov 链，状态是 $0, 1, 2 =$ 出现连续硬币反面朝上的次数.

因为当抛硬币得到反面朝上时，反面朝上的连续次数增加 1 次，得到头像朝上时反面

朝上的连续次数回到 0，从而转移矩阵为

	0	**1**	**2**
0	1/2	1/2	0
1	1/2	0	1/2
2	0	0	1

这是因为我们并不关心到达 2 之后的情况，所以我们已经令 2 为一个吸收态. 若令 $V_2 = \min\{n \geqslant 0 : X_n = 2\}$，$g(x) = E_x V_2$，那么根据第一步转移的情况推理得

$$g(0) = 1 + 0.5g(0) + 0.5g(1)$$
$$g(1) = 1 + 0.5g(0)$$

将第二个方程带入第一个方程，得 $g(0) = 1.5 + 0.75g(0)$，因此 $0.25g(0) = 1.5$ 或者 $g(0) = 6$. 要想用之前的方法得到此结果，注意到

$$I - r = \begin{bmatrix} 1/2 & -1/2 \\ -1/2 & 1 \end{bmatrix} \qquad (I - r)^{-1} = \begin{bmatrix} 4 & 2 \\ 2 & 2 \end{bmatrix}$$

所以 $E_0 V_2 = 6$. ∎

例 1.48 等待 HT 出现的时间 用 T_{HT} 表示在得到头像朝上之后接着反面朝上的结果之前，需要抛掷硬币的次数. 考虑有如下转移概率的一个 Markov 链 X_n，

	HH	**HT**	**TH**	**TT**
HH	1/2	1/2	0	0
HT	0	0	1/2	1/2
TH	1/2	1/2	0	0
TT	0	0	1/2	1/2

如果删除 HT 对应的行和列，则有

$$I - r = \begin{bmatrix} 1/2 & 0 & 0 \\ -1/2 & 1 & 0 \\ 0 & -1/2 & 1/2 \end{bmatrix} \qquad (I - r)^{-1}\mathbf{1} = \begin{bmatrix} 2 \\ 2 \\ 4 \end{bmatrix}$$

为了计算我们最初的问题：等待时间的期望值，注意到，前两次抛掷硬币的四种可能结果发生的概率都是 1/4，因此

$$ET_{HT} = 2 + \frac{1}{4}(0 + 2 + 2 + 4) = 4$$

为什么 $ET_{TT} = 6$，而 $ET_{HT} = 4$？为了给出解释，首先注意到 $E_y T_y = 1/\pi(y)$，且平稳分布在每一个状态上的赋值都是 1/4. 可以证明此结果，并且通过观察 p^2 的所有元素都等于 1/4，可以验证链收敛到均衡状态的速度是很快的. 这个结果意味着

$$E_{HT} T_{HT} = \frac{1}{\pi(HT)} = 4$$

为了根据此等式来得到我们要计算的结果，注意到，如果我们从时刻 -1 在 H，时刻 0 在 T 的情况开始，那么我们没有任何对未来有帮助的条件，因此对 HT 的期望等待时间和从一无所有开始的情况是一样的.

当考虑 TT 的情形时，根据上面结果，依然有

$$E_{TT} T_{TT} = \frac{1}{\pi(TT)} = 4$$

然而，这种情形下，若我们以时刻 -1 和时刻 0 都在 T 开始，则当在时刻 1 时为 T 时，我们将得到一个 TT 且在时刻 1 返回到 TT；而如果我们在时刻 1 时得到 H，那么我们就浪费了一步转移并且没有得到任何对未来有帮助的条件，因此

$$4 = E_{TT} T_{TT} = \frac{1}{2} \times 1 + \frac{1}{2} \times (1 + ET_{TT})$$

求解得 $ET_{TT} = 6$，从而为了观察到 TT 需要花费更多的时间. 原因可从最后一个方程中得出，即一旦我们得到了一个 TT，我们将以 $1/2$ 的概率得到另一个，而 HT 的发生却不会重叠. ■

在习题 1.59 中，我们考虑三枚硬币的等待时间模式. 其中最有趣的是 $ET_{HTH} = ET_{THT}$.

例 1.49 公平赌博的持续时间　考虑赌徒破产链中 $p(i, i+1) = p(i, i-1) = 1/2$ 的情形. 令 $\tau = \min\{n : X_n \notin (0, N)\}$. 我们断言

$$E_x \tau = x(N - x) \tag{1.26}$$

为了说明式 (1.26) 的意义，考虑猜硬币的游戏，在其中 $N = 25$，$x = 15$，所以游戏平均要抛掷 $15 \times 10 = 150$ 次硬币. 如果有两倍的硬币，$N = 50$，$x = 30$，那么进行该游戏平均要抛掷 $30 \times 20 = 600$ 次硬币，或者花费四倍的时间.

有两种方法证明此结果.

验证猜想　令 $g(x) = x(N - x)$. 显然，$g(0) = g(N) = 0$. 若 $0 < x < N$，则通过考虑第一步转移发生的情况，有

$$g(x) = 1 + \frac{1}{2} g(x+1) + \frac{1}{2} g(x-1)$$

如果 $g(x) = x(N - x)$，那么等式右边

$$= 1 + \frac{1}{2}(x+1)(N-x-1) + \frac{1}{2}(x-1)(N-x+1)$$

$$= 1 + \frac{1}{2}[x(N-x) - x + N - x - 1] + \frac{1}{2}[x(N-x) + x - (N-x+1)]$$

$$= 1 + x(N-x) - 1 = x(N-x)$$

推导结果　由式 (1.25) 得

$$g(x) = 1 + (1/2) g(x+1) + (1/2) g(x-1)$$

整理可得

$$g(x+1) - g(x) = -2 + g(x) - g(x-1)$$

设 $g(1) - g(0) = c$，于是有 $g(2) - g(1) = c - 2$，$g(3) - g(2) = c - 4$，一般地表示为

$$g(k) - g(k-1) = c - 2(k-1)$$

根据 $g(0) = 0$ 并求和，有

$$0 = g(N) = \sum_{k=1}^{N} c - 2(k-1) = cN - 2 \cdot \frac{N(N-1)}{2}$$

这是因为容易根据归纳法验证，$\sum_{j=1}^{m} j = m(m+1)/2$. 解上面方程得 $c = (N-1)$. 再次求和，我们看到

$$g(x) = \sum_{k=1}^{N} (N-1) - 2(k-1) = x(N-1) - x(x+1) = x(N-x) \qquad \blacksquare$$

例 1.50 不公平赌博的持续时间 考虑在赌徒破产链中 $p(i,i+1) = p$, $p(i,i-1) = q$, 其中 $p \neq q$ 的情形. 令 $\tau = \min\{n : X_n \notin (0,N)\}$, 我们断言

$$E_x \tau = \frac{x}{q-p} - \frac{N}{q-p} \cdot \frac{1-(q/p)^x}{1-(q/p)^N} \qquad (1.27)$$

这种情形下的推导过程有些冗长，因此我们仅仅验证猜想. 我们想说明的是 $g(x) = 1 + pg(x+1) + qg(x-1)$. 将 $g(x)$ 代入右边：

$$= 1 + p\frac{x+1}{q-p} + q\frac{x-1}{q-p} - \frac{N}{q-p}\left[p\frac{1-(q/p)^{x+1}}{1-(q/p)^N} + q\frac{1-(q/p)^{x-1}}{1-(q/p)^N} \right]$$

$$= 1 + \frac{x}{q-p} + \frac{p-q}{q-p} - \frac{N}{q-p}\left[\frac{p+q-(q/p)^x(q+p)}{1-(q/p)^N} \right]$$

因为 $p+q=1$, 所以上式 $= g(x)$.

为了看出它的意义，注意到若 $p < q$, 则 $q/p > 1$, 于是

$$\frac{N}{1-(q/p)^N} \to 0 \quad \text{且} \quad g(x) = \frac{x}{q-p} \qquad (1.28)$$

为了说明它是合理的，注意到我们玩一局的期望值是 $p-q$, 所以我们平均每局损失 $q-p$, 从而为了损失 x 元平均需要玩 $x/(q-p)$ 局.

当 $p > q$ 时，$(q/p)^N \to 0$, 因此通过代数计算后，得

$$g(x) \approx \frac{N-x}{p-q}\left[1-(q/p)^x\right] + \frac{x}{p-q}(q/p)^x$$

从式（1.23）我们看出不能到达 0 的概率为 $1-(q/p)^x$. 在这种情形下，由于我们每局获胜的期望为 $p-q$, 因此大概需要进行 $(N-x)/(p-q)$ 局来达到财富 N. 第二项表示的是终点为 0 的路径对期望值的贡献，但很难说明为什么这一项恰好具有这种形式. $\blacksquare$

*1.10 无限状态空间

本节我们考虑无限状态空间链. 这种情形下伴随的主要新问题是常返并不能保证平稳分布的存在.

例 1.51 带反射壁的随机游动 想象一个质点依照下列规则在 $\{0,1,2,\cdots\}$ 上移动：它以概率 p 向右移动一步，以概率 $1-p$ 向左移动一步，但是如果它处在 0 点并试图向左移动一步时，它将停留在 0，因为不能移动到 -1. 用符号表示为

$$\text{当 } i \geq 0 \text{ 时} \qquad p(i,i+1) = p$$
$$\text{当 } i \geq 1 \text{ 时} \quad p(i,i-1) = 1-p$$
$$p(0,0) = 1-p$$

这是一个生灭链，所以我们可以根据细致平衡方程求平稳分布：

$$\text{当 } i \geq 0 \text{ 时} \qquad p\pi(i) = (1-p)\pi(i+1)$$

重写上式为 $\pi(i+1) = \pi(i) \cdot p/(1-p)$ 并令 $\pi(0) = c$,则有

$$\pi(i) = c\left(\frac{p}{1-p}\right)^i \qquad (1.29)$$

现在有三种情形要讨论.

$p < 1/2$: $p/(1-p) < 1$. $\pi(i)$ 以指数速度递减,因此 $\sum_i \pi(i) < \infty$,且可以选择 c 使得 π 是一个平稳分布. 为了找到使得 π 是一个平稳分布的 c,回想

$$\text{当 } \theta < 1 \text{ 时} \qquad \sum_{i=0}^{\infty} \theta^i = 1/(1-\theta)$$

取 $\theta = p/(1-p)$,于是 $1-\theta = (1-2p)/(1-p)$,我们看到在式(1.29)的定义中 $\pi(i)$ 的和为 $c(1-p)/(1-2p)$,从而

$$\pi(i) = \frac{1-2p}{1-p} \cdot \left(\frac{p}{1-p}\right)^i = (1-\theta)\theta^i \qquad (1.30)$$

为了证实我们已经成功地使 $\pi(i)$ 之和为 1,注意到,如果我们抛一枚硬币,头像朝上的概率为 θ,那么 $\pi(i)$ 给出了在我们第一次抛出反面朝上之前连续出现 i 次头像朝上的概率.

显然该带反射壁的随机游动是不可约的. 为验证它的非周期性,注意到,$p(0,0) > 0$ 意味着 0 的周期为 1,由引理 1.18 可知所有状态的周期都是 1. 根据收敛定理,定理 1.19,我们现在可以看到

1. 当 $p < 1/2$ 时,$P(X_n = j) \to \pi(j)$,$\pi(j)$ 为式(1.30)中的平稳分布.

现在应用定理 1.22,得

$$E_0 T_0 = \frac{1}{\pi(0)} = \frac{1}{1-\theta} = \frac{1-p}{1-2p} \qquad (1.31)$$

因此不奇怪当 $p < 1/2$ 时系统保持稳定. 在这种情形下,向左移动比向右移动的概率要大,因此存在一个向后回到 0 的漂移. 另一方面,如果向右移动比向左移动更频繁的话,链将会向右漂移,趋向 ∞.

2. 当 $p > 1/2$ 时,所有的状态都是非常返的.

式(1.23)意味着,若 $x > 0$,则 $P_x(T_0 < \infty) = ((1-p)/p)^x$.

为了计算出在边界情形 $p = 1/2$ 时发生的情况,我们使用 1.8 节和 1.9 节中的结论. 回想我们已经定义了 $V_y = \min\{n \geqslant 0 : X_n = y\}$,并且根据式(1.17)可知,如果 $x > 0$,则

$$P_x(V_N < V_0) = x/N$$

若固定 x 并令 $N \to \infty$,则 $P_x(V_N < V_0) \to 0$,由此

$$P_x(V_0 < \infty) = 1$$

用文字叙述为,对任意起始点 x,随机游动都将以概率 1 回到 0. 为了计算平均返回时间,注意到,如果 $\tau_N = \min\{n : X_n \notin (0,N)\}$,那么有 $\tau_N \leqslant V_0$,且根据式(1.26),有 $E_1 \tau_N = N-1$. 令 $N \to \infty$,综合最后两个事实,可以证明 $E_1 V_0 = \infty$. 再次引入到达时刻 $T_0 = \min\{n > 0 : X_n = 0\}$ 并且注意到,在第一步我们以概率 1/2 到达 0 或者 1,这说明

$$E_0 T_0 = (1/2) \times 1 + (1/2) E_1 V_0 = \infty$$

总结上述两段内容，有

3. 当 $p = 1/2$ 时，$P_0(T_0 < \infty) = 1$，但 $E_0 T_0 = \infty$.

因此，当 $p = 1/2$ 时，0 是常返意味着我们必将返回到 0，但是 0 不是以下意义上的常返：

称 x 是**正常返的**，如果 $E_x T_x < \infty$.

若一个状态是常返态，但不是正常返的，即 $P_x(T_x < \infty) = 1$ 但 $E_x T_x = \infty$，则称 x 是**零常返的**.

运用我们最新的专业术语，对于带反射壁的随机游动的结论为

如果 $p < 1/2$，那么 0 是正常返的；

如果 $p = 1/2$，那么 0 是零常返的；

如果 $p > 1/2$，那么 0 是非常返的.

由此，在带反射壁的随机游动中，零常返代表了常返和非常返的边界情况. 这也是我们听到这个词后通常想到的. 为了看出我们可能对正常返感兴趣的原因，回忆定理 1.22，有

$$\pi(x) = \frac{1}{E_x T_x}$$

若 $E_x T_x = \infty$，则 $\pi(x) = 0$. 这一观察启发我们得到下面的定理. ■

定理 1.29 对于一个不可约链，下面的结论是等价的：

(i) 某状态是正常返的.

(ii) 存在一个平稳分布 π.

(iii) 所有的状态都是正常返的.

证明 在定理 1.20 中构建的平稳测度的总测度为

$$\sum_y \mu(y) = \sum_{n=0}^{\infty} \sum_y P_x(X_n = y, T_x > n)$$

$$= \sum_{n=0}^{\infty} P_x(T_x > n) = E_x T_x$$

因此 (i) $\Rightarrow$ (ii). 注意到，不可约意味着对所有的 y 都有 $\pi(y) > 0$，由 $\pi(y) = 1/E_y T_y$，证明了 (ii) $\Rightarrow$ (iii). (iii) $\Rightarrow$ (i) 是一个平凡的结果. ◀

我们的下一个例子初看起来非常不同. 在一个分支过程中，0 是一个吸收态，因此根据定理 1.15 可知其他所有的状态都是非常返的. 然而随着故事的展开，我们将看到分支过程同随机游动一样具有同样的三分法.

例 1.52 分支过程 考虑一个家族的第 n 代的每一个个体产生后代的个数都相互独立并且同分布. 在时刻 n 的个体数 X_n 是一个 Markov 链，其转移矩阵已经在例 1.8 中给出. 如同当时已经给出的，我们对下面的问题感兴趣.

问题：该家族避免消亡的概率是多少？

这里"消亡"指的是链吸收于 0 状态. 正像我们要解释的，该家族的消亡发生与否可以通过观察一个个体的平均后代数量来确定：

$$\mu = \sum_{k=0}^{\infty} k p_k$$

若在时刻 $n-1$ 有 m 个个体，则在时刻 n 的个体数均值为 $m\mu$. 更正式的是在给定 X_{n-1} 下的条件期望为

$$E(X_n \mid X_{n-1}) = \mu X_{n-1}$$

两边都取期望可得 $EX_n = \mu EX_{n-1}$. 迭代可得

$$EX_n = \mu^n EX_0 \tag{1.32}$$

若 $\mu < 1$，则 EX_n 以指数速度 $\to 0$. 根据不等式

$$EX_n \geqslant P(X_n \geqslant 1)$$

可得 $P(X_n \geqslant 1) \to 0$，且有

1. 当 $\mu < 1$ 时，那么该家族以概率 1 消亡.

处理 $\mu \geqslant 1$ 情形，我们将利用第一步转移的情况计算. 令 ρ 表示从 $X_0 = 1$ 开始时此过程消失的概率（即到达吸收态 0）. 如果第一代有 k 个孩子，那么为了使得消亡发生，每一个孩子的后代都必须消亡，该事件的概率为 ρ^k，因此我们可推导出

$$\rho = \sum_{k=0}^{\infty} p_k \rho^k \tag{1.33}$$

[67] 如果令 $\phi(\theta) = \sum_{k=0}^{\infty} p_k \theta^k$ 为分布 p_k 的母函数，则最后一个方程可简写为 $\rho = \phi(\rho)$.

因为 $\phi(\rho) = \sum_{k=0}^{\infty} p_k \rho^k = 1$，所以方程 (1.33) 有一个平凡的解 $\rho = 1$. 下面的结论给出了我们需要的解. ■

引理 1.30 消亡概率 ρ 是满足方程 $\phi(x) = x, 0 \leqslant x \leqslant 1$ 的最小解.

证明 扩展式 (1.33) 的推理，我们看到，为了使得过程在时刻 n 到达 0，由第一代个体开始的过程在时刻 $n-1$ 必须到达 0，因此

$$P(X_n = 0) = \sum_{k=0}^{\infty} p_k P(X_{n-1} = 0)^k$$

由此我们看出，如果 $\rho_n = P(X_n = 0), n \geqslant 0$，则 $\rho_n = \phi(\rho_{n-1}), n \geqslant 1$.

因为 0 是吸收态，所以 $\rho_0 \leqslant \rho_1 \leqslant \rho_2 \leqslant \cdots$ 且该序列收敛到一个极限 ρ_∞. 令 $\rho_n = \phi(\rho_{n-1})$ 中 $n \to \infty$，得 $\rho_\infty = \phi(\rho_\infty)$，即 ρ_∞ 是 $\phi(x) = x$ 中的一个解. 为了完成证明，令 ρ 是最小解. 显然 $\rho_0 = 0 \leqslant \rho$. 根据 ϕ 是增函数的事实，有 $\rho_1 = \phi(\rho_0) \leqslant \phi(\rho) = \rho$. 重复此，我们有 $\rho_2 \leqslant \rho$, $\rho_3 \leqslant$
[68] $\rho, \cdots$. 取极限，我们得 $\rho_\infty \leqslant \rho$. 然而，$\rho$ 是最小解，因此必须有 $\rho_\infty = \rho$. ◀

为了看出这说明了什么，让我们考虑一个具体的例子.

例 1.53 二分支过程 设 $p_2 = a, p_0 = 1-a$，其他情形 $p_k = 0$. 这种情形下 $\phi(\theta) = a\theta^2 + 1-a$，因此 $\phi(x) = x$ 意味着

$$0 = ax^2 - x + 1 - a = (x-1)(ax-(1-a))$$

它的解是 1 和 $(1-a)/a$. 如果 $a \leqslant 1/2$，那么最小解是 1，而当 $a > 1/2$ 时，最小解是 $(1-a)/a$. ■

注意到在二分支过程中 $a \leqslant 1/2$ 对应着 $\mu \leqslant 1$，这启发我们做如下猜想.

2. 如果 $\mu > 1$，那么存在一个正概率避免消亡.

证明 根据引理 1.30，我们只需证明存在一个小于 1 的解. 首先我们排除一种平凡情形，即如果 $p_0 = 0$，则 $\phi(0) = 0$，0 是最小解，不存在消亡的可能. 只考虑 $p_0 > 0$ 的情形，

此时 $\phi(0) = p_0 > 0$. 对 ϕ 的定义式求导, 有

$$\phi'(x) = \sum_{k=1}^{\infty} p_k \cdot k x^{k-1} \qquad \text{所以} \quad \phi'(1) = \sum_{k=1}^{\infty} k p_k = \mu$$

如果 $\mu > 1$, 那么 ϕ 在 $x = 1$ 的斜率大于 1, 因此若 ε 足够小, 则 $\phi(1 - \varepsilon) < 1 - \varepsilon$. 又由于 $\phi(0) > 0$, 因此必然存在一个介于 0 和 $1 - \varepsilon$ 之间的根, 它满足 $\phi(x) = x$. 见图 1-9.

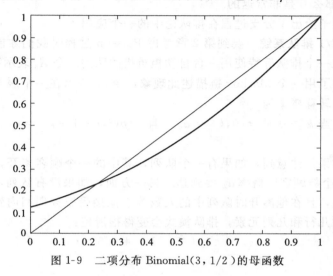

图 1-9　二项分布 Binomial(3, 1/2) 的母函数

现在讨论临界情形.

3. 如果 $\mu = 1$ 并且排除平凡情形 $p_1 = 1$, 那么消亡以概率 1 发生.

证明　根据引理 1.30, 我们只需证明不存在小于 1 的解. 为证此, 注意到, 若 $p_1 < 1$, 则当 $y < 1$ 时

$$\phi'(y) = \sum_{k=1}^{\infty} p_k \cdot k x^{k-1} < \sum_{k=1}^{\infty} p_k k = 1$$

从而若 $x < 1$, 则 $\phi(x) = \phi(1) - \int_x^1 \phi'(y) \mathrm{d}y > 1 - (1 - x) = x$. 由此对所有的 $x < 1$ 都有 $\phi(x) > x$.

注意到在 $a = 1/2, \phi(x) = (1 + x^2)/2$ 的二分支过程中, 如果试图求解 $\phi(x) = x$, 那么我们得到

$$0 = 1 - 2x + x^2 = (1 - x)^2$$

即 $x = 1$ 是它的重根. 概括来说, 当 $\mu = 1$ 时, ϕ 的图像与对角线 (x, x) 在 $x = 1$ 相切 (见图 1-9). 这使得 ρ_n 收敛到 1 的速度减缓, 不再是指数速度.

进一步的研究证明了, 如果后代分布的均值为 1, 方差为 σ^2, 那么

$$P_1(X_n > 0) \sim \frac{2}{n \sigma^2}$$

即使对于二分支情形, 证明此结果也不容易, 所以我们请读者参阅 Athreya and Ney (1972) 的 1.9 节来证明. 我们在这里提及此结论是因为据此可以说明过程消亡的期望时间

是 $\sum_n P_1(T_0 > n) = \infty$. 如果我们改变这个分支过程，使得 $p(0,1) = 1$，则这个改变后的过程的情况为：

如果 $\mu < 1$，那么 0 是正常返的；

如果 $\mu = 1$，那么 0 是零常返的；

如果 $\mu > 1$，那么 0 是非常返的.

我们最后的例子给出了分支过程在排队论中的一个应用.

例 1.54 M/G/1 排队系统　要到第 2 章考虑 Poisson 过程时我们才能解释这个例子的名称. 然而，想象一个排队等待使用一台自动柜员机的队列. 令 X_n 表示第 n 个顾客离开时队列中的人数. 为了用一个 Markov 链描述此现象，令 a_k 表示在一个服务时间内到达 k 个顾客的概率，写出转移概率为

$$\text{当 } k \geqslant 0 \text{ 时}, p(0,k) = a_k \quad \text{且} \quad p(i, i-1+k) = a_k$$

否则 $p(i,j) = 0$.

为了解释此结果，注意到，如果有一个队列，其中的一个顾客离开，那么队列人数会减少 1，但是有 k 个新顾客以概率 a_k 要到达. 另一方面，如果没有队列，我们必须首先等待第一个顾客到达，且在他离开时队列中的人数等于他接受服务期间内到达的顾客数. 如果我们写出矩阵的几行和几列元素，排队模式会变得很清楚：

	0	1	2	3	4	5	⋯
0	a_0	a_1	a_2	a_3	a_4	a_5	
1	a_0	a_1	a_2	a_3	a_4	a_5	
2	0	a_0	a_1	a_2	a_3	a_4	
3	0	0	a_0	a_1	a_2	a_3	
4	0	0	0	a_0	a_1	a_2	

如果我们把在一个顾客的服务期间到达的顾客数看做是他的孩子，那么此排队过程可理解为一个分支过程. 根据之前分支过程的结论可知，如果我们用 $\mu = \sum_k k a_k$ 表示孩子个数的期望，则

如果 $\mu < 1$，那么 0 是正常返的；

如果 $\mu = 1$，那么 0 是零常返的；

如果 $\mu > 1$，那么 0 是非常返的.

为了给出这三个例子的相似之处，注意到，当 $\mu > 1$ 或者 $p > 1/2$ 时，过程将远离 0，0 是非常返的. 当 $\mu < 1$ 或者 $p < 1/2$ 时，过程将向 0 漂移，0 是正常返的. 当 $\mu = 1$ 或者 $p = 1/2$ 时，没有漂移. 过程最终到达 0 但不是在有限的期望时间到达，因此 0 是零常返的.　■

1.11　本章小结

一个转移概率为 p 的 Markov 链是根据如下性质来定义的：当给定当前的状态时，过去的任何其他信息对于未来的预测都不相干：

$$P(X_{n+1} = y \mid X_n = x, X_{n-1} = x_{n-1}, \cdots, X_0 = x_0) = p(x,y)$$

m 步转移概率

$$p^m(i,j) = P(X_{n+m} = y \mid X_n = x)$$

是矩阵 p 的 m 次幂.

常返和非常返

对于 Markov 链, 我们首先需要确定哪些状态是常返的, 哪些状态是非常返的.

为此, 我们令 $T_y = \min\{n \geqslant 1 : X_n = y\}$,

$$\rho_{xy} = P_x(T_y < \infty)$$

当 $x \neq y$ 时, 它表示 X_n 从 x 出发, 曾访问过 y 的概率. 当 $x = y$ 时, 它表示从 y 出发又返回到 y 的概率. 因为在 T_y 的定义中限定了时刻 $n \geqslant 1$, 从而可以说: 若 $\rho_{yy} = 1$, 则 y 是常返的, 若 $\rho_{yy} < 1$, 则 y 是非常返的.

对于有限状态空间中的非常返状态都可以根据如下定理判别:

定理 1.5　若 $\rho_{xy} > 0$, 但 $\rho_{yx} < 1$, 则 x 是非常返的.　◀

一旦非常返状态被剔除掉, 我们就可以应用下面的结论.

定理 1.7　如果 C 是一个有限不可约闭集, 那么 C 中的所有状态都是常返的.

这里 A 是闭集的意思是: 若 $x \in A$ 且 $y \notin A$, 则 $p(x,y) = 0$; B 不可约的意思是: 若 $x, y \in B$ 则 $\rho_{xy} > 0$.　◀

71

定理 1.7 证明的关键是: (i) 若 x 是常返的且 $\rho_{xy} > 0$, 则 y 是常返的; (ii) 在一个有限闭集中, 至少要有一个常返状态. 为了证明这些结论, 知道下面的结论是非常有用的: 若用 $N(y)$ 表示在时刻 $n \geqslant 1$ 访问 y 的次数, 则

$$\sum_{n=1}^{\infty} p^n(x,y) = E_x N(y) = \frac{\rho_{xy}}{1 - \rho_{yy}}$$

因此 y 是常返的当且仅当 $E_y N(y) = \infty$.

定理 1.5 和定理 1.7 使得我们可以对状态空间进行分解并简化对 Markov 链的研究.

定理 1.8　如果状态空间 S 是有限的, 则 S 可写为一些互不相交集合的并: $T \cup R_1 \cup \cdots \cup R_k$, 其中 T 是非常返状态组成的集合, $R_i, 1 \leqslant i \leqslant k$ 为常返状态组成的不可约闭集.　◀

平稳分布

平稳测度是 $\boldsymbol{\mu} p = \boldsymbol{\mu}$ 的一个非负解. 平稳分布是 $\boldsymbol{\pi} p = \boldsymbol{\pi}$ 的一个正则化非负解, 使得分布的元素和为 1. 第一个问题: 平稳测度和平稳分布存在吗?

定理 1.20　假设 p 是不可约且常返的. 令 $x \in S$, $T_x = \inf\{n \geqslant 1 : X_n = x\}$. 则

$$\mu_x(y) = \sum_{n=0}^{\infty} P_x(X_n = y, T_x > n)$$

定义了一个平稳测度, 且对所有的 y 都有 $0 < \mu_x(y) < \infty$.　◀

如果状态空间 S 是有限不可约的, 那么存在唯一的平稳分布. 更一般地, 如果 $E_x T_x < \infty$, 即 x 是正常返的, 那么 $\mu_x(y)/E_x T_x$ 是一个平稳分布. 因为 $\mu_x(x) = 1$, 可以看出

$$\pi(x) = \frac{1}{E_x T_x}$$

如果有 k 个状态，那么可以根据下面的步骤计算平稳分布 $\boldsymbol{\pi}$. 取 $\boldsymbol{p}-\boldsymbol{I}$ 的前 $k-1$ 列，再加上元素全为 1 的列作为最后一列来构造一个矩阵 $\boldsymbol{A}$. 方程 $\boldsymbol{\pi p}=\boldsymbol{\pi}$ 和 $\pi_1+\cdots+\pi_k=1$ 等价于

$$\boldsymbol{\pi A}=\begin{pmatrix}0\cdots0 & 1\end{pmatrix}$$

因此有

$$\boldsymbol{\pi}=\begin{pmatrix}0\cdots0 & 1\end{pmatrix}\boldsymbol{A}^{-1}$$

或者说 $\boldsymbol{\pi}$ 是 $\boldsymbol{A}^{-1}$ 的最后一行.

容易计算下面两种情形的平稳分布. （i）如果链是双随机的，即 $\sum_x p(x,y)=1$，并且有 k 个状态，那么平稳分布是均匀分布，$\pi(x)=1/k$. （ii）若链满足细致平衡条件，即

$$\pi(x)p(x,y)=\pi(y)p(y,x)$$

则 π 是一个平稳分布. 由以下条件定义出的生灭链总具有满足以上性质的平稳分布：若 $|x-y|>1$，则 $p(x,y)=0$. 如果状态空间为 $l,l+1,\cdots,r$，那么求解 π 的方法为：令 $\pi(l)=c$，对 $l<x\leqslant r$ 求解 $\pi(x)$，然后取 c 的值使得概率和为 1.

收敛定理

对于非常返状态 y，有 $p^n(x,y)\to0$，因此为了研究 $p^n(x,y)$ 的收敛性，下面的做法就足够了：根据分解定理，假定链不可约，且所有的状态是常返的. 一个状态 x 的周期是 $I_x=\{n\geqslant1:p^n(x,x)>0\}$ 的最大公约数. 如果周期为 1，那么称 x 是非周期的. 一个简单判定 x 是非周期的充分条件是 $p(x,x)>0$. 为计算周期，一个很有用的结论是：若 $\rho_{xy}>0$ 且 $\rho_{yx}>0$，则 x 和 y 具有相同的周期. 特别地，在一个不可约集合中的所有状态都具有相同的周期.

关于 Markov 链渐近行为的三个主要结论如下。

定理 1.19 假设 p 是不可约、非周期的，有平稳分布 π. 则当 $n\to\infty$ 时，$p^n(x,y)\to\pi(y)$. ◀

定理 1.21 假设 p 是不可约且常返的. 若 $N_n(y)$ 表示在时刻 n 之前链访问 y 的次数，则

$$\frac{N_n(y)}{n}\to\frac{1}{E_yT_y}$$ ◀

定理 1.23 假设 p 是不可约的，有平稳分布 π，并且 $\sum_x|f(x)|\pi(x)<\infty$，那么

$$\frac{1}{n}\sum_{m=1}^n f(X_m)\to\sum_x f(x)\pi(x)$$ ◀

带吸收态的链

在这种情形下有两个有趣的问题：链会被吸收于哪些状态？链被吸收需要花费多长时间？令 $V_y=\min\{n\geqslant0:X_n=y\}$ 表示第一次访问 y 的时刻，这里把在 0 时刻访问 y 也考虑在内.

定理 1.27 考虑一个有限状态空间 S 上的 Markov 链. 令 a 和 b 为 S 中的两个状态，$C=S-\{a,b\}$. 假设 $h(a)=1,h(b)=0$，且对于 $x\in C$，有

$$h(x) = \sum_y p(x,y)h(y) \qquad (1.16)$$

如果对所有的 $x \in C$, 都有 $\rho_{xa} + \rho_{xb} > 0$, 那么 $h(x) = P_x(V_a < V_b)$.

令 $r(x,y)$ 表示矩阵 $p(x,y)$ 中 $x,y \in C$ 的部分, 因为 $h(a) = 1$, $h(b) = 0$, 所以当 $x \in C$ 时, 关于 h 的方程可以写为

$$h(x) = r(x,a) + \sum_y r(x,y)h(y)$$

从而若我们用 v 表示元素为 $r(x,a)$ 的列向量, 则上述方程意味着 $(I-r)\,h = v$,

$$h = (I-r)^{-1}v \qquad \blacktriangleleft$$

定理 1.28 考虑一个有限状态空间 S 上的 Markov 链. 令 $A \subset S$ 且 $V_A = \inf\{n \geqslant 0 : X_n \in A\}$. 假设对所有的 $a \in A$ 都有 $g(a) = 0$, 且对 $x \in C = S - A$, 有

$$g(x) = 1 + \sum_y p(x,y)g(y)$$

若对任意 $x \in C$ 有 $P_x(V_A < \infty) > 0$, 则 $g(x) = E_x(V_A)$.

因为当 $x \in A$ 时, $g(x) = 0$, 当 $x \in C$ 时, 关于 g 的方程可写为

$$g(x) = 1 + \sum_y r(x,y)g(y)$$

因此若我们用 1 表示所有元素都为 1 的列向量, 则上述方程意味着 $(I-r)\,g = 1$, 于是

$$g = (I-r)^{-1}1$$

因为 $(I-r)^{-1} = I + r + r^2 + \cdots$, 所以对于 $x,y \notin A$, $(I-r)^{-1}\,(x,\,y)$ 表示从 x 开始到达 y 的平均次数. $\blacktriangleleft$ $\boxed{74}$

1.12 习题

定义的理解

1.1 重复地抛掷一枚均匀的硬币, 抛掷结果为 $Y_0, Y_1, Y_2, \cdots$, 它们取值为 0 或 1 的概率均为 1/2. 用 $X_n = Y_n + Y_{n-1}$ ($n \geqslant 1$) 表示第 ($n-1$) 次和第 n 次抛掷出的结果中 1 的个数. X_n 是一个 Markov 链吗?

1.2 五个白球和五个黑球分散在两个罐子中, 其中每个罐子中都有五个球. 每一次我们从两个罐子中都随机抽取一个球并交换它们. 用 X_n 表示在时刻 n 左边罐子中白球的个数. 计算 X_n 的转移概率.

1.3 重复掷两枚骰子, 其中骰子均为四面, 四面上的数字分别为 1, 2, 3, 4. 令 Y_k 表示第 k 次投掷出的数字之和, $S_n = Y_1 + \cdots + Y_n$ 表示前 n 次投掷出的数字之和, $X_n = S_n \pmod 6$. 求解 X_n 的转移概率.

1.4 1990 年的人口普查显示: 哥伦比亚地区 36% 的住户是房主, 其余的住户为租房者. 在接下来的十年, 6% 的房主将成为租房者, 而 12% 的租房者将成为房主. 那么在 2000 年房主的比例是多少? 2010 年呢?

1.5 考虑赌徒破产链, 取 $N = 4$. 即当 $1 \leqslant i \leqslant 3$ 时, $p(i, i+1) = 0.4$, $p(i, i-1) = 0.6$, 而端点为吸收态: $p(0,0) = 1$, $p(4,4) = 1$. 计算 $p^3(1,4)$, $p^3(1,0)$.

1.6 一个出租车司机在机场 A 和宾馆 B、宾馆 C 之间按照如下方式行车: 如果他在机场, 那么下一时刻他将以等概率到达两个宾馆中的任意一个; 如果他在其中一个宾馆, 那么下一时刻他以概率 3/4 返回到机场, 以概率 1/4 开往另一个宾馆. (a) 求该链的转移矩阵. (b) 假设在时刻 0 时司机在机场.

分别求出在时刻 2 时司机在这 3 个可能地点的概率以及在时刻 3 时他在宾馆 B 的概率.

1.7　设昨日、前日都无雨，今天将下雨的概率为 0.3，昨日、前日中至少有一天下雨，那么今天将下雨的概率为 0.6. 用 W_n 表示第 n 天的天气，或者是 $R =$ 雨天，或者是 $S =$ 晴天. 尽管 W_n 不是一个 Markov 链，但是最近两日的天气状况 $X_n = (W_{n-1}, W_n)$ 是一个 Markov 链，并且其四个状态是 $\{RR, RS, SR, SS\}$. （a）计算该链的转移概率. （b）计算两步转移概率. （c）当给定周日和周一无雨的条件下，星期三下雨的概率是多少？

75　**1.8**　考虑如下几个转移矩阵. 确定这些 Markov 链中的非常返态、常返态和不可约闭集，并给出理由.

(a)

	1	2	3	4	5
1	0.4	0.3	0.3	0	0
2	0	0.5	0	0.5	0
3	0.5	0	0.5	0	0
4	0	0.5	0	0.5	0
5	0	0.3	0	0.3	0.4

(b)

	1	2	3	4	5	6
1	0.1	0	0	0.4	0.5	0
2	0.1	0.2	0.2	0	0.5	0
3	0	0.1	0.3	0	0	0.6
4	0.1	0	0	0.9	0	0
5	0	0	0	0.4	0	0.6
6	0	0	0	0	0.5	0.5

(c)

	1	2	3	4	5
1	0	0	0	0	1
2	0	0.2	0	0.8	0
3	0.1	0.2	0.3	0.4	0
4	0	0.6	0	0.4	0
5	0.3	0	0	0	0.7

(d)

	1	2	3	4	5	6
1	0.8	0	0	0.2	0	0
2	0	0.5	0	0	0.5	0
3	0	0	0.3	0.4	0.3	0
4	0.1	0	0	0.9	0	0
5	0	0.2	0	0	0.8	0
6	0.7	0	0	0.3	0	0

1.9　给出下列 Markov 链的平稳分布，其转移矩阵为：

(a)

	1	2	3
1	0.5	0.4	0.1
2	0.2	0.5	0.3
3	0.1	0.3	0.6

(b)

	1	2	3
1	0.5	0.4	0.1
2	0.3	0.4	0.3
3	0.2	0.2	0.6

(c)

	1	2	3
1	0.6	0.4	0
2	0.2	0.4	0.2
3	0	0.2	0.8

1.10　求状态空间 $\{1,2,3,4\}$ 上的 Markov 链的平稳分布，其转移矩阵为：

(a) $\begin{bmatrix} 0.7 & 0 & 0.3 & 0 \\ 0.6 & 0 & 0.4 & 0 \\ 0 & 0.5 & 0 & 0.5 \\ 0 & 0.4 & 0 & 0.6 \end{bmatrix}$
(b) $\begin{bmatrix} 0.7 & 0.3 & 0 & 0 \\ 0.2 & 0.5 & 0.3 & 0 \\ 0 & 0.3 & 0.6 & 0.1 \\ 0 & 0 & 0.2 & 0.8 \end{bmatrix}$
(c) $\begin{bmatrix} 0.7 & 0 & 0.3 & 0 \\ 0.2 & 0.5 & 0.3 & 0 \\ 0.1 & 0.2 & 0.4 & 0.3 \\ 0 & 0.4 & 0 & 0.6 \end{bmatrix}$

1.11　求解习题 （a）1.2，（b）1.3 和 （c）1.7 中链的平稳分布.

1.12　（a）求转移概率

	1	2	3	4
1	0	2/3	0	1/3
2	1/3	0	2/3	0
3	0	1/6	0	5/6
4	2/5	0	3/5	0

76　的平稳分布并证明它不满足细致平衡条件式 （1.11）.

（b）考虑转移概率为

	1	**2**	**3**	**4**
1	0	a	0	$1-a$
2	$1-b$	0	b	0
3	0	$1-c$	0	c
4	d	0	$1-d$	0

证明如果

$$0 < abcd = (1-a)(1-b)(1-c)(1-d)$$

那么存在一个满足式（1.11）的平稳分布.

1.13 考虑一个 Markov 链，其转移矩阵如下：

	1	**2**	**3**	**4**
1	0	0	0.1	0.9
2	0	0	0.6	0.4
3	0.8	0.2	0	0
4	0.4	0.6	0	0

（a）计算 p^2. （b）求 p 的平稳分布以及 p^2 的所有平稳分布. （c）求当 $n \to \infty$ 时，$p^{2n}(x,x)$ 的极限.

1.14 下面的 Markov 链收敛到均衡分布么？

（a）

	1	**2**	**3**	**4**
1	0	0	1	0
2	0	0	0.5	0.5
3	0.3	0.7	0	0
4	1	0	0	0

（b）

	1	**2**	**3**	**4**
1	0	1	0	0
2	0	0	0	1
3	1	0	0	0
4	1/3	0	2/3	0

（c）

	1	**2**	**3**	**4**	**5**	**6**
1	0	0.5	0.5	0	0	0
2	0	0	0	1	0	0
3	0	0	0	0.4	0	0.6
4	1	0	0	0	0	0
5	0	1	0	0	0	0
6	0.2	0	0	0	0.8	0

1.15 对

$$p=$$

	1	**2**	**3**	**4**	**5**
1	1	0	0	0	0
2	0	2/3	0	1/3	0
3	1/8	1/4	5/8	0	0
4	0	1/6	0	5/6	0
5	1/3	0	1/3	0	1/3

求出 $\lim_{n\to\infty} p^n(i,j)$. 你应该通过求解方程来计算此题和下一题，但是你可以使用计算器求出 $FRAC(p^{100})$ 来验证你的结果.

1.16 如果我们对于例 1.14 中的七状态链的矩阵进行重新排列，得到

	2	3	1	5	4	6	7
2	0.2	0.3	0.1	0	0.4	0	0
3	0	0.5	0	0.2	0.3	0	0
1	0	0	0.7	0.3	0	0	0
5	0	0	0.6	0.4	0	0	0
4	0	0	0	0	0.5	0.5	0
6	0	0	0	0	0	0.2	0.8
7	0	0	0	0	1	0	0

请求出 $\lim_{n\to\infty} p^n(i,j)$.

两状态 Markov 链

1.17 市场研究表明以五年为周期，8% 收看有线电视的人将放弃有线电视，26% 没有收看有线电视的人将开通有线电视。比较由 Markov 链模型给出的预测值和如下收看有线电视的比例数据：1990 年 56.4%，1995 年 63.4%，2000 年 68.0%. 从长远看，收看有线电视的人的比例是多少？

1.18 一个社会学教授提出，每十年 8% 的女性工作者退休，20% 的未工作女性参加工作。比较由 Markov 链模型给出的预测值和如下女性工作者的比例数据：1970 年 43.3%，1980 年 51.5%，1990 年 57.5%，2000 年 59.8%. 从长远看，女性工作的比例是多少？

1.19 刚开通一个快速公交系统。在运行第一个月期间发现，25% 的通勤者使用快速公交，而 75% 的通勤者开汽车。假设每一个月，10% 的使用快速公交的通勤者改为开汽车，而 30% 开汽车的通勤者改为使用快速公交。（a）计算三步转移概率 p^3. （b）第四个月使用快速公交系统的比例是多少？（c）从长远看，使用快速公交系统的比例是多少？

1.20 一个当地的健康状况研究表明，每年 75% 的抽烟者将继续抽烟，而 25% 的抽烟者将戒烟。8% 的戒烟者会恢复抽烟，而 92% 的戒烟者不再抽烟。如果在 1995 年有 70% 的人抽烟，那么在 1998 年有多少比例的人抽烟？2005 年呢？从长远看呢？

1.21 在公路上每四辆卡车中有三辆卡车后面是一辆汽车，而每五辆汽车中仅一辆后面是一辆卡车。请问在公路上的交通工具为卡车的比例是多少？

1.22 在一个测试问卷中，问题如下安排：3/4 的答案是正确的题目之后还是答案为正确的题目，而 2/3 的答案是错误的题目之后答案仍是错误。你要做一份有 100 个问题的测试问卷。那么答案为正确的题目的比例大约是多少？

1.23 当公司无盈利时有时会暂停分红。假定在一次分红之后，下一次继续分红的概率是 0.9，而暂停分红之后，下一次继续暂停的概率是 0.6. 从长远看，分红的比例是多少？

1.24 人口普查结果显示在美国 80% 有工作的女性的女儿和 30% 的没有工作的女性的女儿参加工作。（a）写出该模型的转移概率。（b）从长远看，参加工作的女性占比是多少？

1.25 当一个篮球运动员一次投篮命中时，下次他会进行更难的投篮，并以 0.4 的概率投篮命中（H），0.6 的概率投篮不进（M）. 当他一次投篮不进时，下次投篮他更加保守，并以 0.7 的概率投篮命中（H），0.3 的概率投篮不进（M）.（a）写出状态空间为 $\{H, M\}$ 的两状态 Markov 链的转移概率。（b）从长远看，他投篮命中的比例是多少？

1.26 民间认为在 Ithaca 夏季 1/3 的时间为雨天，但是雨天之后仍然是雨天的概率为 1/2. 假定可以用一个 Markov 链来描述 Ithaca 天气的变化。那么它的转移概率是什么？

三状态或多状态链

1.27 （a）假定顾客对于品牌 A、B 的忠诚度分别为 0.7、0.8，这意味着在一个星期内购买品牌 A 商品的顾客，他下一个星期再次购买品牌 A 商品的概率是 0.7，购买品牌 B 商品的概率是 0.3．那么品牌 A、B 商品的市场占有率的极限值分别是多少？

(b) 假定有第三个品牌，顾客的品牌忠诚度是 0.9，若顾客改变品牌，他会随机选择另外两个品牌中的任意一个．那么这三种品牌商品的新的市场占有率的极限是多少？

79

1.28 一个中西部大学提供三种类型的健康计划：健康维护机构（HMO），优先医疗服务组织（PPO），传统的服务项目付费计划（FFS）．经验显示人们依照下面的转移矩阵改变健康计划

	HMO	PPO	FFS
HMO	0.85	0.1	0.05
PPO	0.2	0.7	0.1
FFS	0.1	0.3	0.6

在 2000 年，三种计划的比例是 HMO：30％，PPO：25％，FFS：45％．

(a) 2001 年三种计划的比例将是多少？

(b) 从长远看，选择这三种计划的比例分别是多少？

1.29 Bob 每个工作日都在学校餐厅吃午餐．他的选择有中国菜、墨西哥菜、色拉三种．他的转移矩阵为

	C	Q	S
C	0.15	0.6	0.25
Q	0.4	0.1	0.5
S	0.1	0.3	0.6

他周一已经吃了中国菜，问：(a) 星期五（四天后）他选择这三种午餐的概率分别是多少？

(b) 从长远看，他选择这三种午餐的频率分别是多少？

1.30 Ithaca 的自由城镇实行了"免费自行车计划"．你可以在图书馆（L），咖啡店（C）或者合作的杂货店（G）取自行车．该计划的组织者已确定人们骑自行车按照如下的 Markov 链移动

	L	C	G
L	0.5	0.2	0.3
C	0.4	0.5	0.1
G	0.25	0.25	0.5

星期天，每个地点停放相同数量的自行车．(a) 星期二这三个地点停放自行车的比例是多少？

(b) 下一个星期天呢？(c) 从长远看，这三个地点停放自行车的比例是多少？

1.31 一种植物根据其基因类型 RR、RW、WW 而分别开红色、粉色、白色的花．如果这些基因类型分别与粉色（RW）品种植物杂交，那么后代的比例是

80

	RR	RW	WW
RR	0.5	0.5	0
RW	0.25	0.5	0.25
WW	0	0.5	0.5

从长远看，这三种品种的植物的比例是多少？

1.32 某城市的天气情况可划分为雨天、阴天、晴天这三种，且天气按照如下的转移概率变化

	R	C	S
R	1/2	1/4	1/4
C	1/4	1/2	1/4
S	1/2	1/2	0

从长远看，此城市雨天、阴天、晴天的比例分别是多少？

1.33 一个研究某一地区生活方式的社会学家确定人们在城市（U）、郊区（S）、农村（R）居住的转移情况由如下的转移矩阵给出

	U	S	R
U	0.86	0.08	0.06
S	0.05	0.88	0.07
R	0.03	0.05	0.92

从长远看，选择这三种居住地点的人的比例分别是多少？

1.34 在一个大城市里，通勤者或者独自驾车（A），或者合伙使用汽车（C），或者使用公共交通工具（T）. 一项研究显示通勤者使用的交通方式依下面矩阵变换

	A	C	T
A	0.8	0.15	0.05
C	0.05	0.9	0.05
S	0.05	0.1	0.85

从长远看，采用这三种交通方式的通勤者的比例分别是多少？

1.35 A，B，C 这 3 家通信公司竞争客户. 每一年顾客根据如下的转移概率变换通信公司

	A	B	C
A	0.75	0.05	0.20
B	0.15	0.65	0.20
C	0.05	0.1	0.85

81 那么每一家通信公司的市场占有率的极限是多少？

1.36 一位教授的车库里有两盏照明灯. 当两盏灯都烧坏时将更换它们，第二天两盏灯可正常照明. 假设当它们都可照明，两盏中的一盏烧坏的概率是 0.02（每盏烧坏的概率都是 0.01 且我们忽略两盏灯在同一天烧坏的可能性）. 然而，当车库只有一盏灯时，它烧坏的概率是 0.05. (i) 从长远看，车库仅有一盏灯工作的时间所占的比例是多少？(ii) 两次替换之间的时间间隔的期望值是多少？

1.37 某人有 3 把伞，一些放在她的办公室，另一些放在家里. 如果她早上从家出发上班（或者晚上下班）时下雨，并且在出发地有一把伞的话，那么她将带一把雨伞. 否则，她将淋湿. 假设是否下雨与过去独立，每次出发时下雨的概率都是 0.2. 用一个 Markov 链描述此问题，令 X_n 表示她现在所处位置的伞的数量. (a) 求此 Markov 链的转移概率. (b) 计算她淋湿所占比例的极限.

1.38 用 X_n 表示 David 距离上次刮胡子的天数，在早上 7：30 他决定当天是否刮胡子时计算. 假定 X_n 是一个 Markov 链，转移矩阵是

	1	2	3	4
1	1/2	1/2	0	0
2	2/3	0	1/3	0
3	3/4	0	0	1/4
4	1	0	0	0

用文字叙述，如果他上次刮胡子是 k 天之前，那么他不刮胡子的概率是 $1/(k+1)$. 然而，如果他已经 4 天都没刮胡子的话，他妈妈会命令他去刮胡子，于是他刮胡子的概率是 1. (a) 从长远看，David 刮胡子的天数所占的比例是多少？(b) 此链的平稳分布满足细致平衡条件吗？

1.39 一个特定县的选民宣称他们是共和党、民主党或者绿党的成员. 没有选民直接从共和党转变到绿

党或者从绿党转变到共和党. 其他党派的选民之间按照下面的矩阵变换：

	R	D	G
R	0.85	0.15	0
D	0.05	0.85	0.10
G	0	0.05	0.95

从长远看，属于这三个党派的选民的比例是多少？

82

1.40 一家汽车保险公司将其客户分为三种类型：差的、满意的和优质的. 没有客户在一年之内从差客户变为优质客户，也没有客户在一年之内从优质客户变为差客户.

	R	S	E
P	0.6	0.4	0
S	0.1	0.6	0.3
E	0	0.2	0.8

那么每种类型的客户所占比例的极限是多少？

1.41 （直线上的带反射壁的随机游动） 考虑标注在一条直线上的 1，2，3，4 点. 令 X_n 表示一个 Markov 链，它以概率 2/3 向右移动一步，以概率 1/3 向左移动一步，但是当 X_n 从 1 出发向其左边移动或者从 4 出发向其右边移动时，此规则受限，它会处在原处不动. 试求 （a）该链的转移概率；（b）此链在每一个状态花费时间的极限.

1.42 在每一个月末，一个大型零售商店按照当前客户的付款状态对他们的账户分类为：当即付款（状态 0），拖欠 $30\sim60$ 天（状态 1），拖欠 $60\sim90$ 天（状态 2），拖欠 90 天以上（状态 3）. 他们的经验表明，可以用一个 Markov 链来描述客户账户状态的变化，其转移概率矩阵是：

	0	1	2	3
0	0.9	0.1	0	0
1	0.8	0	0.2	0
2	0.5	0	0	0.5
3	0.1	0	0	0.9

从长远看，处于这几种状态的账户所占的比例分别是多少？

1.43 每天早上检查一件设备来确定其工作情况，将其分为状态 1＝新，2，3，或 4＝损坏. 我们假定状态变化是一个 Markov 链，其转移矩阵如下：

	1	2	3	4
1	0.95	0.05	0	0
2	0	0.9	0.1	0
3	0	0	0.875	0.125

（a）假设一台损坏的机器需要花 3 天时间修复. 为了将此情况包含在 Markov 链中，我们增加状态 5 和 6，并假设 $p(4,5)=1, p(5,6)=1, p(6,1)=1$. 求解机器处在工作状态的时间比例. （b）现在假定当机器处在状态 3 时，我们有预防性维修的选择，需要花费 1 天时间修复机器使之回到状态 1. 这使得转移概率变为

83

	1	2	3
1	0.95	0.05	0
2	0	0.9	0.1
3	1	0	0

求在此新规则下机器处在工作状态的时间比例是多少.

1.44 （**景观动态**）　为了构建一个描述森林景观的简单模型，我们可引入状态 0＝草地，1＝灌木，2＝小树，3＝大树，写出如下一个转移矩阵：

	0	**1**	**2**	**3**
0	1/2	1/2	0	0
1	1/24	7/8	1/12	0
2	1/36	0	8/9	1/12
3	1/8	0	0	7/8

该矩阵的含义为在不受干扰的情况下，在草地区域中会有灌木生长，然后变为小树，当然最后长成大树．然而，在树木死亡或者发生火灾等情况的干扰下，可使得系统回到状态 0．求出该景观处于每一种状态的比例的极限值．

更多理论习题

1.45　考虑一个状态空间为 $S = \{1,2\}$ 的广义链，其转移概率为

	1	**2**
1	$1-a$	a
2	b	$1-b$

运用 Markov 性证明

$$P(X_{n+1}=1) - \frac{b}{a+b} = (1-a-b)\left\{ P(X_n=1) - \frac{b}{a+b} \right\}$$

然后导出

$$P(X_n=1) = \frac{b}{a+b} + (1-a-b)^n \left\{ P(X_0=1) - \frac{b}{a+b} \right\}$$

这说明了如果 $0 < a+b < 2$，那么 $P(X_n=1)$ 以指数速度收敛到极限值 $b/(a+b)$．

84

1.46　（**Bernoulli-Laplace 扩散模型**）　考虑两个罐子，每个罐子中都有 m 个球．在这 $2m$ 个球中有 b 个球是黑色的，剩下的 $2m-b$ 个球是白色的．我们称系统在状态 i，如果第一个罐子中有 i 个黑球，$m-i$ 个白球，而第二个罐子中有 $b-i$ 个黑球，$m-b+i$ 个白球．每次试验从每个罐子中随机抽取一个球，并进行交换．令 X_n 表示在进行了 n 次交换后系统所处的状态，X_n 是一个 Markov 链．（a）计算它的转移概率．（b）证明平稳分布是

$$\pi(i) = \binom{b}{i}\binom{2m-b}{m-i} \bigg/ \binom{2m}{m}$$

（c）你能否给出一个简单直观的解释，为什么（b）中的公式是正确的答案．

1.47　（**图书馆链**）　每次申请时，以概率 p_i 选中 n 本可能的书中的第 i 本．为了下一次更快地找到这本书，图书管理员将这本书移至书架的最左端．定义在任意时刻的状态为我们从书架左端到右端进行检查时看到的书的序列．由于所有的书都是不同的，因此序列是集合 $\{1,2,\cdots,n\}$ 的一个排列，即每个数值在序列中仅出现一次．证明

$$\pi(i_1,\cdots,i_n) = p_{i_1} + \frac{p_{i_2}}{1-p_{i_1}} \cdot \frac{p_{i_3}}{1-p_{i_1}-p_{i_2}} \cdots \frac{p_{i_n}}{1-p_{i_1}-\cdots-p_{i_{n-1}}}$$

是一个平稳分布．

1.48　（**钟表上的随机游动**）　假设数字 $1,2,\cdots,12$ 写成一个环形，像它们在钟表上通常的情况一样．考虑一个 Markov 链，在任意位置时，它都以等概率跳至与其相邻的两个数字之一．（a）X_n 返回到初始位置所需的期望步数是多少？（b）在 X_n 返回到初始位置之前访问过所有其他状态的概率是多少？下面三个例子是例 1.34 的继续．同样地我们用 $\{(i,j):1 \leqslant i,j \leqslant 8\}$ 表示棋盘．你认为当考虑

象、马、王、后和车时，（b）的答案是什么？

1.49 （**王的随机游动**） 王可以水平，垂直，或对角移动一个格. 令 X_n 表示我们随机选择一种王的有效走法之后棋盘上的序列. 求（a）平稳分布，（b）当我们从角 $(1,1)$ 开始时，返回到该位置所需的期望步数. 85

1.50 （**象的随机游动**） 象可以按斜线走任意步长. 令 X_n 表示我们随机选择一种象的有效走法之后棋盘上的序列. 求（a）平稳分布，（b）当我们从角 $(1,1)$ 开始时，返回到该位置所需的期望步数.

1.51 （**后的随机游动**） 后可以按照直线、横线或斜线走任意步长. 令 X_n 表示我们随机选择一种象的有效走法之后棋盘上的序列. 求（a）平稳分布，（b）当我们从角 $(1,1)$ 开始时，返回到该位置所需的期望步数.

1.52 （**Wright-Fisher 模型**） 考虑在例 1.7 中描述的链

$$p(x,y) = \binom{N}{y}(\rho_x)^y(1-\rho_x)^{N-y}$$

其中 $\rho_x = (1-u)x/N + v(N-x)/N$. （a）证明如果 $u,v > 0$，那么 $\lim_{n\to\infty} p^n(x,y) = \pi(y)$，其中 π 是唯一的平稳分布. 这里并没有 $\pi(y)$ 已知的公式，但是你可以（b）计算均值 $v = \sum_y y\pi(y) = \lim_{n\to\infty} E_x X_n$.

1.53 （**Ehrenfest 链**） 考虑例 1.2 中的 Ehrenfest 链，其转移概率是，当 $0 \leqslant i \leqslant N$ 时，$p(i,i+1) = (N-i)/N$，$p(i,i-1) = i/N$. 令 $\mu_n = E_x X_n$. （a）证明 $\mu_{n+1} = 1 + (1-2/N)\mu_n$. （b）据此推导得出

$$\mu_n = \frac{N}{2} + (1-\frac{2}{N})^n(x-N/2)$$

由此我们可看出均值 μ_n 以指数速度收敛到均衡值 $2/N$，在时刻 n 的误差为 $(1-2/N)^n(x-N/2)$.

1.54 证明如果对所有的 i,j 都有 $p_{ij} > 0$，那么存在一个可逆平稳分布的充分必要条件是

$$对所有的 i,j,k，都有 \quad p_{ij}p_{jk}p_{ki} = p_{ik}p_{kj}p_{ji}$$

提示：固定 i，取 $\pi_j = cp_{ij}/p_{ji}$.

离出分布和离出时刻

1.55 与一个制造过程相联系的 Markov 链可以描述如下：过程从制造一个部件开始，进入步骤 1. 步骤 1 结束之后，20% 的部件需要重新加工，即返回至步骤 1，10% 的部件扔掉，70% 的部件进入步骤 2. 步骤 2 结束之后，5% 的部件必须返回到步骤 1，10% 的部件返回至步骤 2，5% 的部件报废，80% 的部件制造成功，从而可进行销售，获得利润. （a）构建一个四状态 Markov 链，其状态为 1，2，3，4，其中 3＝部件报废，4＝部件可被销售获得利润. （b）计算一个部件在制造过程中报废的概率. 86

1.56 一家银行将贷款分类为全部付清（F），信誉良好（G），拖欠（A）或者呆账（B）. 贷款按照如下转移概率在不同的类别之间转换：

	F	G	A	B
F	1	0	0	0
G	0.1	0.8	0.1	0
A	0.1	0.4	0.4	0.1
B	0	0	0	1

求处于信誉良好级别的贷款最终全部付清的比例是多少？那些处于拖欠的贷款呢？

1.57 一个仓库可容纳 4 件商品. 如果仓库既没装满又非空时，每当生产一件新商品或者售出一件商品时，仓库中的商品数发生变化. 假定（无论我们在什么时间观察）下一个事件是"生产一件新商品"的概率是 2/3，是"售出一件商品"的概率是 1/3. 如果仓库中当前仅有一件商品，那么在仓库

变空之前先装满的概率是多少?

1.58 Dick，Helen，Joni，Mark，Sam 和 Tony 这 6 个孩子玩传球的游戏. 如果 Dick 拿到了球, 他将以等概率把球传给 Helen，Mark，Sam，Tony. 如果 Helen 拿到了球, 她将以等概率把球传给 Dick，Joni，Sam，Tony. 如果 Sam 拿到了球, 他将以等概率把球传给 Dick，Helen，Mark，Tony. 如果是 Joni 或者 Tony 拿到了球, 他们会把球传给对方. 如果是 Mark 拿到了球, 他将带着球跑开. (a) 求转移概率, 并对该链的状态分类. (b) 假设游戏开始时球在 Dick 手中. 游戏以 Mark 拿到球结束的概率是多少?

1.59 使用例 1.48 中的第二种求解方法计算等待 HHH，HHT，HTT，HTH 模式出现的时间期望值. 哪种情形下的等待时间最长? 哪种情形下达到最小值 8?

1.60 (**Sucker 赌博**) 考虑下面的赌博游戏. 玩家 1 选择了 3 枚硬币的模式 (比如 HTH), 玩家 2 选择了另外一种模式 (如 THH). 重复抛一枚硬币并记录其结果, 直至两个模式中的一个出现. 有些令人惊讶的是玩家 2 在这个游戏中具有相当优势. 不管玩家 1 选择哪种模式, 玩家 2 都可以以不小于 2/3 的概率赢得游戏. 不失一般性, 假设玩家 1 选择以 H 开头的模式 (见表1-1), 验证表1-1 的结果. 你可以通过求解含有 6 个未知数的 6 个方程得到结果, 但这不是最简便的方法.

表   1-1

情形	玩家 1	玩家 2	玩家 2 赢的概率
1	HHH	THH	7/8
2	HHT	THH	3/4
3	HTH	HHT	2/3
4	HTT	HHT	2/3

87

1.61 在纽约州 Syracuse 的一个展览会上, Larry 赶上了嘉年华活动, 他可以用 1 元钱购买一张优惠券, 凭此优惠券可以参加一个猜谜游戏. 每一局, Larry 以等概率赢得或者输掉一张优惠券. 当他用完优惠券时, 他输掉了游戏. 然而, 如果他能收集到 3 张优惠券, 他将获得一个惊喜. (a) Larry 将赢得一个惊喜的概率是多少? (b) 他赢得或者输掉游戏所需要玩的期望局数是多少?

1.62 Megasoft 公司给每一位员工的职位是程序设计员 (P) 或者项目经理 (M). 每一年, 70% 的程序设计员保持职位不变, 20% 的升职为项目经理, 10% 的被解雇 (状态 X). 95% 的项目经理保持职位不变, 5% 的被解雇. 平均看来, 一名程序设计员在他被解雇之前会工作多长时间?

1.63 在一家全国性的旅游代理机构, 新雇佣的员工被列为初学者 (B). 每六个月评估一次每一位代理人的表现. 过去的记录表明员工级别根据如下 Markov 链转移到中级 (I) 和合格 (Q). 其中 F 代表员工被解雇:

	B	I	Q	F
B	0.45	0.4	0	0.15
I	0	0.6	0.3	0.1
Q	0	0	1	0
F	0	0	0	1

(a) 最终得到提升的员工比例是多少? (b) 从一个初学者直到被解雇或者变为合格所需要的期望时间是多少?

1.64 在一家制造厂里, 员工分为实习生 (R), 技术人员 (T) 或者管理者 (S). 记 Q 为辞职的员工, 我们用一个 Markov 链来描述他们在这些级别上的变化, 其转移概率是

	R	**T**	**S**	**Q**
R	0.2	0.6	0	0.2
T	0	0.55	0.15	0.3
S	0	0	1	0
Q	0	0	0	1

(a) 实习生最终变为管理者的比例是多少? (b) 从实习生到最终辞职或者升为管理者所要的期望时间是多久?

1.65 消费者在可变利率贷款（V），30 年固定利率贷款（30），15 年固定利率贷款（15）上变换，或者进入全额付款（P）状态，或者取消抵押品赎回权（F），变换按照如下的转移矩阵进行：

	V	**30**	**15**	**P**	**F**
V	0.55	0.35	0	0.05	0.05
30	0.15	0.54	0.25	0.05	0.01
15	0.20	0	0.75	0.04	0.01
P	0	0	0	1	0
F	0	0	0	0	1

88

(a) 对于三种贷款类型，求出到付清或者取消抵押品赎回权时所需的期望时间. (b) 贷款付清的概率是多少?

1.66 (**兄妹配对**) 在这个遗传体系中每一代中都保留有一雄一雌两个个体，并且它们进行交配产生下一代. 如果个体为二倍体且我们感兴趣的是两个等位基因 A, a 的特点，那么每个个体有 3 种可能的状态：AA, Aa, aa 或者更简洁地表示为 2, 1, 0. 如果我们记录两个个体的性别，则链含有 9 个状态，但是如果我们忽略性别，这里仅包含 6 个状态：22, 21, 20, 11, 10 和 00. (a) 假定繁殖是分别从父母那里随机选择一个基因，计算转移概率. (b) 22 和 00 是此链的吸收态. 证明吸收于 22 的概率等于 A 在状态中所占的比例. (c) 令 $T = \min\{n \geqslant 0 : X_n = 22$ 或 $00\}$ 为吸收时间. 对所有状态 x，求 $E_x T$.

1.67 重复抛掷一枚分布均匀的骰子，用 $Y_1, Y_2, \cdots$ 表示抛掷结果. 令 $X_n = |\{Y_1, Y_2, \cdots, Y_n\}|$ 表示我们看到的前 $n (n \geqslant 1)$ 次投掷的结果中不同值的个数，令 $X_0 = 0$，X_n 是一个 Markov 链. (a) 求其转移概率. (b) 以 $T = \min\{n : X_n = 6\}$ 表示为了看到所有的 6 个数字所需要的投掷次数. 求 ET.

1.68 (**卡片收集问题**) 我们现在感兴趣的是需要花费多少时间才能收集到包含有 N 个篮球卡片的一套卡片. 令 T_k 表示为了有 k 张不同的卡片需要购买的卡片数. 显然，$T_1 = 1$. 进一步思考可知，如果每次我们从 N 种可能性中随机抽取，得到一张卡片，那么对于 $k \geqslant 1$，$T_{k+1} - T_k$ 服从成功概率是 $(N-k)/N$ 的几何分布. 运用此结论证明为收集到包含 N 个篮球卡片的这套卡片所需的平均时间 $\approx N \log N$，方差 $\approx N^2 \sum_{k=1}^{\infty} 1/k^2$.

1.69 (**算法效率**) 单纯形算法中最小化线性函数的方法是通过在多面体区域的极值点中移动，因此每一次移动可降低目标函数. 假设有 n 个极值点，并按照它们的取值递增排序. 假设 Markov 链中 $p(1,1) = 1$，当 $j < i$ 时，$p(i,j) = 1/(i-1)$. 换句话说，当我们离开 j 时，我们以等概率到达任意一个取较优值的极值点.

(a) 运用 (1.25) 证明，当 $i > 1$ 时，

$$E_i T_1 = 1 + 1/2 + \cdots + 1/(i-1)$$

89

(b) 若链在从 n 到 1 的途中访问 j，则令 $I_j = 1$. 证明，当 $j < n$ 时

$$P(I_j = 1 \mid I_{j+1}, \cdots, I_n \mid) = 1/j$$

由此给出上一题的另一种证明方法并推导出 $I_1, \cdots, I_{n-1}$ 是独立的.

无限状态空间

1.70 （广义生灭链）　状态空间为 $\{0,1,2,\cdots\}$，转移概率为

$$p(x, x+1) = p_x$$
$$当 x > 0 时 \quad p(x, x-1) = q_x$$
$$当 x \geqslant 0 时 \quad p(x, x) = r_x$$

其他情形，$p(x,y) = 0$. 令 $V_y = \min\{n \geqslant 0 : X_n = y\}$ 表示首次访问 y 的时刻，令 $h_N(x) = P_x(V_N < V_0)$. 通过考虑第一步转移的情况，我们可以写出

$$h_N(x) = p_x h_N(x+1) + r_x h_N(x) + q_x h_N(x-1)$$

设 $h_N(1) = c_N$ 并求解方程推导出 0 是常返的当且仅当 $\sum_{y=1}^{\infty} \prod_{x=1}^{y-1} q_x/p_x = \infty$，其中约定 $\prod_{x=1}^{0} = 1$.

1.71 为了理解上一道习题中条件的含义，我们现在考虑一些具体的例子. 对 $x \geqslant 1$，令 $p_x = 1/2, q_x = e^{-cx^{-\alpha}}/2, r_x = 1/2 - q_x$ 且 $p_0 = 1$. 对足够大的 x，$q_x \approx (1 - cx^{-\alpha})/2$，但是指数表达式使得概率非负，从而问题容易求解. 证明：如果 $\alpha > 1$ 或者 $\alpha = 1$ 并且 $c \leqslant 1$ 时该链是常返的，其他情况下该链是非常返的.

1.72 考虑状态空间是 $\{0,1,2,\cdots\}$ 的 Markov 链，转移概率为

$$当 m \geqslant 0 时 \quad p(m, m+1) = \frac{1}{2}\left(1 - \frac{1}{m+2}\right)$$

$$当 m \geqslant 1 时 \quad p(m, m-1) = \frac{1}{2}\left(1 + \frac{1}{m+2}\right)$$

$p(0,0) = 1 - p(0,1) = 3/4$. 求平稳分布 π.

1.73 考虑状态空间是 $\{1,2,\cdots\}$ 的 Markov 链，其转移概率是

$$当 m \geqslant 1 时 \quad p(m, m+1) = m/(2m+2)$$
$$当 m \geqslant 2 时 \quad p(m, m-1) = 1/2$$
$$当 m \geqslant 2 时 \quad p(m, m) = 1/(2m+2)$$

并且 $p(1,1) = 1 - p(1,2) = 3/4$. 证明它不存在平稳分布.

1.74 考虑 $\{0,1,2,\cdots\}$ 上的老化链，其中当 $n \geqslant 0$ 时，个体以概率 p_n 从 n 转移到 $n+1$，于是老了一天；个体以概率 $1 - p_n$ 死亡并返回到年龄 0. 求能保证(a) 0 是常返的条件. （b）0 是正常返的条件. (c) 求平稳分布.

1.75 与老化链相对的是更新链，其状态空间为 $\{0,1,2,\cdots\}$，且当 $i > 0$ 时，$p(i, i-1) = 1$. 转移概率中唯一不平凡的部分是 $p(0,i) = p_i$. 证明该链总是常返的，但当且仅当 $\sum_n np_n < \infty$ 时该链为正常返的.

1.76 考虑在例 1.8 中定义的分支过程，其中每个家庭都恰好有 3 个孩子，但是与 Galton 和 Watson 的最初考虑想法不同的是，这里忽略男孩子. 在这个模型中一个妈妈平均有 1.5 个女儿. 计算一个妇女的后代将会消亡的概率.

1.77 考虑在例 1.8 中定义的分支过程，这里每个家庭拥有孩子的个数服从几何分布，即当 $k \geqslant 0$ 时，$p_k = p(1-p)^k$，它表示的是成功的概率为 p，且 k 是第一次成功之前失败的次数. 计算该链从一个个体开始，最终吸收于状态 0 的概率.

第 2 章　Poisson 过程

2.1　指数分布

为讨论 Poisson 过程做准备，我们需要回想一下指数分布的定义和它的一些基本性质。称一个随机变量 T 服从**速率为 λ 的指数分布**或者表示为 $T = \text{exponential}(\lambda)$，如果它满足

$$\text{对于任意的 } t \geqslant 0，有 P(T \leqslant t) = 1 - e^{-\lambda t} \tag{2.1}$$

这里我们用**分布函数** $F(t) = P(T \leqslant t)$ 来描述指数分布。我们也可以利用**密度函数** $f_T(t)$ 给出指数分布的定义，其中密度函数是分布函数的导数。

$$f_T(t) = \begin{cases} \lambda e^{-\lambda t} & t \geqslant 0 \\ 0 & t < 0 \end{cases} \tag{2.2}$$

对 $f(t) = t$ 和 $g'(t) = \lambda e^{-\lambda t}$ 进行分部积分，

$$ET = \int t\, f_T(t)\,\mathrm{d}t = \int_0^\infty t \cdot \lambda e^{-\lambda t}\,\mathrm{d}t$$

$$= -t e^{-\lambda t}\,|_0^\infty + \int_0^\infty e^{-\lambda t}\,\mathrm{d}t = 1/\lambda \tag{2.3}$$

对 $f(t) = t^2$ 和 $g'(t) = \lambda e^{-\lambda t}$ 进行分部积分，根据 ET 的公式，可以看出

$$ET^2 = \int t^2\, f_T(t)\,\mathrm{d}t = \int_0^\infty t^2 \cdot \lambda e^{-\lambda t}\,\mathrm{d}t$$

$$= -t^2 e^{-\lambda t}\,|_0^\infty + \int_0^\infty 2t e^{-\lambda t}\,\mathrm{d}t = 2/\lambda^2 \tag{2.4}$$

93

因此方差为

$$\text{var}\,(T) = ET^2 - (ET)^2 = 1/\lambda^2 \tag{2.5}$$

尽管需要用微积分计算来得到期望和方差的确切值，但容易看出期望和方差是如何依赖于 λ 的。令 $T = \text{exponential}(\lambda)$，即 T 服从速率为 λ 的指数分布，令 $S = \text{exponential}(1)$。为了验证 S/λ 与 T 具有相同的分布，我们运用（2.1）来推导出

$$P(S/\lambda \leqslant t) = P(S \leqslant \lambda t) = 1 - e^{-\lambda t} = P(T \leqslant t)$$

回想一下，若 c 是任意实数，则 $E(cX) = cEX$，$\text{var}\,(cX) = c^2 \text{var}(X)$，那么可以看出

$$ET = ES/\lambda \qquad \text{var}(T) = \text{var}(S)/\lambda^2$$

无记忆性

一个刻画此性质的传统例子是等待一个不可靠的公交车司机。用文字叙述为"如果我们已经等待了 t 单位的时间，那么我们还需要继续等待 s 单位的时间的概率与我们之前根本没有等待过一样"。用符号表示为

$$P(T > t + s \mid T > t) = P(T > s) \tag{2.6}$$

为了证明这一结果，我们回想一下，如果 $B \subset A$，那么 $P(B \mid A) = P(B)/P(A)$，于是

$$P(T > t + s \mid T > t) = \frac{P(T > t + s)}{P(T > t)} = \frac{e^{-\lambda(t+s)}}{e^{-\lambda t}} = e^{-\lambda s} = P(T > s)$$

其中在第三步中我们使用了 $e^{a+b} = e^a e^b$ 的事实.

指数分布排序

令 $S = \text{exponential}(\lambda)$, $T = \text{exponential}(\mu)$ 且二者相互独立. 为了使 S 和 T 中的最小值大于 t, S 和 T 的取值都必须大于 t. 据此和独立性条件, 有

$$P(\min(S,T) > t) = P(S > t, T > t) = P(S > t)P(T > t)$$
$$= e^{-\lambda t} e^{-\mu t} = e^{-(\lambda+\mu)t} \tag{2.7}$$

这意味着 $\min(S,T)$ 服从速率为 $\lambda + \mu$ 的指数分布. 很容易将上述计算推广到独立随机变量序列 $T_1, \cdots, T_n$ 的情形, 其中 $T_i = \text{exponential}(\lambda_i)$.

$$P(\min(T_1, \cdots, T_n) > t) = P(T_1 > t, \cdots, T_n > t)$$
$$= \prod_{i=1}^{n} P(T_i > t) = \prod_{i=1}^{n} e^{-\lambda_i t} = e^{-(\lambda_1 + \cdots + \lambda_n)t} \tag{2.8}$$

这意味着几个服从指数分布的独立随机变量序列的最小值 $\min(T_1, \cdots, T_n)$ 仍然服从指数分布, 并且其速率等于这些速率之和, 即 $\lambda_1 + \cdots + \lambda_n$.

上一段中我们已经计算出指数分布随机变量之间比赛的持续时间. 现在我们要考虑: "谁将第一个完成比赛?" 回到两个随机变量的情形, 我们根据 S 的取值进行分解, 然后对分布函数 (2.1) 和密度函数 (2.2) 运用独立性条件, 推导得出

$$P(S < T) = \int_0^\infty f_S(s) P(T > s) \, ds$$
$$= \int_0^\infty \lambda e^{-\lambda s} e^{-\mu s} \, ds$$
$$= \frac{\lambda}{\lambda + \mu} \int_0^\infty (\lambda + \mu) e^{-(\lambda+\mu)s} \, ds = \frac{\lambda}{\lambda + \mu} \tag{2.9}$$

其中在最后一行中我们用到了 $(\lambda + \mu) e^{-(\lambda+\mu)s}$ 是一个密度函数的事实, 因此其积分值是 1.

根据对两个随机变量的计算过程, 你应该可以猜出, 若 $T_1, \cdots, T_n$ 是独立的指数分布随机变量序列, 则

$$P(T_i = \min(T_1, \cdots, T_n)) = \frac{\lambda_i}{\lambda_1 + \cdots + \lambda_n} \tag{2.10}$$

也就是说, 第 i 个变量第一个完成比赛的概率与其速率成正比.

证明   令 $S = T_i$, U 为所有 $j \neq i$ 的 T_j 中的最小值. 根据式 (2.8) 可知 U 服从参数为

$$\mu = (\lambda_1 + \cdots + \lambda_n) - \lambda_i$$

的指数分布, 因此利用两个随机变量的结论, 有

$$P(T_i = \min(T_1, \cdots, T_n)) = P(S < U) = \frac{\lambda_i}{\lambda_i + \mu} = \frac{\lambda_i}{\lambda_1 + \cdots + \lambda_n}$$

所需结论得证.

令 I 表示最小的随机变量 T_i 的 (随机) 下标. 用符号表示为

$$P(I = i) = \frac{\lambda_i}{\lambda_1 + \cdots + \lambda_n}$$

你可能以为速率较大的 T_i 更有可能早点赢得比赛. 然而

$$I \text{ 和 } V = \min\{T_1, \cdots, T_n\} \text{ 是相互独立的.} \tag{2.11}$$

证明 令 $f_{i,V}(t)$ 表示 V 在集合 $I = i$ 上的密度函数. 要使得 i 是时刻 t 的第一, 则有 $T_i = t$, 其他 $T_j > t (j \neq i)$, 因此

$$
\begin{aligned}
f_{i,V}(t) &= \lambda_i \mathrm{e}^{-\lambda_i t} \cdot \prod_{j \neq i} \mathrm{e}^{-\lambda_j t} \\
&= \frac{\lambda_i}{\lambda_1 + \cdots + \lambda_n} \cdot (\lambda_1 + \cdots + \lambda_n) \mathrm{e}^{-(\lambda_1 + \cdots + \lambda_n) t} \\
&= P(I = i) \cdot f_V(t)
\end{aligned}
$$

因为 V 服从速率为 $(\lambda_1 + \cdots + \lambda_n)$ 的指数分布. ◀

本节的最后一个结论关注指数分布随机变量之和.

定理 2.1 令 $\tau_1, \tau_2, \cdots$ 是独立随机变量, 均服从 exponential (λ) 分布. 那么和 $T_n = \tau_1 + \cdots + \tau_n$ 服从 gamma (n, λ) 分布. 也就是说, T_n 的密度函数为

$$f_{T_n}(t) = \lambda \mathrm{e}^{-\lambda t} \cdot \frac{(\lambda t)^{n-1}}{(n-1)!} \qquad t \geqslant 0 \tag{2.12}$$

其他情形为 0.

证明 对 n 运用归纳法证明. 当 $n = 1$ 时, T_1 服从 exponential (λ) 分布. 回忆任意正实数的 0 次幂都是 1, 且按惯例约定 $0! = 1$, 密度函数公式简化为

$$f_{T_1}(t) = \lambda \mathrm{e}^{-\lambda t}$$

我们已经证明了当 $n = 1$ 时结论成立.

运用归纳法, 假定公式在 n 时成立. 根据 T_n 的值将和 $T_{n+1} = T_n + \tau_{n+1}$ 进行分解, 并利用 T_n 和 τ_{n+1} 的独立性, 有

$$f_{T_{n+1}}(t) = \int_0^t f_{T_n}(s) f_{\tau_{n+1}}(t-s) \mathrm{d}s$$

将公式 (2.12) 代入第一项, 指数密度函数代入第二项, 并应用 $\mathrm{e}^a \mathrm{e}^b = \mathrm{e}^{a+b}$ 的事实, 这里 $a = -\lambda s$, $b = -\lambda(t-s)$, 可得

$$\int_0^t \lambda \mathrm{e}^{-\lambda s} \frac{(\lambda s)^{n-1}}{(n-1)!} \cdot \lambda \mathrm{e}^{-\lambda(t-s)} \mathrm{d}s = \mathrm{e}^{-\lambda t} \lambda^n \int_0^t \frac{s^{n-1}}{(n-1)!} \mathrm{d}s = \lambda \mathrm{e}^{-\lambda t} \frac{\lambda^n t^n}{n!}$$

证明完成. ◀

2.2 Poisson 过程的定义

在本节中我们将给出**速率为 λ 的 Poisson 过程**的两种定义. 第一种是我们的官方定义, 是一种很好的定义方式, 因为根据此定义可以很容易地构造出过程.

定义 令 $\tau_1, \tau_2, \cdots$ 是独立随机变量, 均服从 exponential (λ) 分布. 当 $n \geqslant 1$ 时, 令 $T_n = \tau_1 + \cdots + \tau_n$, $T_0 = 0$, 定义 $N(s) = \max\{n : T_n \leqslant s\}$.

我们将 τ_n 理解为到达一家银行的两个顾客到来时刻的时间间隔, 因此 $T_n = \tau_1 + \cdots + \tau_n$ 是第 n 个顾客的到达时刻, $N(s)$ 表示在时刻 s 之前到达的顾客数. 为验证刚才的解释, 考虑下面的例子 (见图 2-1):

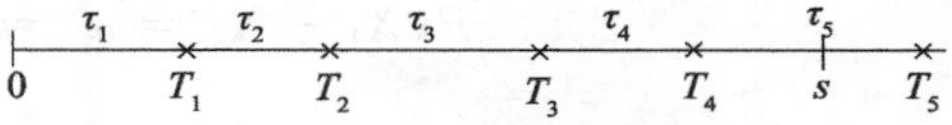

图 2-1 Poisson 过程的定义

注意到当 $T_4 \leqslant s < T_5$ 时, $N(s) = 4$, 也就是在时刻 s 时第 4 个顾客已经到达, 而第 5 个顾客还没有来到.

回想一下, 如果

$$P(X = n) = \mathrm{e}^{-\lambda} \frac{\lambda^n}{n!} \qquad n = 0, 1, 2, \cdots$$

那么我们称 X 是服从均值为 λ 的 **Poisson 分布**, 或者简记为 $X = \mathrm{Poisson}(\lambda)$. 为了解释 $N(s)$ 被称为 Poisson 过程而不是指数过程的原因, 我们计算 $N(s)$ 的分布.

引理 2.2 $N(s)$ 服从均值为 λs 的 Poisson 分布.

证明 当且仅当 $T_n \leqslant s < T_{n+1}$ 时, $N(s) = n$, 即第 n 个顾客在时刻 s 之前到达, 第 $n+1$ 个顾客在时刻 s 之后到达. 根据 $T_n = t$ 的值进行分解, 注意, 要使得 $T_{n+1} > s$, 必须有 $\tau_{n+1} > s - t$, 另外 τ_{n+1} 和 T_n 相互独立, 从而

$$P(N(s) = n) = \int_0^s f_{T_n}(t) P(\tau_{n+1} > s - t) \mathrm{d}t$$

现在将 (2.12) 代入, 上述等式

$$= \int_0^s \lambda \mathrm{e}^{-\lambda t} \frac{(\lambda t)^{n-1}}{(n-1)!} \cdot \mathrm{e}^{-\lambda(s-t)} \mathrm{d}t$$

$$= \frac{\lambda^n}{(n-1)!} \mathrm{e}^{-\lambda s} \int_0^s t^{n-1} \mathrm{d}t = \mathrm{e}^{-\lambda s} \frac{(\lambda s)^n}{n!}$$

所需结论得证. ◀

因为这是我们第一次提到 Poisson 分布, 所以现在先来推导一些它的基本性质.

定理 2.3 对任意 $k \geqslant 1$,

$$EX(X-1)\cdots(X-k+1) = \lambda^k \tag{2.13}$$

从而 $\mathrm{var}(X) = \lambda$.

97

证明 如果 $X \leqslant k-1$, $X(X-1)\cdots(X-k+1) = 0$, 因此

$$EX(X-1)\cdots(X-k+1) = \sum_{j=k}^{\infty} \mathrm{e}^{-\lambda} \frac{\lambda^j}{j!} j(j-1)\cdots(j-k+1)$$

$$= \lambda^k \sum_{j=k}^{\infty} \mathrm{e}^{-\lambda} \frac{\lambda^{j-k}}{(j-k)!} = \lambda^k$$

因为求和项给出了 Poisson 分布所有取值的和. 应用 $\mathrm{var}(X) = E(X(X-1)) + EX - (EX)^2$, 推导得出

$$\mathrm{var}(X) = \lambda^2 + \lambda - (\lambda)^2 = \lambda$$
◀

定理 2.4 如果 X_i 是相互独立的 Poisson (λ_i) 分布, 那么

$$X_1 + \cdots + X_k = \mathrm{Poisson}(\lambda_1 + \cdots + \lambda_n)$$

证明 只需要证明 $k = 2$ 的情形, 对于一般情形可根据归纳法证明

$$P(X_1 + X_2 = n) = \sum_{m=0}^{n} P(X_1 = m) P(X_2 = n - m)$$

$$= \sum_{m=0}^{n} \mathrm{e}^{-\lambda_1} \frac{(\lambda_1)^m}{m!} \cdot \mathrm{e}^{-\lambda_2} \frac{(\lambda_2)^{n-m}}{(n-m)!}$$

由于已经知道我们想要的结论, 因此我们可以将上述表达式写为

$$\mathrm{e}^{-(\lambda_1+\lambda_2)}\frac{(\lambda_1+\lambda_2)^n}{n!}\cdot\sum_{m=0}^{n}\binom{n}{m}\left(\frac{\lambda_1}{\lambda_1+\lambda_2}\right)^m\left(\frac{\lambda_2}{\lambda_1+\lambda_2}\right)^{n-m}$$

由于求和项为二项分布 binomial(n,p) 的所有取值的概率之和，其中 $p=\lambda_1/(\lambda_1+\lambda_2)$，因此求和项值为 1. 求和项外边的项是所求 Poisson 分布的概率，因此所需结论得证. ◀

引理 2.2 中关于 Poisson 过程的性质是我们对它的第二种定义的第一部分. 为了给出定义的第二部分，我们证明一个 Markov 性.

引理 2.5　$N(t+s)-N(s)\,(t\geqslant0)$ 是一个速率为 λ 的 Poisson 过程，且与 $N(r)\,(0\leqslant r\leqslant s)$ 相互独立.

为什么这是正确的？为了具体起见，假设（这样我们可以再次利用这一节开头给出的图 2-1）直到时刻 s，已经有 4 个到达 T_1,T_2,T_3,T_4，它们发生的时刻分别为 t_1,t_2,t_3,t_4. 我们知道等待第 5 个到达需要的时间必然满足 $\tau_5>s-t_4$，但是由于指数分布的无记忆性式 (2.6)

$$P(\tau_5>s-t_4+t\mid\tau_5>s-t_4)=P(\tau_5>t)=\mathrm{e}^{-\lambda t}$$

这说明在时刻 s 之后的第一个到达的分布服从 exponential(λ) 分布，并且与 T_1,T_2,T_3,T_4 独立. 显然 $\tau_6,\tau_7,\cdots$ 与 T_1,T_2,T_3,T_4 和 τ_5 独立. 也就是说时刻 s 之后的到达时间间隔是独立的 exponential(λ) 分布，因此 $N(t+s)-N(s)\,(t\geqslant0)$ 是一个 Poisson 过程. ◀

根据引理 2.5，我们很容易得到如下结论.

引理 2.6　$N(t)$ **具有独立增量性：**若 $t_0<t_1<\cdots<t_n$，那么

$$N(t_1)-N(t_0),N(t_2)-N(t_1),\cdots,N(t_n)-N(t_{n-1})\ 相互独立$$

为什么这是正确的？引理 2.5 蕴含着 $N(t_n)-N(t_{n-1})$ 和 $N(r)$ 独立，$r\leqslant t_{n-1}$，于是 $N(t_n)-N(t_{n-1})$ 和 $N(t_{n-1})-N(t_{n-2}),\cdots,N(t_1)-N(t_0)$ 独立. 所需结论可根据归纳法证明. ◀

现在我们准备好给出第二种定义了. 它是按照过程 $\{N(s):s\geqslant0\}$ 是在 $[0,s]$ 上的计数来给出的.

定理 2.7　如果 $\{N(s):s\geqslant0\}$ 是一个 Poisson 过程，那么

(i) $N(0)=0$.

(ii) $N(t+s)-N(s)=\mathrm{Poisson}(\lambda t)$.

(iii) $N(t)$ 具有独立增量性.

反之，如果 (i)、(ii)、(iii) 均成立，那么 $\{N(s):s\geqslant0\}$ 是一个 Poisson 过程.

为什么这是正确的？显然 (i) 成立. 根据引理 2.2 和引理 2.6 可证明 (ii) 和 (iii). 为证明逆命题成立，令 T_n 表示第 n 个到达发生的时刻. 第一个到达发生在时刻 t 之后当且仅当在 $[0,t]$ 没有到达. 从而应用 Poisson 分布的公式有

$$P(\tau_1>t)=P(N(t)=0)=\mathrm{e}^{-\lambda t}$$

这说明了 $\tau_1=T_1$ 服从 exponential(λ). 对于 $\tau_2=T_2-T_1$，注意到，由 (iii) 中的独立增量性有

$$\begin{aligned}P(\tau_2>t\mid\tau_1=s)&=P(在\,(s,s+t]\,没有到达\mid\tau_1=s)\\&=P(N(t+s)-N(s)=0\mid N(r)=0,当\,r<s\,时\,N(s)=1)\\&=P(N(t+s)-N(s)=0)=\mathrm{e}^{-\lambda t}\end{aligned}$$

因此 τ_2 服从 exponential(λ) 分布且与 τ_1 独立. 重复上述过程, 我们可以看到 $\tau_1, \tau_2, \cdots$ 相互独立, 均服从 exponential (λ) 分布. ◀

到现在为止, 我们一直在关注 Poisson 过程定义的机制, 所以读者可能会疑惑:

为什么 Poisson 过程在应用中这么重要? 我们的答案基于二项分布的 Poisson 逼近. 假设在杜克大学校园里有 n 个学生, 他们每个人通过抛掷硬币的方式决定他们在 12:17 到 12:18 之间是否去 Great Hall (餐厅), 其中头像朝上的概率是 λ/n. 在这一分钟的时间间隔中恰好有 k 个学生去餐厅的概率服从二项分布 binomial ($n, \lambda/n$):

$$\frac{n(n-1)\cdots(n-k+1)}{k!}\left(\frac{\lambda}{n}\right)^k\left(1-\frac{\lambda}{n}\right)^{n-k} \tag{2.14}$$

定理 2.8 若 n 足够大, 则二项分布 binomial($n, \lambda/n$) 近似为 Poisson(λ) 分布.

证明 交换式 (2.14) 前两个分式的分子, 并将最后一项拆分为两部分, 则式 (2.14) 变为

$$\frac{\lambda^k}{k!} \cdot \frac{n(n-1)\cdots(n-k+1)}{n^k} \cdot \left(1-\frac{\lambda}{n}\right)^n\left(1-\frac{\lambda}{n}\right)^{-k} \tag{2.15}$$

分别考虑这四项, 我们有

(i) $\lambda^k/k!$ 不依赖于 n.

(ii) 分子有 k 项, 分母也有 k 项, 因此我们可以将分式写为

$$\frac{n}{n} \cdot \frac{n-1}{n} \cdots \frac{n-k+1}{n}$$

对任意 j, 当 $n \to \infty$ 时, 有 $(n-j)/n \to 1$, 因此当 $n \to \infty$ 时, 第二项收敛于 1.

(iii) 跳至式 (2.15) 中的最后一项, $\lambda/n \to 0$, 因此 $1-\lambda/n \to 1$. 幂 $-k$ 是固定的, 从而

$$\left(1-\frac{\lambda}{n}\right)^{-k} \to 1^{-k} = 1$$

(iv) 我们分离出最后一项, 使得容易借助微积分中的一个著名结论

$$当 n \to \infty 时 (1-\lambda/n)^n \to e^{-\lambda}$$

如果你之前没有见过此结论, 回忆

$$\log(1-x) = -x + x^2/2 + \cdots$$

[100] 因此当 $n \to \infty$ 时, 有 $n\log(1-\lambda/n) = -\lambda + \lambda^2/n + \cdots \to -\lambda$.

综合 (i) ∼ (iv), 我们看到 (2.15) 收敛于

$$\frac{\lambda^k}{k!} \cdot 1 \cdot e^{-\lambda} \cdot 1$$

这是均值为 λ 的 Poisson 分布. ◀

通过推广上述结论, 我们也可以看出为什么在两个不相交的时间间隔里到达的个数相互独立. 用多项分布代替二项分布, 我们看出在 12:17 到 12:18 之间恰好有 j 个人去餐厅, 且在 12:31 到 12:33 之间恰好有 k 个人去餐厅的概率是

$$\frac{n!}{j!k!(n-j-k)!}\left(\frac{\lambda}{n}\right)^j\left(\frac{2\lambda}{n}\right)^k\left(1-\frac{3\lambda}{n}\right)^{n-(j+k)}$$

整理得

$$\frac{(\lambda)^j}{j!} \cdot \frac{(2\lambda)^k}{k!} \cdot \frac{n(n-1)\cdots(n-j-k+1)}{n^{j+k}} \cdot \left(1-\frac{3\lambda}{n}\right)^{n-(j+k)}$$

同上面的推理，可以证明当 n 足够大时，它近似于

$$\frac{(\lambda)^j}{j!} \cdot \frac{(2\lambda)^k}{k!} \cdot 1 \cdot e^{-3\lambda}$$

记 $e^{-\lambda} = e^{-\lambda/3} e^{-2\lambda/3}$ 并将上式进行整理，我们可以将其写为

$$e^{-\lambda} \frac{\lambda^j}{j!} \cdot e^{-2\lambda} \frac{(2\lambda)^k}{k!}$$

这说明在我们选择的这两个时间间隔内到达的人数是相互独立的 Poisson 分布，均值分别为 λ 和 2λ.

可以很容易地推广上述证明来说明如果我们将 12：00 到 1：00 这一小时划分为任意个时间间隔，那么在这些时间间隔到达的人数服从独立的具有相应均值的 Poisson 分布. 然而，写出这个论述过程会非常麻烦.

更实际的模型

上面推导过程的两个缺陷是：

（i）假定所有的学生去 Great Hall 的概率都恰好相等.

（ii）在一段给定的时间间隔内到达的概率是一个常数乘以时间间隔的长度，因此学生在这一小时内到达的速率是常数. 而事实上在 10：10～11：25 的课堂结束后的 11：30 到 11：45 之间有大批的人涌入 Great Hall.

（i）是一个非常强的假定条件，但是可以通过使用一个如下所示的更一般的 Poisson 近似结果来减弱：

定理 2.9 令 $X_{n,m}(1 \leqslant m \leqslant n)$ 是独立随机变量，$P(X_m = 1) = p_m$，$P(X_m = 0) = 1 - p_m$. 令

$$S_n = X_1 + \cdots + X_n, \lambda_n = ES_n = p_1 + \cdots + p_n$$

$Z_n = \text{Poisson}(\lambda_n)$. 那么对任意集合 A，都有

$$|P(S_n \in A) - P(Z_n \in A)| \leqslant \sum_{m=1}^{n} p_m^2$$

为什么这是正确的？若 X、Y 是取值为整数的随机变量，则对任意集合 A，有

$$|P(X \in A) - P(Y \in A)| \leqslant \frac{1}{2} \sum_n |P(X = n) - P(Y = n)|$$

右边称为两个分布的**全变差距离**，表示为 $\|X - Y\|$. 若 $P(X = 1) = p$，$P(X = 0) = 1 - p$，$Y = \text{Poisson}(p)$，则

$$\sum_n |P(X = n) - P(Y = n)| = |(1-p) - e^{-p}| + |p - pe^{-p}| + 1 - (1+p)e^{-p}$$

由于 $1 \geqslant e^{-p} \geqslant 1 - p$，右边等于

$$e^{-p} - 1 + p + p - pe^{-p} + 1 - e^{-p} - pe^{-p} = 2p(1 - e^{-p}) \leqslant 2p^2$$

令 $Y_m = \text{Poisson}(p_m)$ 相互独立. 此时我们已经证明了 $\|X_i - Y_i\| \leqslant p_i^2$. 进一步可证明

$$\| (X_1 + \cdots + X_n) - (Y_1 + \cdots + Y_n) \| \leqslant \sum_{m=1}^{n} \| X_m - Y_m \|$$

所需结论得证.   ◀

因为定理 2.9 给出了 S_n 分布和均值为 $\lambda_n = ES_n$ 的 Poisson 分布差的界, 所以它是很有用的. 为了限定界, 注意到

$$\sum_{m=1}^{n} p_m^2 \leqslant \max_{k} p_k \left(\sum_{m=1}^{n} p_m \right)$$

是有用的, 如果 $\max_{k} p_k$ 比较小, 那么近似就好. 这与正态分布的通常启发是类似的: 总和来自于大量变量中每一个的微小贡献. 然而, 这里小的意思是以小的概率取值非零, 这些贡献的加和等于 1.

上述结论处理了问题 (i). 为了解决 (ii) 中提出的不同的到达速率问题, 我们将定义进行推广.

非齐次 Poisson 过程

我们称 $\{N(s) : s \geqslant 0\}$ 是一个速率为 $\lambda(r)$ 的 Poisson 过程, 若它满足

(i) $N(0) = 0$.

(ii) $N(t)$ 具有独立增量性.

(iii) $N(t) - N(s)$ 服从均值为 $\int_s^t \lambda(r) \mathrm{d}r$ 的 Poisson 分布.

在这种情况下第一种定义不是很好, 因为时间间隔 $\tau_1, \tau_2, \cdots$ 不再服从指数分布或者不再满足独立性条件. 为了证明第一个论断, 注意到由于 $N(t)$ 服从均值为 $\mu(t) = \int_0^t \lambda(s) \mathrm{d}s$ 的 Poisson 分布, 于是

$$P(\tau_1 > t) = P(N(t) = 0) = \mathrm{e}^{-\int_0^t \lambda(s)\,\mathrm{d}s}$$

求导可得密度函数是

$$P(\tau_1 = t) = -\frac{\mathrm{d}}{\mathrm{d}t} P(t_1 > t) = \lambda(t) \mathrm{e}^{-\int_0^t \lambda(s)\,\mathrm{d}s} = \lambda(t) \mathrm{e}^{-\mu(t)}$$

将上面计算进行推广, 可以证明联合分布是

$$f_{T_1, T_2}(u, v) = \lambda(u) \mathrm{e}^{-\mu(u)} \cdot \lambda(v) \mathrm{e}^{-(\mu(v) - \mu(u))}$$

变换变量为 $s = u, t = v - u$, 联合密度函数是

$$f_{\tau_1, \tau_2}(s, t) = \lambda(s) \mathrm{e}^{-\mu(s)} \cdot \lambda(s+t) \mathrm{e}^{-(\mu(s+t) - \mu(s))}$$

因此当 $\lambda(s)$ 不是常数时, τ_1, τ_2 不独立.

2.3 复合 Poisson 过程

在本节中我们把一列独立同分布 (i. i. d.) 的随机变量 Y_i 与每次到达相联系来修饰 Poisson 过程. 独立的意思是 Y_i 相互独立, 并且与 Poisson 过程的到达也独立. 为了解释选择这些假定条件的原因, 我们从两个例子开始.

例 2.1   考虑 Ithaca 南部 13 号路上的麦当劳店. 根据上一节的讨论, 假定在 12：00

到 1：00 之间汽车依据速率为 λ 的 Poisson 过程到达并不合理. 用 Y_i 表示第 i 辆汽车上的人数. 汽车上的人数和到达的时间之间可能存在某种相关, 例如, 更多家庭选择晚上去那里就餐, 但是作为一个近似而假定 Y_i 是相互独立的, 且与 Poisson 过程的到达时刻独立看起来也是合理的. ■

例 2.2 到达中央计算机的信息通过网络进行传输. 如果我们想象有大量的用户在与中央计算机相连的终端上工作, 那么可以用一个 Poisson 过程来描述信息的到达时刻. 如果我们令 Y_i 表示第 i 条信息的大小, 那么假定 $Y_1, Y_2, \cdots$ 独立同分布, 并且与 Poisson 过程的到达时刻独立也是合理的. ■

已经引入了 Y_i, 很自然地考虑时刻 t 之前我们已经观测到的 Y_i 的和:

$$S(t) = Y_1 + \cdots + Y_{N(t)}$$

其中若 $N(t) = 0$, 则我们令 $S(t) = 0$. 在例 2.1 中, $S(t)$ 给出了时刻 t 之前到达的顾客数. 在例 2.2 中, $S(t)$ 表示在时刻 t 之前到达的所有信息包含的总字节数. 在每一个例子中都对 $S(t)$ 的均值和方差感兴趣.

定理 2.10 令 $Y_1, Y_2, \cdots$ 表示独立同分布的随机变量, N 是一个取值为非负整数的随机变量, $S = Y_1 + \cdots + Y_N$, 当 $N = 0$ 时, $S = 0$.

(i) 若 $E|Y_i|, EN < \infty$, 则 $ES = EN \cdot EY_i$.

(ii) 若 $EY_i^2, EN^2 < \infty$, 则 $\mathrm{var}(S) = EN\,\mathrm{var}(Y_i) + \mathrm{var}(N)(EY_i)^2$.

(iii) 若 N 服从 Poisson(λ), 则 $\mathrm{var}(S) = \lambda EY_i^2$.

为什么这是合理的? 第一个结论是自然的, 因为如果 $N = n$ 非随机, 那么 $ES = nEY_i$. 通过设 $n = EN$ 可推出 (i). (ii) 中的公式更复杂, 但是很明显它有两个必要条件:

如果 $N = n$ 非随机, 那么 $\mathrm{var}(S) = n\,\mathrm{var}(Y_i)$.

如果 $Y_i = c$ 非随机, 那么 $\mathrm{var}(S) = c^2\,\mathrm{var}(N)$.

结合上面这两个观察结果, 我们发现 $EN\,\mathrm{var}(Y_i)$ 是来源于 Y_i 取值的差异性对方差的贡献, 而 $\mathrm{var}(N)(EY_i)^2$ 是来自于 N 取值不同而对方差产生的贡献.

证明 当 $N = n, S = Y_1 + \cdots + Y_n$ 时, $ES = nEY_i$. 根据 N 取值将 ES 分解, 有

$$ES = \sum_{n=0}^{\infty} E(S \mid N = n) \cdot P(N = n)$$

$$= \sum_{n=0}^{\infty} nEY_i \cdot P(N = n) = EN \cdot EY_i$$

从第二个公式我们注意到, 当 $N = n, S = Y_1 + \cdots + Y_n$ 时, $\mathrm{var}(S) = n\,\mathrm{var}(Y_i)$, 从而

$$E(S^2 \mid N = n) = n\,\mathrm{var}(Y_i) + (nEY_i)^2$$

同上面计算类似, 我们可得

$$ES^2 = \sum_{n=0}^{\infty} E(S^2 \mid N = n) \cdot P(N = n)$$

$$= \sum_{n=0}^{\infty} \{n \cdot \mathrm{var}(Y_i) + n^2(EY_i)^2\} \cdot P(N = n)$$

$$= (EN) \cdot \mathrm{var}(Y_i) + EN^2 \cdot (EY_i)^2$$

为了计算方差, 我们观察到

104

$$\mathrm{var}(S) = ES^2 - (ES)^2$$
$$= (EN) \cdot \mathrm{var}(Y_i) + EN^2 \cdot (EY_i)^2 - (EN \cdot EY_i)^2$$
$$= (EN) \cdot \mathrm{var}(Y_i) + \mathrm{var}(N) \cdot (EY_i)^2$$

其中在最后一步中我们使用了 $\mathrm{var}(N) = EN^2 - (EN)^2$ 来合并第二项和第三项.

对于 (iii), 注意到在 Poisson 分布这个特殊情形, 有 $EN = \lambda$ 和 $\mathrm{var}(N) = \lambda$, 因此根据 $\mathrm{var}(Y_i) + (EY_i)^2 = EY_i^2$ 可得结论. ◄

对于定理 2.10 的应用, 考虑一个具体的例子.

例 2.3   假设在一天到达一家销售酒的商店的顾客数服从均值为 81 的 Poisson 分布, 且每个顾客平均消费 8 元, 标准差是 6 元. 根据定理 2.10 的 (i), 商店一天的平均收入是 $81 \times 8 = 648$ 元. 应用 (iii), 我们看出总收入的方差是

$$81 \times (6^2 + 8^2) = 8100$$

收入的标准差是对方差取平方根, 即 90 元, 相比之下, 均值为 648 元. ■

2.4 变换

2.4.1 稀释

在 2.3 节中, 我们结合了 Poisson 过程的到达个数来对 Y_i 进行累计, 以此得到到达的顾客数, 即到时刻 t 已经累计的顾客数. 在本节中, 我们利用 Y_i 将一个 Poisson 过程拆分为几个 Poisson 过程. 令 $N_j(t)$ 表示满足 $i \leqslant N(t)$ 且 $Y_i = j$ 的个数. 在例 2.1 中, Y_i 表示第 i 辆汽车上的人数, $N_j(t)$ 表示的就是在时刻 t 之前已经到达并且恰好载有 j 个人的汽车数. 有点不平凡的事实如下.

定理 2.11 $N_j(t)$ 是速率为 $\lambda P(Y_i = j)$ 的独立 Poisson 过程.

这个结论为什么不平凡? 这里有两个 "令人惊奇" 之处: 得到的过程都是 Poisson 过程, 并且相互独立. 为了解释清楚这点, 考虑一个速率为每小时 10 人的 Poisson 过程, 然后通过抛掷硬币来确定到达的顾客是男性还是女性. 有人也许会认为在一小时内看到有 40 位男性到达可能暗示着有大量商务人士到达, 从而男性数目会大于正常到达的女性数目, 但定理 2.11 告诉我们, 每小时到达的男性和女性顾客人数是相互独立的.

证明   首先我们假定 $P(Y_i = 1) = p$, $P(Y_i = 2) = 1 - p$, 从而这里仅需要考虑两个 Poisson 过程: $N_1(t)$ 和 $N_2(t)$. 我们将对定理 2.7 给出的第二种定义进行验证. 显然 Poisson 过程的独立增量性意味着成对的增量

$$(N_1(t_i) - N_1(t_{i-1}), N_2(t_i) - N_2(t_{i-1})), \quad 1 \leqslant i \leqslant n$$

是相互独立的. 根据定义 $N_1(0) = N_2(0) = 0$, 因此仅需验证增量 $X_i = N_i(t+s) - N_i(s)$ 相互独立, 并且恰好服从 Poisson 分布. 为此, 注意到, 如果 $X_1 = j, X_2 = k$, 那么在 s 和 $s + t$ 之间必然有 $j + k$ 个到达, 指定 j 表示 1 的到达数, k 表示 2 的到达数, 于是

$$P(X_1 = j, X_2 = k) = \mathrm{e}^{-\lambda t} \frac{(\lambda t)^{j+k}}{(j+k)!} \cdot \frac{(j+k)!}{j!k!} p^j (1-p)^k$$

$$= e^{-\lambda pt} \frac{(\lambda pt)^j}{j!} e^{-\lambda(1-p)t} \frac{(\lambda(1-p)t)^k}{k!} \qquad (2.16)$$

因此 $X_1 = \text{Poisson}(\lambda pt)$，$X_2 = \text{Poisson}(\lambda(1-p)t)$. 对于一般情形，我们利用多项分布推导，如果 $p_j = P(Y_i = j)$，其中 $1 \leqslant j \leqslant m$，那么

$$P(X_1 = k_1, \cdots, X_m = k_m)$$

$$= e^{-\lambda t} \frac{(\lambda t)^{k_1 + \cdots + k_m}}{(k_1 + \cdots + k_m)!} \frac{(k_1 + \cdots + k_m)!}{k_1! \cdots k_m!} p_1^{k_1} \cdots p_m^{k_m}$$

$$= \prod_{j=1}^{m} e^{-\lambda p_j t} \frac{(\lambda p_j t)^{k_j}}{k_j!}$$

所需结论得证. ◀

稀释的结论容易推广到非齐次情形.

定理 2.12 假定在一个速率为 λ 的 Poisson 过程中，我们控制每个点在 s 时刻到达的概率是 $p(s)$. 则结果是速率为 $\lambda p(s)$ 的非齐次 Poisson 过程. ◀

关于此结论的一个应用，考虑以下例子.

例 2.4 **$M/G/\infty$ 排队系统** 在描述电话服务系统的模型中，作为第一个近似，我们可以假定电话线根数是无穷多，即每一个想拨打电话的人都可以找到一根空闲的电话线. 这当然并不总是成立的，但是在分析模型时，假装此条件是成立的可以帮助我们去发现需要多少根电话线才能使得 99.99% 的时间系统都能提供服务.

根据到达 Great Hall 的人数的论断可以知道，开始的电话数服从一个 Poisson 过程. 就电话本身而言，尽管打电话的人数表现出了无记忆性，但是，没有理由假定一通电话的持续时间为一个指数分布. 因此我们用一个一般分布 G 表示，$G(0) = 0$，均值为 μ. 假定系统在时刻 0 开始，开始时为空闲状态. 一通电话在时刻 s 开始并在时刻 t 结束的概率是 $G(t-s)$，因此根据定理 2.12，在时刻 t 仍然保持通话的电话数服从 Poisson 过程，均值为

$$\int_{s=0}^{t} \lambda(1 - G(t-s)) \mathrm{d}s = \lambda \int_{r=0}^{t} (1 - G(r)) \mathrm{d}r$$

令 $t \to \infty$ 并运用（A.22）可知，从长远看此系统中的电话数为 Poisson 过程，均值为

$$\lambda \int_{r=0}^{\infty} (1 - G(r)) \mathrm{d}r = \lambda\mu$$

也就是说，系统中的平均电话数就是电话呼叫的速率乘以它们平均的通话时间. 在上述论证中我们假定系统从空闲时开始. 由于当 $t \to \infty$ 时，初始的电话仍然处于系统中的个数将递减到 0，因此这个极限值对于任意初始呼叫数 X_0 都成立. ∎

2.4.2 叠加

对一个 Poisson 过程，将一个独立同分布的序列 Y_i 拆分为两个或者更多个过程的做法称为**稀释**. 从另一个方向，将许多个独立的过程进行求和称为**叠加**. 既然一个 Poisson 过程可以拆分为多个独立的 Poisson 过程，那么就不应该很奇怪，当独立的 Poisson 过程放在一起时，它们的和是一个 Poisson 过程，并且其速率为这些独立 Poisson 过程的速率之和.

定理 2.13 假设 $N_1(t), \cdots, N_k(t)$ 是独立的 Poisson 过程，速率分别为 $\lambda_1, \cdots, \lambda_k$，则

$N_1(t) + \cdots + N_k(t)$ 是一个 Poisson 过程，并且速率为 $\lambda_1 + \cdots + \lambda_k$.

证明   同样我们仅考虑 $k = 2$ 情形，根据定理 2.7 中给出的第二种定义方式进行验证. 易见求和具有独立增量性且 $N_1(0) + N_2(0) = 0$. 根据定理 2.4 可得增量恰好服从 Poisson 分布的事实.   ◀

在第 4 章中我们将看到对连续时间 Markov 链进行计算机模拟时，叠加和稀释的思想非常有用. 现在我们将说明它们应用在 Poisson 过程之间比赛结果的计算上.

例 2.5 **一个 Poisson 比赛**   红队是一个速率为 λ 的 Poisson 过程，绿队是一个与之独立的速率为 μ 的 Poisson 过程，在 4 个绿队队员到达之前第 6 个红队队员已经到达的概率是多少？

解   第一步，注意到，要求解的事件等价于在前 9 个中至少有 6 个红队队员到达. 如果此事件发生，那么在第 6 个红队队员到达之前最多有 3 个绿队队员已经到达. 另一方面，如果在前 9 个中有 5 个或 4 个红队队员，那么至少有 4 个红队队员到达，最多有 5 个绿队队员到达.

将红队和绿队的 Poisson 过程看做以速率 $\lambda + \mu$ 的 Poisson 过程开始，并通过投掷硬币的方式来决定颜色而生成的过程，硬币正面出现的概率为 $p = \lambda/(\lambda + \mu)$，我们发现所关注问题的概率是

$$\sum_{k=6}^{9} \binom{9}{k} p^k (1-p)^{9-k}$$

如果简化假定条件，设 $\lambda = \mu$，则 $p = 1/2$，上述表达式变为

$$\frac{1}{512} \times \sum_{k=6}^{9} \binom{9}{k} = \frac{1 + 9 + (9 \times 8)/2 + (9 \times 8 \times 7)/3!}{512} = \frac{140}{512} = 0.273$$ ■

2.4.3 条件分布

令 $T_1, T_2, T_3, \cdots$ 是速率为 λ 的 Poisson 过程的到达时刻，$U_1, U_2, \cdots, U_n$ 独立且服从 $[0, t]$ 上的均匀分布，$V_1 < \cdots < V_n$ 是将 U_i 重新排列后的递增序列. 本节将主要证明以下非平凡的事实.

定理 2.14   若我们以 $N(t) = n$ 为条件，则向量 $(T_1, T_2, \cdots, T_n)$ 的分布同 $(V_1, V_2, \cdots, V_n)$ 的分布一样，因此到达时刻的集合 $\{T_1, T_2, \cdots, T_n\}$ 的分布同 $\{U_1, U_i, \cdots, U_n\}$ 的分布一样.

为什么这是正确的？首先，考虑在已知时刻 t 之前有 3 个到达，求这 3 个到达时刻 (T_1, T_2, T_3) 的联合密度函数. 除了 $0 < v_1 < v_2 < v_3 < t$ 外，其他情形发生的概率为 0. 为了计算此情形下的结果，注意到，$P(N(t) = 4) = e^{-\lambda t}(\lambda t)^3/3!$，为了有 $T_1 = t_1, T_2 = t_2$, $T_3 = t_3, N(t) = 4$，必须有 $\tau_1 = t_1, \tau_2 = t_2 - t_1, \tau_3 = t_3 - t_2$ 且 $\tau > t - t_3$，因此所求的条件分布

$$= \frac{\lambda e^{-\lambda t_1} \cdot \lambda e^{-\lambda(t_2 - t_1)} \cdot \lambda e^{-\lambda(t_3 - t_2)} \cdot e^{-\lambda(t - t_3)}}{e^{-\lambda t}(\lambda t)^3/3!}$$

$$= \frac{\lambda^3 e^{-\lambda t}}{e^{-\lambda t}(\lambda t)^3/3!} = \frac{3!}{t^3}$$

注意到结果并不依赖于 v_1, v_2, v_3 的值（只要满足 $0 < v_1 < v_2 < v_3 < t$），因此条件分布是

$$\{(v_1, v_2, v_3) \colon 0 < v_1 < v_2 < v_3 < t\}$$

上的均匀分布. 这一集合的体积是 $t^3/3!$, 因为 $\{(v_1, v_2, v_3) \colon 0 < v_1, v_2, v_3 < t\}$ 的体积是 t^3, 且 $v_1 < v_2 < v_3$ 为 3! 种可能排序之一.

将这个具体的例子推广, 易知在给定时刻 t 之前有 n 个到达的条件下, 当到达时刻满足 $0 < t_1 < \cdots < t_n < t$ 时, $(T_1, T_2, \cdots, T_n)$ 的联合密度函数等于 $n!/t^n$, 这也是 $(V_1, \cdots, V_n)$ 的联合分布. 因为对于各个有序向量 $(T_1, T_2, \cdots, T_n)$ 或者 $(V_1, V_2, \cdots, V_n)$, 有 $n!$ 种组合 $\{T_1, T_2, \cdots, T_n\}$ 或者 $\{U_1, U_2, \cdots, U_n\}$, 所以容易推导得第二个事实. ◀

定理 2.14 意味着在到时刻 t 有 n 个到达的条件下, 到达的时刻和均匀抛掷在 $[0, t]$ 上的 n 个点的位置分布一样. 根据最后一个观察, 可立即得到:

定理 2.15 如果 $s < t$ 且 $0 \leqslant m \leqslant n$, 那么

$$P(N(s) = m \mid N(t) = n) = \binom{n}{m} \left(\frac{s}{t}\right)^m \left(1 - \frac{s}{t}\right)^{n-m}$$

即在给定 $N(t) = n$ 时, $N(s)$ 的条件分布为 binomial $(n, s/t)$.

证明 直到时刻 s 的到达数与 $U_i < s$ 的个数相同. 由于事件 $\{U_i < s\}$ 相互独立, 且事件发生的概率是 s/t, 从而满足 $U_i < s$ 的个数服从 binomial $(n, s/t)$. ◀ $\boxed{109}$

2.5 本章小结

将一个随机变量 T 称为一个速率为 λ 的指数分布或者表示为 $T = \text{exponential}(\lambda)$, 如果对任意的 $t \geqslant 0$, $P(T \leqslant t) = 1 - e^{-\lambda t}$. 该分布的均值是 $1/\lambda$, 方差是 $1/\lambda^2$. 密度函数为 $f_T(t) = \lambda e^{-\lambda t}$. n 个相互独立的指数分布之和为 gamma (n, λ) 分布, 密度函数为

$$\lambda e^{-\lambda t} \frac{(\lambda t)^{n-1}}{(n-1)!}$$

无记忆性 "如果我们已经等待了 t 单位时间, 那么还需要继续等待 s 单位时间的概率与我们之前根本没有等待, 继续等待 s 单位时间的概率相同."

$$P(T > t + s \mid T > t) = P(T > s)$$

指数分布排序 令 $T_1, \cdots, T_n$ 相互独立且 $T_i = \text{exponential}(\lambda_i)$, $S = \min(T_1, \cdots, T_n)$. 则 $S = \text{exponential}(\lambda_1 + \cdots + \lambda_n)$, 且

$$P(T_i = \min(T_1, \cdots, T_n)) = \frac{\lambda_i}{\lambda_1 + \cdots + \lambda_n}$$

$\max\{S, T\} = S + T - \min\{S, T\}$, 对其取期望, 如果 $S = \text{exponential}(\mu)$, $T = \text{exponential}(\lambda)$, 那么

$$E \max\{S, T\} = \frac{1}{\mu} + \frac{1}{\lambda} - \frac{1}{\mu + \lambda}$$

$$= \frac{1}{\mu + \lambda} + \frac{\lambda}{\lambda + \mu} \cdot \frac{1}{\mu} + \frac{\mu}{\lambda + \mu} \cdot \frac{1}{\lambda}$$

Poisson (μ) 分布 $P(X = n) = e^{-\mu} \mu^n / n!$. X 的均值和方差都等于 μ.

Poisson 过程 令 $t_1, t_2, \cdots$ 表示独立 exponential (λ) 分布的随机变量. $T_n = t_1 + \cdots + t_n$ 表示第 n 个到达的时刻. $N(t) = \max\{n \colon T_n \leqslant t\}$ 表示直到时刻 t 的到达数, 它服从 Poisson (λt).

$N(t)$ 具有独立增量性：若 $t_0 < t_1 < \cdots < t_n$，则
$$N(t_1) - N(t_0),\, N(t_2) - N(t_1),\cdots,N(t_n) - N(t_{n-1})$$
相互独立.

稀释 假定我们通过关联一列独立同分布（i.i.d.）的正整数值的随机变量 Y_i 来修饰我们的 Poisson 过程，$p_k = P(Y_i = k)$，以 $N_k(t)$ 表示 $i \leqslant N(t)$ 且 $Y_i = k$ 的个数，那么 $N_1(t), N_2(t), \cdots$ 为独立的 Poisson 过程，$N_k(t)$ 的速率是 λp_k.

随机和 令 $Y_1, Y_2, \cdots$ 表示独立同分布的随机变量，N 表示一个取值为非负整数的随机变量，$S = Y_1 + \cdots + Y_N$，当 $N = 0$ 时，$S = 0$.

(i) 若 $E|Y_i|, EN < \infty$，则 $ES = EN \cdot EY_i$.

(ii) 若 $EY_i^2, EN^2 < \infty$，则 $\mathrm{var}(S) = EN\,\mathrm{var}(Y_i) + \mathrm{var}(N)(EY_i)^2$.

(iii) 若 N 服从 Poisson(λ)，则 $\mathrm{var}(S) = \lambda EY_i^2$.

叠加 如果 $N_1(t), N_2(t)$ 是独立的 Poisson 过程，且速率分别为 λ_1, λ_2，则 $N_1(t) + N_2(t)$ 表示一个速率为 $\lambda_1 + \lambda_2$ 的 Poisson 过程.

条件分布 令 $T_1, T_2, T_3, \cdots$ 表示一个速率为 λ 的 Poisson 过程的到达时刻，$U_1, U_2, \cdots, U_n$ 独立且均服从 $[0, t]$ 上的均匀分布. 如果以 $N(t) = n$ 为条件，那么 $\{T_1, T_2, \cdots, T_n\}$ 的分布与 $\{U_1, U_2, \cdots, U_n\}$ 的分布相同.

2.6 习题

指数分布

2.1 假设维修一台机器的时间可用一个服从均值为 2 的指数分布的随机变量来描述.（a）维修机器花费的时间是 2 小时以上的概率是多少？（b）在已知维修机器要花费 3 小时以上的条件下，花费的时间超过 5 小时的概率是多少？

2.2 一台收音机的寿命服从均值为 5 年的指数分布. 如果 Ted 购买了一部已经使用了 7 年的收音机，那么它还能继续工作 3 年的概率是多少？

2.3 一名医生在 9 点和 9∶30 有预约. 每个病人看病的持续时间服从均值为 30 的指数分布. 在 9∶30 之后直到第二位病人看完病需要时间的期望是多少？

2.4 复印机 1 正在使用中. 在时刻 t 将启动机器 2. 假定机器损坏的速率是 λ_i. 那么机器 2 首先损坏的概率是多少？

2.5 三个人在钓鱼，每个人钓到鱼的条数都是速率为每小时 2 条的指数分布. 直到每个人都至少钓到一条鱼需要等待多长时间？

2.6 Alice 和 Betty 同时进入一家美容院，Alice 要修指甲，而 Betty 要理发. 假定修指甲（理发）的时间服从均值为 20（30）分钟的指数分布.（a）Alice 先修完指甲的概率是多少？（b）直到 Alice 和 Betty 都完成要花费时间的期望是多少？

2.7 令 S 和 T 服从指数分布，其速率分别为 λ 和 μ. 令 $U = \min\{S, T\}$，$V = \max\{S, T\}$. 求（a）EU.（b）$E(V - U)$.（c）EV.（d）根据恒等式 $V = S + T - U$，从一个不同的角度来求解 EV，并证明两种求解方法的结果一样.

2.8 令 S 和 T 服从指数分布，其速率分别为 λ 和 μ. 令 $U = \min\{S, T\}$，$V = \max\{S, T\}$，$W = V - U$.

求 U, V 和 W 的方差.

111

2.9 在一家五金店，你必须首先到 1 号服务员处拿到你的商品，然后付款给 2 号服务员．假定这两个活动的时间都服从指数分布，均值分别为 6 分钟和 3 分钟．（a）假设当 Bob 到达商店时，1 号服务员正在接待一位名为 A1 的顾客而 2 号服务员空闲，那么计算 Bob 拿到商品并且完成付款花费的平均时间．（b）当这两个活动的时间分别服从速率为 λ 和 μ 的指数分布时，求解上述问题．

2.10 考虑一家有两名柜员的银行．Alice，Betty 和 Carol 三个人按顺序几乎同一时间进入银行．Alice 和 Betty 直接到服务窗口，而 Carol 等待第一个空闲的柜员．假设每一名顾客的服务时间都服从均值为 4 分钟的指数分布．（a）Carol 完成他的业务所需总时间的期望是多少？（b）直到三个顾客都离开时需要总时间的期望是多少？（c）Carol 是最后一个离开的概率是多少？

2.11 考虑上一题中的情形，但是现在假设两名柜员的服务时间服从速率为 $\lambda \leqslant \mu$ 的指数分布．再次回答问题（a）、（b）、（c）.

2.12 一个手电筒需要两节电池才能工作．开始时，你有编号 1 到 4 的四节电池．当一节电池没电后，立即更换一节可使用的编号最小的电池．假设电池的寿命是服从均值为 100 小时的指数分布．令 T 表示恰好还剩下一节电池能工作的时刻，N 表示这个电池的编号．（a）求 ET.（b）求 N 的分布．（c）当电池数量是一般的整数时，求解问题（a）和（b）.

2.13 一台机器有两个重要的精密部件，它们易遭受 3 种不同类型的冲击．冲击 i 的发生次数服从速率 λ_i 的 Poisson 过程．冲击 1 会损坏部件 1，冲击 2 会损坏部件 2，冲击 3 可使得部件 1 和 2 同时损坏．令 U 和 V 表示两部件损坏的时刻．（a）求 $P(U > s, V > t)$.（b）求 U 和 V 的分布．（c）U 和 V 独立吗？

2.14 一艘潜水艇有三个航行设备，但只要其中至少两个正常工作，潜水艇仍然可以在海上．假设三个设备损坏的时间分别服从均值为 1 年、1.5 年和 3 年的指数分布，那么潜水艇可以在海上平均待多长时间？

2.15 由于最近气候温暖，Jill 和 Kelly 准备对他们的公寓进行大扫除．Jill 打扫厨房，花费时间服从一个均值为 30 分钟的指数分布．Kelly 打扫浴室，花费的时间服从一个均值为 40 分钟的指数分布．第一个完成任务的将到外边清理树叶，完成此工作需花费时间服从均值为 1 小时的指数分布．当第二个人室内大扫除工作完成后，他们将相互帮助，共同清理树叶，速率是之前的两倍．（当然在一个人的家务活完成时，另外一人可能已经扫完树叶．）直到所有的家务活都完成要花费时间的期望是多少？

112

2.16 一位教授开始办公时，Ron，Sue 和 Ted 到达其办公室．他们在办公室的时间服从均值分别为 1，1/2，1/3 小时的指数分布．（a）直到仅有 1 名学生留在办公室时需要时间的期望是多少？（b）对每一位学生，求其是最后一位离开的概率．（c）到三位学生都离开办公室，需要时间的期望是多少？

2.17 令 $T_i, i = 1, 2, 3$ 表示速率为 λ_i 的指数分布，且相互独立．（a）证明对任意实数 t_1, t_2, t_3，

$$\max\{t_1, t_2, t_3\} = t_1 + t_2 + t_3 - \min\{t_1, t_2\} - \min\{t_1, t_3\} - $$
$$\min\{t_2, t_3\} + \min\{t_1, t_2, t_3\}$$

（b）应用（a）求解 $E\max\{T_1, T_2, T_3\}$.（c）应用此公式给出习题 2.16（c）的一种简单求解方法．

二项分布的 Poisson 逼近

2.18 当 $n = 20, p = 0.1$ 且仅有 1 次成功时，求比较精确的二项分布概率值与 Poisson 近似值．

2.19 当（a）$n = 10, p = 0.1$（b）$n = 50, p = 0.02$，且没有一次成功时，求比较精确的二项分布概率值与 Poisson 近似值．

2.20 在扑克牌游戏中，拿到三张相同点数的牌的概率近似是 1/50. 运用 Poisson 分布来近似估计，如果

你玩 20 局, 至少有一次拿到三张相同点数的牌的概率.

2.21 假定某品牌的圣诞灯饰的次品率是 1%. 在装有 25 个灯泡的一箱产品中, 运用 Poisson 分布来近似计算最多有一个次品的概率.

Poisson 过程: 基本性质

2.22 假定 $N(t)$ 是速率为 3 的 Poisson 过程. 令 T_n 表示第 n 个到达的时刻. 求 (a) $E(T_{12})$, (b) $E(T_{12} \mid N(2) = 5)$, (c) $E(N(5) \mid N(2) = 5)$.

2.23 到达某航运办公室的客户数是速率为每小时 3 人的 Poisson 过程. (a) 早上 8 点应该开始办公, 但是职员 Oscar 睡过了头, 早上 10 点才到办公室. 问在这两个小时期间没有客户到达的概率是多少? (b) 直到他的第一个客户到达, Oscar 需要等待的时间的分布是什么?

2.24 假设某接听电话的服务台每小时接到的呼叫数服从一个速率为 4 的 Poisson 过程. (a) 在第一个小时内呼叫数少于 (即 <) 2 个的概率是多少? (b) 假定在第一个小时有 6 个呼叫, 求在第二个小时呼叫数 < 2 个的概率. (c) 假定话务员接听 10 个呼叫后需要休息一下. 那么她的平均工作时间是多久?

113

2.25 纽约普林斯顿的 Rosedale 路上的车流量服从一个速率为每分钟 6 辆汽车的 Poisson 过程. 一只鹿从森林中跑出来, 试图横穿马路. 如果在接下来的 5 秒中有一辆车经过, 那么将会发生车祸. (a) 求发生车祸的概率. (b) 如果鹿横穿马路仅需要 2 秒钟, 那么发生车祸的概率是多少.

2.26 Dryden 的消防部门接到的求救电话数是一个速率为每小时 0.5 个的 Poisson 过程. 假定回应一个电话出警救援, 再返回到驻地, 为下一个求救做好准备所需要的时间服从 $(1/2,1)$ 小时上的均匀分布. 若一个新的求救电话是在 Dryden 的消防部门还没有准备好出警救援时打入, 则将求助于 Ithaca 消防部门出警救援. 假定现在 Dryden 消防部门处于准备好的状态. 求 Dryden 消防部门在他们必须求助于 Ithaca 消防部门之前能够处理的求救数量的概率分布.

2.27 一位数学教授在瑞典斯德哥尔摩郊区的 Mittag-Leffler 研究所公交站等车. 由于他忘记查公交车时刻表, 在下一辆公交车到来之前他要等待的时间服从 $(0,1)$ 上的均匀分布. 轿车路过该公交车站的速率为每小时 6 辆. 每辆车将他带到城里的概率都是 1/3. 他最后乘坐公交车的概率是多少?

2.28 T 表示相继的两个列车之间的等待时间, 它服从 $(1,2)$ 上的均匀分布. 乘客按照速率为每小时 24 位的 Poisson 过程到达火车站. 令 X 表示乘上某火车的乘客数. 求 (a) EX, (b) $\text{var}(X)$.

2.29 考虑一个速率为 λ 的 Poisson 过程, 用 L 表示 $[0,t]$ 时间段上最后一个到达的时刻, 如果该时间段内没有到达的话, 那么 $L = 0$. (a) 计算 $E(t-L)$, (b) 当 $t \to \infty$ 时, (a) 的答案会如何?

2.30 顾客按照速率为每小时 λ 位的 Poisson 过程到达. Joe 不想一直待到 $T = 10$ PM 的时候才打烊, 所以他决定在 $T-s$ 之后的第一个顾客到达时打烊. 他想早些离开但又不想损失任何生意, 所以如果他在 T 之前离开, 并且在离开之后没有顾客到达, 那么他会很高兴. (a) 他达到目标的概率是多少? (b) s 的最优值和相对应的成功概率是多少?

2.31 顾客按每小时 10 人的速率到达一家体育用品店. 60% 的顾客为男性, 40% 的顾客为女性. 女性的购物时间为 $[0,30]$ 分钟上的均匀分布, 而男性的购物时间为均值为 30 分钟的指数分布. 用 M 和 N 表示商店里的男性和女性数. (M,N) 的稳定分布是什么?

2.32 令 T 表示速率为 λ 的指数分布. (a) 根据条件期望的定义计算 $E(T \mid T < c)$. (b) 根据恒等式

114

$$ET = P(T < c)E(T \mid T < c) + P(T > c)E(T \mid T > c)$$

计算 $E(T \mid T < c)$.

2.33 (小鸡什么时候横穿马路?) 假定一条路上的车流辆服从速率为每分钟 λ 辆的 Poisson 过程. 当路上至少有 c 分钟的空闲时, 小鸡可以横穿马路. 计算小鸡为了能横穿马路必须等待的时间, 用 t_1,

$t_2, t_3, \cdots$ 表示车辆之间的时间间隔，令 $J = \min \{j : t_j > c\}$. 如果 $T_n = t_1 + \cdots + t_n$，那么小鸡将在时刻 T_{J-1} 开始穿马路，在时刻 $T_{J-1} + c$ 通过马路. 用之前习题的结论证明 $E(T_{J-1} + c) = (e^{\lambda c} - 1)/\lambda$.

随机和

2.34 Edwin 捉到的鳟鱼数服从一个速率为每小时 3 条的 Poisson 过程. 假定鳟鱼的平均重量为 4 磅，标准差是 2 磅. 求他在两个小时内捉到的鳟鱼总重量的均值和标准差.

2.35 一家保险公司的赔付数是一个速率为每周 4 单的 Poisson 过程. 将"千元"简记为 K，假设每个保险单的赔付金额均值为 10K，标准差为 6K. 求 4 周赔付的总金额的均值和标准差.

2.36 到达一个自动柜员机的顾客数是一个速率为每小时 10 名的 Poisson 过程. 假设每一笔交易取出的现金均值为 30 元，标准差为 20 元. 求 8 小时中取出的总现金数的均值和标准差.

2.37 作为 Mu Alpha Theta 互助会的社区服务成员要参与沿道路捡易拉罐的工作. 来参加此项工作的成员服从均值为 60 位的 Poisson 过程，其中 2/3 的成员积极性很高，捡到均值为 10 个，标准差为 5 个的易拉罐. 而 1/3 的成员比较懒惰，仅捡到均值为 3 个，标准差为 2 个的易拉罐. 求捡到的总易拉罐个数的均值和标准差.

2.38 令 S_t 表示在时刻 t 时股票的价格，假设价格是均值为 μ，方差为 σ^2 的随机变量 $X_i > 0$ 的乘积，其中相乘的个数服从速率为 λ 的 Poisson 过程. 即

$$S_t = S_0 \prod_{i=1}^{N(t)} X_i$$

当 $N(t) = 0$ 时，上式为 1. 求 $ES(t)$ 和 $\mathrm{var}S(t)$.

2.39 信息到达时要在互联网上传送，信息数服从速率为 λ 的 Poisson 过程. 令 Y_i 表示第 i 条信息的大小，大小以字节计算，$g(z) = Ez^{Y_i}$ 表示 Y_i 的母函数. 用 $N(t)$ 表示到时刻 t 时到达的信息数，$S = Y_1 + \cdots + Y_{N(t)}$ 为直到时刻 t 的总信息量的大小. （a）求母函数 $f(z) = E(z^S)$. （b）通过求导，且令 $z = 1$ 求 ES. （c）再求导，且令 $z = 1$，求 $E\{S(S-1)\}$. （d）计算 $\mathrm{var}(S)$.

[115]

2.40 令 $\{N(t), t \geqslant 0\}$ 表示一个速率为 λ 的 Poisson 过程. $T \geqslant 0$ 是一个与之独立的随机变量，均值为 μ，方差为 σ^2. 求 $\mathrm{cov}(T, N_T)$.

2.41 以 $t_1, t_2, \cdots$ 表示相互独立的 exponential(λ) 随机变量，N 是与之独立的随机变量，$P(N = n) = (1-p)^{n-1}$. 随机和 $T = t_1 + \cdots + t_N$ 的分布是什么？

稀释和条件分布

2.42 纽约 Ithaca 的 Snyder Hill 路上的车流辆服从一个速率为每分钟 2/3 辆车的 Poisson 过程. 10% 的车辆为卡车，其余 90% 的车为汽车. （a）一小时内至少有一辆卡车通过的概率是多少？（b）已知在一小时内已经有 10 辆卡车通过的条件下，已经通过的车辆总数的期望是多少？（c）已知在一小时内已经有 50 辆车辆通过的条件下，通过的车辆恰好为 5 辆卡车和 45 辆汽车的概率是多少？

2.43 一个售票窗口销售摇滚音乐会的门票. 女性和男性顾客的到达数服从独立的 Poisson 过程，速率分别为每小时 30 和 20 名顾客. （a）前三名顾客为女性的概率是多少？（b）如果已知有两名顾客在前五分钟内到达，那么他们都是在前三分钟内到达的概率是多少？（c）假定顾客购买票数与性别无关，均以 1/2 的概率购买 1 张票，以 2/5 的概率购买 2 张票，以 1/10 的概率购买 3 张票. 用 N_i 表示第一个小时购买 i 张票的顾客数. 求 (N_1, N_2, N_3) 的联合分布.

[116]

2.44 Ellen 钓到鱼的条数是一个速率为每小时 2 条的 Poisson 过程. 其中 40% 的鱼为三文鱼，而 60% 的鱼为鳟鱼. 如果她钓了 2.5 小时，那么恰好钓到 1 条三文鱼和 2 条鳟鱼的概率是多少？

2.45 信号按照速率为 λ 的 Poisson 过程传输. 每个信号传输成功的概率是 p, 传输失败的概率为 $1-p$. 不同的信号传输成功与否是相互独立的. 当 $t \geqslant 0$ 时, $N_1(t)$, $N_2(t)$ 分别表示到时刻 t 之前传输成功和传输失败的信号个数. (a) 求 $(N_1(t), N_2(t))$ 的分布. (b) 设 $L =$ 第一个成功传输的信号之前传输失败的信号个数, 求其分布.

2.46 一位值夜班的女警开的罚单数是一个均值为每小时 6 张的 Poisson 过程. 2/3 的罚单是因为超速行驶, 罚款 100 元. 1/3 的罚单是酒后驾驶, 罚款 400 元. (a) 求女警一个小时开罚单的总罚款额的均值和标准差. (b) 在 2AM 和 3AM 之间, 她开出 5 张超速行驶罚单和 1 张酒后驾驶罚单的概率是多少? (c) 以 A 表示事件她在 1AM 和 1：30AM 之间没有开罚单, N 表示她在 1AM 和 2AM 之间开出的罚单张数. 则 $P(A)$ 和 $P(A \mid N = 5)$ 哪个大? 不仅要判断哪个概率较大, 而且要计算出这两个概率值.

2.47 在公路 US421 上行驶的卡车数和汽车数都为 Poisson 过程, 速率分别为每小时 40 辆和 100 辆. 1/8 的卡车和 1/10 的汽车从 257 出口离开, 到达亚德金维尔的 Bojangle. (a) 求恰好有 6 辆卡车在中午和下午 1 点之间到达 Bojangle 的概率. (b) 如果已知有 6 辆卡车在中午和下午 1 点之间到达 Bojangle, 那么恰好有两辆车在 12：20 和 12：40 之间到达的概率是多少? (c) 假定所有的卡车上都有 1 名乘客, 而 30% 的汽车上有 1 名乘客, 50% 的汽车上有 2 名乘客, 20% 的汽车有 4 名乘客. 求一小时内到达 Bojangle 的乘客数的均值和标准差.

2.48 当线路中产生一个电涌时, 如果没有电涌保护器, 那么它将损坏电脑. 电涌分为三种类型: "小型"电涌发生的速率为每天 8 次, 每次发生损坏一台电脑的概率为 0.001; "中型"电涌发生的速率为每天 1 次, 损坏一台电脑的概率为 0.01; "大型"电涌每个月发生一次, 且损坏一台电脑的概率为 0.1. 假定一个月有 30 天. (a) 每个月发生电涌次数的期望值是多少? (b) 每个月被电涌损坏的电脑数的期望值是多少? (c) 一台电脑在一个月内没有发生损坏的概率是多少? (d) 使得第一台电脑损坏的电涌是"小型"电涌的概率是多少?

2.49 Wayne Gretsky 的得分情况是一个平均每场比赛得 6 分的 Poisson 过程. 60% 的得分是投篮命中得分, 40% 的为助攻得分 (每次助攻成功计算 1 分). 假设每次投篮命中奖励他 3K, 每次助攻奖励 1K. (a) 求他每场比赛可得总奖金的均值和标准差. (b) 他在一场比赛中 4 次投篮命中, 2 次助攻成功的概率是多少? (c) 已知他在一场比赛中得 6 分这个事实的条件下, 那么他在上半场得 4 分的概率是多少?

2.50 一位编辑阅读 200 页的手稿, 发现了 108 处错误. 假设作者手稿的错误数是速率为每页 λ 处 (λ 未知), 而我们根据长期经验了解到编辑能够发现手稿中 90% 的错误. (a) 计算发现错误数的期望值, 表示为速率 λ 的函数. (b) 运用 (a) 的答案估计 λ 的值和没有发现的错误数.

2.51 两位编辑阅读同一份 300 页的手稿. 第一位编辑发现了 100 处错误, 第二位编辑发现了 200 处错误, 他们发现的错误中有 80 处是相同的. 假设作者手稿中的错误个数是速率为每页 λ 处 (λ 未知), 而两位编辑能成功发现错误的概率分别为 p_1 和 p_2 (p_1, p_2 未知). 用 X_0 表示两位编辑都没有找到的错误数. X_1 为仅由第 1 位编辑找到的错误数, X_2 为仅由第 2 位编辑找到的错误数, 令 X_3 表示两位编辑都发现的错误数. (a) 求 (X_0, X_1, X_2, X_3) 的联合分布. (b) 运用 (a) 的结论估计 p_1, p_2 和没有发现的错误数.

2.52 一个电灯泡的寿命服从均值为 200 天的指数分布. 一旦电灯泡烧坏, 门卫立即更换它. 另外, 如果一位杂工的到达服从速率是 0.01 的 Poisson 过程, 并且更换电灯泡来做"预防性维护". (a) 多久更换一个电灯泡? (b) 从长远看, 由于电灯泡损坏而更换的比例是多少?

2.53 从某个固定时刻开始, 为了简便起见, 我们称其为时刻 0, 发射的卫星数服从速率为 λ 的 Poisson 过程. 卫星能够工作的时间与 Poisson 过程独立, 满足分布函数 F 且均值为 μ. 令 $X(t)$ 表示在时刻

t 时仍处于运行状态的卫星数. (a) 求 $X(t)$ 的分布. (b) 令 (a) 中 $t \to \infty$ 证明其极限分布为 Poisson $(\lambda\mu)$.

2.54 从 Dryden 打出的电话数是速率为 12 的 Poisson 过程. 其中 3/4 为本地通话, 1/4 为长途电话. 本地通话持续时间平均为 10 分钟, 而长途电话持续时间平均为 5 分钟. 用 M 表示本地电话数, N 表示长途电话数. 求 (M, N) 的稳定分布. 在线上通话的稳定人数是多少?

2.55 忽略每年仅进行两次律师资格考试的事实, 我们假定进入洛杉矶市的新律师数是一个均值为每年 300 名的 Poisson 过程. 假定律师的工作时间 T 相互独立同分布, 分布函数为 $F(t) = P(T \leqslant t)$, 其中 $F(0) = 0$, 均值为 25 年. 证明: 从长远来看, 洛杉矶市的律师数是均值为 7500 名的 Poisson 分布.

2.56 一家保险公司的保单持有者发生意外事故的数量是一个速率为 λ 的 Poisson 过程. 直到出具索赔报告所需的时间 R 是随机变量, 其分布函数为 $P(R \leqslant r) = G(r)$ 且 $ER = v$. (a) 求还没有出具索赔报告的意外事故数的分布. (b) 假设赔付额的均值为 μ, 方差为 σ^2. 求还没有出具索赔报告的总赔付额 S 的均值和方差.

2.57 假设 $N(t)$ 是一个速率为 2 的 Poisson 过程. 计算条件概率 (a) $P(N(3) = 4 \mid N(1) = 1)$, (b) $P(N(1) = 1 \mid N(3) = 4)$.

2.58 对一个到达速率为 2 的 Poisson 过程. 计算: (a) $P(N(2) = 5)$, (b) $P(N(5) = 8 \mid N(2) = 3)$, (c) $P(N(2) = 3 \mid N(5) = 8)$.

2.59 到达一家银行的顾客数是一个速率为每小时 10 人的 Poisson 过程. 已知在前 5 分钟内有 2 名顾客到达, 那么求 (a) 这 2 名顾客都是在前 2 分钟中到达的概率. (b) 至少有一名顾客是在前 2 分钟到达的概率.

2.60 假设某接听电话的服务台接到的呼叫数是一个速率为每小时 4 个的 Poisson 过程. 假设 3/4 的呼叫是男性, 1/4 的呼叫是女性, 性别与呼叫的时刻是相互独立的. (a) 在一小时中恰好有 2 名男性和 3 名女性呼叫该接听电话服务台的概率是多少? (b) 在 3 名女性呼叫该电话服务台之前有 3 名男性进行呼叫的概率是多少?

2.61 曲棍球 1 队和 2 队进球得分的情况分别是速率为 1 和 2 的 Poisson 过程. 假设 $N_1(0) = 3$, $N_2(0) = 1$. (a) 在 $N_2(t)$ 等于 5 之前 $N_1(t)$ 等于 5 的概率是多少? (b) 当 Poisson 过程的速率分别为 λ_1 和 λ_2, 求解 (a).

2.62 考虑两个独立的 Poisson 过程 $N_1(t)$ 和 $N_2(t)$, 其速率分别为 λ_1 和 λ_2. 则二维过程 $(N_1(t), N_2(t))$ 曾访问过 (i, j) 的概率是多少?

118

第 3 章 更新过程

3.1 大数定律

在 Poisson 过程中，相邻到达时刻的时间间隔是相互独立且服从指数分布的随机变量. 指数分布的无记忆性对于本章中所推导的 Poisson 过程的特殊性质是非常重要的. 然而，在很多情形中，时间间隔服从指数分布的假定并不合理. 在本节中我们将考虑 Poisson 过程的一种推广——**更新过程**，其中事件发生的时间间隔是独立同分布的随机变量，分布函数为 F.

为了用一个简单的比喻来讨论更新过程，考虑有一个非常勤快的门卫管理电灯，当灯泡烧坏时，就立即更换. 令 t_i 表示第 i 个灯泡的寿命. 假设灯泡都是从同一厂家购买的，从而我们设

$$P(t_i \leqslant t) = F(t)$$

其中 F 是分布函数，$F(0) = P(t_i \leqslant 0) = 0$.

如果在时刻 0 从一个新灯泡（编号为 1）开始，一旦灯泡烧坏，就立即更换新的灯泡，那么 $T_n = t_1 + \cdots + t_n$ 表示第 n 个灯泡烧坏的时刻，

$$N(t) = \max\{n : T_n \leqslant t\}$$

表示到时刻 t 为止已更换的灯泡数，那么过程的路径和 Poisson 过程的相应结果是类似的，见图 2-1.

如果更新理论仅仅和更换灯泡有关的话，那它就不是一个非常有用的研究对象了. 我们关注这个系统的原因是它抓住了很多不同情形的本质. 我们已经看到过的例子如下.

例 3.1 Markov 链 令 X_n 表示一个 Markov 链，设 $X_0 = x$. T_n 表示过程第 n 次返回到 x 的时刻. 根据强 Markov 性可知 $t_n = T_n - T_{n-1}$ 是相互独立的，因此 T_n 是一个更新过程. ∎

例 3.2 维修机器 考虑一台机器而不是一个灯泡，机器发生故障前正常工作的时间为 s_i，发生故障后需要花费 u_i 时间才能修理好机器. 令 $t_i = s_i + u_i$ 表示机器发生故障并维修好的第 i 个循环的时间长度. 如果我们假定维修机器可使得它处于"宛如新机器"的状态，那么 t_i 是独立同分布的，因此可以得到一个更新过程. ∎

例 3.3 计数过程 在诸如医学成像的应用中会出现下面的情形：粒子按照速率为 λ 的 Poisson 过程到达计数器. 当一个粒子到达计数器时，如果计数器是空闲的，则进行计数，并锁定计数器 τ 时长. 当粒子在计数器处于锁定期间到达时不产生任何效果. 如果假定计数器从未锁定的状态开始，则计数器第 n 次变为未锁定状态的时刻 T_n 可形成一个更新过程. 这是前面例子的一个特殊情形：$u_i = \tau$，$s_i = $ 速率为 λ 的指数随机变量. 此外，更新过程在排队论中有很多应用. ∎

更新过程的第一个重要结论是如下的大数定律.

定理 3.1 令 $\mu = Et_i$ 表示平均间隔时间. 如果 $P(t_i > 0) > 0$，那么以概率 1 有

$$当 t \to \infty 时, N(t)/t \to 1/\mu$$

用文字叙述，是说如果灯泡平均使用了 μ 年时间，那么在 t 年中我们将用坏大约 t/μ 个灯泡. 因为在 Poisson 过程中时间间隔服从均值为 $1/\lambda$ 的指数分布，根据定理 3.1 可知，如果 $N(t)$ 表示 Poisson 过程中在时刻 t 之前的总到达数，那么

$$当 t \to \infty 时, N(t)/t \to \lambda \tag{3.1}$$

定理 3.1 的证明 我们利用下面的强大数定律.

定理 3.2（强大数定律） 令 $x_1, x_2, x_3, \cdots$ 独立同分布，$Ex_i = \mu$，$S_n = x_1 + \cdots + x_n$. 则以概率 1 有

$$当 n \to \infty 时, S_n/n \to \mu$$

取 $x_i = t_i$，则有 $S_n = T_n$，因此定理 3.2 意味着当 $n \to \infty$ 时，T_n/n 以概率 1 收敛于 μ. 现在根据定义，

$$T_{N(t)} \leqslant t < T_{N(t)+1}$$

除以 $N(t)$，有

$$\frac{T_{N(t)}}{N(t)} \leqslant \frac{t}{N(t)} \leqslant \frac{T_{N(t)+1}}{N(t)+1} \cdot \frac{N(t)+1}{N(t)}$$

根据强大数定律，左边和右边都收敛于 μ. 据此即可得 $t/N(t) \to \mu$，从而 $N(t)/t \to 1/\mu$. ◀ $\boxed{120}$

我们下一个主题是更新过程概念的一个简单延伸，但是它极大地扩展了可能应用的种类. 我们假定在第 i 次更新的时刻会获得报酬 r_i. 报酬 r_i 可能会依赖于第 i 个时间间隔 t_i，但我们假定成对变量 $(r_i, t_i)(i = 1, 2, \cdots)$ 相互独立且具有相同的分布. 令

$$R(t) = \sum_{i=1}^{N(t)} r_i$$

表示到时刻 t 所获得的总报酬. 更新报酬过程的主要结论是下面的强大数定律.

定理 3.3 *以概率 1 有*

$$\frac{R(t)}{t} \to \frac{Er_i}{Et_i} \tag{3.2}$$

证明 对 $\frac{R(t)}{t}$ 乘以再除以 $N(t)$，有

$$R(t) = \left(\frac{1}{N(t)} \sum_{i=1}^{N(t)} r_i\right) \frac{N(t)}{t} \to Er_i \cdot \frac{1}{Et_i}$$

其中最后一步我们应用了定理 3.1，并对序列 r_i 应用了强大数定律. 这里和接下来的讨论，我们忽略在时间间隔 $[T_{N(t)}, t]$ 得到的报酬. 虽然这并不影响极限值，然而这个结论的证明并不是平凡的. ◀

直观上，(3.2) 可以写成

$$报酬 / 时间 = \frac{期望报酬 / 周期}{期望时间 / 周期}$$

这个方程可以如下"证明"：把右边的文字看作是数字，然后消去分子和分母中的"期望"和"1/周期". 给出这种计算方式并不是为了让你确信定理 3.3 是正确的，而是帮助你记

住这个结论. 证明这一结论的第二种方式是：如果我们每 τ 单位时间会获得 ρ 元的报酬，那么从长远看，我们每单位时间就可获得 ρ/τ 元的报酬. 为了得到定理 3.3 的结果，注意，该结果仅与均值 Er_i 和 Et_i 相关，因此一般情况下的结果一定是

$$\rho/\tau = Er_i/Et_i$$

可应用这种策略来记忆本章中的许多结论：当结果仅仅与均值相关时，那么极限值和时间非随机时的情形相同.

[121]

为了说明定理 3.3 的作用，考虑下面的例子.

例 3.4 **长远看汽车的费用**　假设一辆汽车的寿命是一个密度函数为 h 的随机变量. 一旦旧汽车报废了或者使用了 T 年之后，我们那一板一眼的 Brown 先生马上就购买一辆新车. 假定购买新车要花费 A 元，而如果汽车在时刻 T 之前发生故障，维修它所需的费用为 B 元. 请问从长远看，Brown 先生每单位时间的费用是多少？

解　令第 i 个周期的持续时间为 t_i，由于当汽车的寿命 $t_i < T$ 时周期的长度为 t_i，当汽车的寿命 $t_i \geqslant T$ 时周期的长度为 T，从而

$$Et_i = \int_0^T th(t)\mathrm{d}t + T\int_T^\infty h(t)\mathrm{d}t$$

由于 Brown 先生总是支付 A 元购买一辆新车，但是当汽车在时刻 T 之前发生故障时，需要支付 B 元维修汽车，因此第 i 个周期的报酬（或费用）为

$$Er_i = A + B\int_0^T h(t)\mathrm{d}t$$

应用定理 3.3 可知，从长远来看，每单位时间的费用为

$$\frac{Er_i}{Et_i} = \frac{A + B\int_0^T h(t)\mathrm{d}t}{\int_0^T th(t)\mathrm{d}t + \int_T^\infty Th(t)\mathrm{d}t}$$

实例　假设 Brown 先生汽车的寿命服从 $[0,10]$ 上的均匀分布. 这或许不是一个合理的假定条件，因为随着汽车行驶时间的增加，它们更容易发生故障. 我们承认这个不足，然而由于它使得计算较为容易，我们还是运用这个假设条件进行计算. 假设一辆新车的价格为 $A = 10$（千元），而维修费用为 $B = 3$（千元）. 如果 Brown 先生在 T 年之后换新车，那么感兴趣的期望值是

$$Er_i = 10 + 3\,\frac{T}{10} = 10 + 0.3T$$

$$Et_i = \int_0^T \frac{t}{10}\mathrm{d}t + T\left(1 - \frac{T}{10}\right) = \frac{T^2}{20} + T - \frac{T^2}{10} = T - 0.05T^2$$

结合 Er_i 和 Et_i 的表达式我们看到，从长远来看，每单位时间的费用是

[122]

$$\frac{Er_i}{Et_i} = \frac{10 + 0.3T}{T - 0.05T^2}$$

为求解最小值，求导有

$$\frac{\mathrm{d}}{\mathrm{d}T}\frac{Er_i}{Et_i} = \frac{0.3\,(T - 0.05T^2) - (10 + 0.3T)\,(1 - 0.1T)}{(T - 0.1T^2)^2}$$

$$=\frac{0.3T-0.015T^2-10-0.3T+T+0.03T^2}{(T-0.1T^2)^2}$$

分子等于 $0.015T^2+T-10$，当

$$T=\frac{-1\pm\sqrt{1+4\ (0.015)\ (10)}}{2\ (0.015)}=\frac{-1\pm\sqrt{1.6}}{0.03}$$

时，分子的值等于 0. 我们需要正根，从而有 $T=8.83$. ■

根据更新报酬过程的思路，我们可以很容易地处理接下来的更新过程的扩展问题.

例 3.5 交替更新过程 令 s_1，s_2，$\cdots$ 独立同分布，分布函数为 F，均值为 μ_F，u_1，u_2，$\cdots$ 独立同分布，分布函数为 G，均值为 μ_G. 考虑例 3.2 维修机器这个具体的例子：机器发生故障前正常工作的时间为 s_i，发生故障后需要花费时间 u_i 才能修理好机器. 然而，为了更一般地讨论，我们说交替更新过程在状态 1 上花费的时间为 s_i，在状态 2 上花费的时间为 u_i，然后重复这个循环. ■

定理 3.4 在一个交替更新过程中，处于状态 1 的时间比例的极限为

$$\frac{\mu_F}{\mu_F+\mu_G}$$

为了看出此结论是合理的并且帮助记忆这个公式，考虑非随机情形. 如果一台机器总是恰好工作 μ_F 天，然后恰好需要 μ_G 天来维修机器，那么机器处于工作时间的比例的极限值是 $\mu_F/(\mu_F+\mu_G)$.

证明 为了计算机器处于工作时间的比例的极限值，令 $t_i=s_i+u_i$ 为第 i 次循环的持续时间，令报酬 $r_i=s_i$，即第 i 次循环中机器处于工作状态的时间. 这种情形下，根据定理 3.3，有

$$\frac{R(t)}{t}\to\frac{Er_i}{Et_i}=\frac{\mu_F}{\mu_F+\mu_G}$$

所需结论得证. ◀

对于交替更新过程，可以考虑下面的实例.

例 3.6 Poisson 到达的门卫 一个灯泡在烧坏之前的使用时间的分布函数为 F，均值为 μ_F. 一个门卫按照速率为 λ 的 Poisson 过程来检查灯泡，如果灯泡烧坏了就更换灯泡. (a) 求更换灯泡的速率是多少？(b) 灯泡工作时间的比例的极限值是多少？(c) 门卫检查时，灯泡处于正常工作的比例的极限是多少？

解 假设在时刻 0 安上一个新灯泡. 它将持续工作 s_1 时间. 根据指数分布的无记忆性，到下次检查还需要 u_1 的时间，u_1 服从速率为 λ 的指数分布. 然后更换灯泡，重新开始一个循环，因此我们得到一个交替更新过程.

为了回答问题 (a)，注意到，每个循环的期望长度为 $Et_i=\mu_F+1/\lambda$，因此如果 $N(t)$ 表示到时刻 t 为止更换的灯泡总数，则根据定理 3.1，有

$$\frac{N(t)}{t}\to\frac{1}{\mu_F+1/\lambda}$$

用文字叙述，即平均每 μ_F+1/λ 单位时间更换一次灯泡.

为了回答问题 (b)，令 $r_i=s_i$，从而根据定理 3.4，从长远看，到时刻 t 为止灯泡工作

时间的比例为

$$\frac{Er_i}{Et_i} = \frac{\mu_F}{\mu_F + 1/\lambda}$$

为了回答问题（c），注意到，如果 $V(t)$ 表示到时刻 t 为止门卫已经检查的次数，根据 Poisson 过程的大数定律，有

$$\frac{V(t)}{t} \to \lambda$$

结合问题（a）的答案我们看到，门卫检查时更换灯泡的比例为

$$\frac{N(t)}{V(t)} \to \frac{1/(\mu_F + 1/\lambda)}{\lambda} = \frac{1/\lambda}{\mu_F + 1/\lambda}$$

它同时也是灯泡坏掉时间的比例的极限值，因此该答案是合理的. ■

3.2 在排队论中的应用

在本节中，我们将应用更新理论的思想来证明排队系统中服务时间为一般分布情况下的结论. 本节中的第一部分我们将考虑到达时间是一般分布的情形. 第二部分我们将专门讨论 Poisson 到达的情形.

3.2.1 GI/G/1 排队系统

这里 GI 表示一般的进入分布（General Input），换句话说，我们假定到达的时间间隔 t_i 相互独立同分布，分布函数为 F，均值为 $1/\lambda$. 我们选择这个特殊的均值，使得如果 $N(t)$ 表示到时刻 t 的到达数，那么根据定理 3.1 可得，从长远来看，到达速率为

$$\lim_{t \to \infty} \frac{N(t)}{t} = \frac{1}{Et_i} = \lambda$$

第二个 G 表示一般的服务时间，换句话说，我们假定第 i 个顾客需要的服务时间是 s_i，其中 s_i 是相互独立的随机变量序列且分布函数为 G，均值为 $1/\mu$. 同样，选择此均值符号以使得服务速率是 μ. 最后的 1 代表只有一个服务员. 我们的第一个结论是：如果到达速率小于从长远来看的服务速率，那么排队系统是稳定的.

定理 3.5 假定 $\lambda < \mu$. 如果开始队列中只有有限个 $(k \geqslant 1)$ 需要服务的顾客，那么队列将以概率 1 变为空队列. 此外，服务忙期所占比例的极限 $\geqslant \lambda/\mu$.

证明 令 $T_n = t_1 + \cdots + t_n$ 表示第 n 个顾客的到达时刻. 根据定理 3.2 的强大数定律可知

$$\frac{T_n}{n} \to \frac{1}{\lambda}$$

以 Z_0 表示时刻 0 时在系统中的顾客所需的总服务时间，s_i 表示在时刻 0 之后第 i 个到达的顾客需要的服务时间. 强大数定律意味着

$$\frac{Z_0 + S_n}{n} \to \frac{1}{\mu}$$

在 T_n 之前，该服务员处于忙碌的总时间 $\leqslant Z_0 + S_n$. 根据这两个结论有

$$\frac{Z_0 + S_n}{T_n} \to \frac{\lambda}{\mu}$$

在 $[0, T_n]$ 中，实际工作的时间为 $Z_0 + S_n - Z_n$，其中 Z_n 是在 T_n 时处于系统中的顾客需要的总服务时间，也就是说，在之后没有顾客到达的情况下，队列成为空队列所需的总时间. 为了证明此等式成立，我们需要证明 $Z_n/n \to 0$. 直观上，条件 $\lambda < \mu$ 意味着队列达到均衡状态，因此 EZ_n 保持有界，从而 $Z_n/n \to 0$. 因为完整证明这个结论的细节是很复杂的，此处不再详述. 然而在例 3.7 中我们将给出此结论的一个简单证明. ◀ [125]

3.2.2 成本方程

在本小节中我们将证明一些 $GI/G/1$ 排队系统的一般结论，这些结论都来自于简单的讨论. 用 X_s 表示在时刻 s 时系统中的顾客数. L 表示从长远来看系统中的平均顾客数：

$$L = \lim_{t \to \infty} \frac{1}{t} \int_0^t X_s \, \mathrm{d}s$$

W 表示从长远看一名顾客在系统中平均花费的时间：

$$W = \lim_{n \to \infty} \frac{1}{n} \sum_{m=1}^n W_m$$

其中 W_m 表示第 m 个到达的顾客在系统中花费的时间. 最后，令 λ_a 表示从长远看到达的顾客加入系统的平均速率，即

$$\lambda_a = \lim_{t \to \infty} N_a(t)/t$$

其中 $N_a(t)$ 表示在时刻 t 之前到达并进入排队系统的顾客数. 忽略对这些极限存在性问题的证明，我们可以断定这些量之间的关系如下：

定理 3.6（Little 公式）

$$L = \lambda_a W$$

为什么这是正确的？假设每一个顾客需要为他在系统中的每一分钟支付 1 元. 当系统中有 l 个顾客时，我们每分钟收益 l 元，因此从长看平均每分钟我们能收益 L 元. 另一方面，如果我们设想当顾客到达后他们需要为全部的等待时间支付费用，那么我们每分钟将收益 $\lambda_a W$，即顾客进入系统的速率乘以他们平均支付的金额. ◀

例 3.7 在队列中的等待时间 考虑 $GI/G/1$ 排队系统，假定我们仅对顾客在队列中的平均等待时间 W_Q 感兴趣. 如果我们知道在系统中的平均等待时间 W，那么就可以利用它直接减去顾客接受服务的时间得到

$$W_Q = W - Es_i \tag{3.3}$$

例如在前面的例子中，减去他剪头发花费的 0.333 小时，可知顾客在队列中的平均等待时间是 $W_Q = 0.246$ 小时或者说 14.76 分钟.

令 L_Q 表示均衡状态下队列的平均长度，即如果队列中仅有 1 个人正在接受服务，那么我们不对此计数. 如果假设在队列中的顾客每分钟需要支付 1 元，重复推导 Little 公式，那么可得

$$L_Q = \lambda_a W_Q \tag{3.4}$$

除了系统中的顾客为 0 的情况之外，队列的长度等于系统中的顾客数减 1，因此如果

[126]

$\pi(0)$ 表示系统中没有顾客的概率，那么

$$L_Q = L - 1 + \pi(0)$$

结合上面三个等式和我们最初的成本方程可得：

$$\pi(0) = L_Q - (L-1) = 1 + \lambda_a(W_Q - W) = 1 - \lambda_a E s_i \tag{3.5}$$

回想 $E s_i = 1/\mu$，我们已经简单证明了定理 3.5 中的不等式是精确的. ∎

3.2.3 $M/G/1$ 排队系统

这里 M 表示输入是 Markov 链，表明了我们现在考虑的是 $GI/G/1$ 的特殊情形，即输入是一个速率为 λ 的 Poisson 过程. 其余的假定与之前相同：系统中只有一个服务员，第 i 个到达的顾客需要的服务时间为 s_i，其中 s_i 独立同分布，其分布函数为 G，均值为 $1/\mu$.

当输入是 Poisson 过程时，系统具有特殊的性质，它使得我们可以进行更深入的讨论. 在定理 3.5 中已经知道，若 $\lambda < \mu$，则 $GI/G/1$ 排队系统可多次重复回到空闲状态. 因此服务员会经历持续时间为 B_n 的忙期与持续时间为 I_n 的闲期的交替. 在输入为 Markov 链的情形下，无记忆性意味着 I_n 是一个速率为 λ 的指数分布. 结合此观察结果和交替更新过程的结论，根据 (3.5) 可知，服务员处于闲期的比例的极限为

$$\frac{1/\lambda}{1/\lambda + EB_n} = \pi(0)$$

整理之后有

$$EB_n = \frac{1}{\lambda}\left(\frac{1}{\pi(0)} - 1\right) \tag{3.6}$$

注意到这里是 λ 而不是 λ_a. 对于第四个和最后一个公式，我们需要假定所有到达的顾客都进入系统，因此得到下面在到达为 Poisson 过程情形下的特殊性质：

PASTA

这个英文缩写表示 "Poisson arrivals see time averages"，更准确地说，如果 $\pi(n)$ 是队列中有 n 个顾客的时间所占比例的极限值，a_n 表示到来的顾客看到的队列长度为 n 的比例的极限，那么有以下定理.

定理 3.7

$$a_n = \pi(n)$$

为什么这是正确的？如果我们以在时刻 t 的到达作为条件，那么之前的到达数是一个速率为 λ 的 Poisson 过程. 因此知道在时刻 t 有一个到达并不影响在时刻 t 之前所发生情况的分布. ◀

例 3.8 $M/G/1$ 排队系统中的工作量   我们定义在时刻 t 时系统的工作量 Z_t 为当时系统中所有顾客的剩余服务时间之和，定义长远来看的平均工作量为

$$Z = \lim_{t \to \infty} \frac{1}{t} \int_0^t Z_s \, \mathrm{d}s$$

像 Little 公式的证明一样，我们计算在两种情况下的收益速率来推导所要的结果. 这次我们假定当在队列中或者接受服务的每个顾客的剩余服务时间为 y 时，他要支付 y 元，即我们并不将排队的剩余等待时间计入在内. 如果我们令 Y 表示每一位到达顾客的平均总

支付，那么我们根据成本方程的推理可知平均工作量 Z 满足

$$Z = \lambda Y$$

由于一个服务时间为 s_i 的顾客在排队时要支付费用，支付的金额为等待时间的长度 q_i 乘以 s_i，在服务期间也要支付费用，支付的金额为剩余的时间 $s_i - x$，因此

$$Y = E(s_i q_i) + E\left(\int_0^{s_i} (s_i - x)\,\mathrm{d}x\right)$$

现在一位顾客在队列中的等待时间可以由到达过程以及之前顾客的服务时间来确定，从而与他的服务时间是独立的，即 $E(s_i q_i) = E s_i \cdot W_Q$，于是有

$$Y = (E s_i) W_Q + E(s_i^2/2)$$

PASTA 意味着到达的顾客可以看出长远的平均行为，因此他们看到的工作量 $Z = W_Q$，从而我们有

$$W_Q = \lambda (E s_i) W_Q + \lambda E(s_i^2/2)$$

求解 W_Q，现在可得到

$$W_Q = \frac{\lambda E(s_i^2/2)}{1 - \lambda E s_i} \tag{3.7}$$

上式称为 **Pollaczek-Khintchine 公式**. 应用公式（3.3）和定理 3.6，我们现在可以计算得

$$W = W_Q + E s_i \qquad L = \lambda W$$

例 3.9 我们将看到本节中的公式可以广泛应用于第 4 章中的 Markov 排队系统. 到达剑桥信息技术服务中心的顾客的速率为每分钟 $1/6$，即到达的平均时间间隔为 6 分钟. 假设每次服务时间的均值为 5，标准差为 $\sqrt{59}$.

（a）从长远来看，这个服务员空闲期的时间比例 $\pi(0)$ 是多少？$\lambda = 1/6$，$E s_i = 5 = 1/\mu$，因此根据式（3.5）得，$\pi(0) = 1 - (1/6)/(1/5) = 1/6$.

（b）一位顾客的平均停留时间 W（包括他们的服务时间）是多少？$E s_i^2 = 5^2 + 59 = 84$，因此根据式（3.7）可得

$$W_Q = \frac{\lambda E s_i^2/2}{1 - \lambda E s_i} = \frac{(1/6) \cdot 84/2}{1/6} = 42$$

和 $W = W_Q + E s_i = 47$.

（c）队列的平均长度是多少（包含正在接受服务的顾客）？

根据 Little 公式可得 $L = \lambda W = 47/6$.

*3.3 年龄和剩余寿命

令 $t_1, t_2, \cdots$ 表示独立同分布的时间间隔，$T_n = t_1 + \cdots + t_n$ 表示第 n 次更新的时刻，$N(t) = \max\{n : T_n \le t\}$ 为到时刻 t 发生的总更新次数. 设

$$A(t) = t - T_{N(t)} \qquad \text{且} \qquad Z(t) = T_{N(t)+1} - t$$

$A(t)$ 表示在时刻 t 时正在使用的零件已经使用的时间（年龄），而 $Z(t)$ 表示它的剩余使用时间（剩余寿命），见图 3-1.

为了解释对 $Z(t)$ 感兴趣的原因，注意到，$T_{N(t)+1}$ 之后的时间间隔与 $Z(t)$ 独立，并且独立同分布，分布函数为 F，因此如果我们能够证明 $Z(t)$ 依分布收敛，那么时

图 3-1 年龄和剩余寿命

128

刻 t 之后的更新过程将收敛到一均衡分布.

3.3.1 离散时间情形

时间间隔为正整数的情形非常简单，但也很重要，因为 Markov 链的访问会集中到一个固定的状态，例 3.1 是一个特殊的情形. 令

$$V_m = \begin{cases} 1 & m \in \{T_0, T_1, T_2, \cdots\} \\ 0 & \text{其他情形} \end{cases}$$

如果在时刻 m 发生了一次更新，也就是在时刻 T_n 访问了 m，那么 $V_m = 1$. 令 $A_n = \min\{n-m : m \leqslant n, V_m = 1\}$ 表示年龄，$Z_n = \min\{m-n : m \geqslant n, V_m = 1\}$ 表示剩余寿命. 下面的例子可以帮助我们搞清楚定义：

n	0	1	2	3	4	5	6	7	8	9	10	11	12	13
V_n	1	0	0	0	1	0	0	1	1	0	0	0	0	1
A_n	0	1	2	3	0	1	2	0	0	1	2	3	4	0
Z_n	0	3	2	1	0	2	1	0	0	4	3	2	1	0

从这个具体的例子可以看出，远离 0 的访问值在剩余寿命链中为 $j, j-1, \cdots, 1$，而在年龄链中是 $1, 2, \cdots, j$，因此有

$$\lim_{n \to \infty} \frac{1}{n} \sum_{m=1}^{n} P(A_m = i) = \lim_{n \to \infty} \frac{1}{n} \sum_{m=1}^{n} P(Z_m = i)$$

由此看出，只要研究这两个链中的其中一个就足够了. 由于 Z_n 较为简单，我们选择它进行研究. 显然若 $Z_n = i > 0$，则 $Z_{n+1} = i-1$.

当 $Z_n = 0$ 时，刚发生过一次更新. 如果到下次更新所需的时间为 k，那么 $Z_{n+1} = k-1$. 为了验证此，注意到，若 $Z_4 = 0$ 且到下次更新出现所需的时间间隔为 3（更新在时刻 7 出现），则 $Z_5 = 2$. 因此 Z_n 是一个状态空间为 $S = \{0, 1, 2, \cdots\}$ 上的 Markov 链，且转移概率为

$$p(0, j) = f_{j+1} \qquad j \geqslant 0$$
$$p(i, i-1) = 1 \qquad i \geqslant 1$$
$$p(i, j) = 0 \qquad \text{其他情形}$$

在这个链中 0 总是常返的. 如果存在无限多个数值 k 满足 $f_k > 0$，则它是不可约的. 如果不是这样，而是存在满足 $f_k > 0$ 的 k 的最大值 K，则 $\{0, 1, \cdots, K-1\}$ 是一个不可约闭集.

为了定义一个平稳测度，我们将运用定理 1.20 的循环技巧，其中 $x = 0$. 从 0 开始的链在返回到 0 之前至多访问某个状态 i 一次，这个事件发生当且仅当第一步转移到达某个状态 $\geqslant i$，即 $t_1 > i$. 因此平稳测度为

$$\mu(i) = P(t_1 > i)$$

应用（A.20）看出

$$\sum_{i=0}^{\infty} \mu(i) = E t_1$$

因此链为正常返当且仅当 $E t_1 < \infty$. 这种情形下

$$\pi(i) = P(t_1 > i)/E t_1 \tag{3.8}$$

由于 $I_0 \supset J_0 = \{k: f_k > 0\}$，因此如果 J_0 的最大公约数是 1，那么 0 是非周期的．讨论其逆命题，注意到 I_0 包含了 J_0 中所有元素的有限和，因此 I_0 的最大公约数＝J_0 的最大公约数．根据 Markov 链的收敛定理，现得出：

定理 3.8 假设 $Et_1 < \infty$，且 $\{k: f_k > 0\}$ 的最大公约数是 1，则

$$\lim_{n \to \infty} P(Z_n = i) = \frac{P(t_1 > i)}{Et_1}$$

特别地，$P(Z_n = 0) \to 1/Et_1$. ◀

例 3.10 访问"出发" 在大富翁游戏中某人掷两个骰子，并按照点数移动．像例 1.27 一样，我们将忽略"进入监狱"，"机会"和其他使得链变得更复杂的格子．掷一次骰子移动的平均格数为 $Et_1 = 7$，因此从长远看，在图板上，我们在行程中，恰好到达"出发"的占比为 $1/7$. 根据定理 3.8，可以计算超过"出发"的数值的极限分布为

0	1	2	3	4	5	6	7	8	9	10	11
$\frac{1}{7}$	$\frac{1}{7}$	$\frac{35}{252}$	$\frac{33}{252}$	$\frac{30}{252}$	$\frac{26}{252}$	$\frac{21}{252}$	$\frac{15}{252}$	$\frac{10}{252}$	$\frac{6}{252}$	$\frac{3}{252}$	$\frac{1}{252}$

■

3.3.2 一般情形

已经考虑了离散情形，下面将进一步考虑一般情形，我们将运用更新报酬过程来研究．

定理 3.9 当 $t \to \infty$ 时

$$\frac{1}{t} \int_0^t 1_{\{A_s > x, Z_s > y\}} \, ds \to \frac{1}{Et_1} \int_{x+y}^{\infty} P(t_i > z) \, dz$$

证明 当 $A_s > x$ 且 $Z_s > y$ 时，令 $I_{x,y}(s) = 1$. 易证

$$\int_{T_{i-1}}^{T_i} I_{x,y}(s) \, ds = (t_i - (x+y))^+$$

为验证此，我们考虑两种情形．忽略最后一个不完整周期 $[T_{N(t)}, t]$，有

$$\int_0^t I_{x,y}(s) \, ds \approx \sum_{i=1}^{N(t)} (t_i - (x+y))^+$$

右边是一个更新报酬过程，根据定理 3.3 可知极限为 $E(t_1 - (x+y))^+ / Et_1$. 对 $X = (t_1 - (x+y))^+$ 应用（A.22）可得所需结论． ◀

设 $x = 0$，则 $y = 0$，可以看出年龄和剩余寿命的极限分布的密度函数为

$$g(z) = \frac{P(t_i > z)}{Et_i} \tag{3.9}$$

这看起来与离散时间的结果相同．将它乘以 z，从 0 到 ∞ 进行积分，利用（A.21），可得极限的期望值为

$$Et_i^2 / 2Et_i \tag{3.10}$$

对其进行连续两次求导，我们看到，如果 t_i 具有密度函数 f_T，那么 (A_t, Z_t) 的极限联合密度函数为

$$f_T(a+z)/Et_1 \tag{3.11}$$

例 3.11 指数分布   这种情形下，式（3.11）给出的极限密度函数为

$$\frac{\lambda e^{-\lambda(x+y)}}{1/\lambda} = \lambda e^{-\lambda a} \cdot \lambda e^{-\lambda z}$$

因此年龄和剩余寿命的极限分布是独立的指数分布.   ■

例 3.12 $(0, b)$ 上的均匀分布   当 $a, z > 0, a + z < b$ 时，将均匀分布代入式（3.11），得：

$$\frac{1/b}{b/2} = \frac{2}{b^2}$$

式（3.9）给出的边缘密度函数为

$$\frac{(b-x)/b}{b/2} = \frac{2}{b} \cdot \left(1 - \frac{x}{b}\right)$$

用文字叙述即，极限密度函数是一个在时刻 0 起始于 $2/b$，在 $c = b$ 时击中 0 的线性函数.   ■

检验悖论   令 $L(t) = A(t) + Z(t)$ 表示在时刻 t 正在使用的零件的寿命. 根据式（3.10），我们看到，到时刻 t，在使用中的零件的平均寿命：

$$\frac{E(t_1^2)}{Et_1} > Et_i$$

因为 $\mathrm{var}(t_i) = Et_i^2 - (Et_i)^2 > 0$，所以这是一个悖论，因为前 n 个零件的平均寿命为

$$\frac{t_1 + \cdots + t_n}{n} \to Et_i$$

因此

$$\frac{t_1 + \cdots + t_{N(t)}}{N(t)} \to Et_i$$

下面是对该"悖论"的一个简单解释：所取的到时刻 s 正在使用的零件的平均年龄是有偏的，因为持续用到了时刻 u 的零件被计数了 u 次，换句话说

$$\frac{1}{t}\int_0^t A(s) + Z(s)\,\mathrm{d}s \approx \frac{N(t)}{t} \cdot \frac{1}{N(t)}\sum_{i=1}^{N(t)} t_i \cdot t_i \to \frac{1}{Et_1} \cdot Et_1^2 \qquad ◀$$

3.4 本章小结

本章应用大数定律给出了有用结论的简单推导，这显示了大数定律的功力. 本章中的重点是更新报酬过程的相关结论. 如果更新的时间间隔和在 (t_i, r_i) 期间获得的报酬是独立同分布的序列，那么获得报酬的极限速率是 Er_i/Et_i. 取 $r_i = 1$，此结果还原为更新过程的大数定律（定理 3.1）

$$N(t)/t \to 1/Et_i$$

如果 $t_i = s_i + u_i$，且 (s_i, u_i) 独立同分布，分别表示处于状态 1 和状态 2 的时间，那么取 $r_i = s_i$ 我们得到，处于状态 1 的时间的比例的极限为

$$Es_i/(Es_i + Eu_i)$$

这恰是交替更新过程的结论（定理 3.4）. 另外，应用更新报酬过程我们得到了 3.3 节中年龄和剩余寿命的极限行为的相关结论.

本章的第二个主题是计算的一个简单方案，利用两种不同的方法证明了其结果是相等的. 对于 $GI/G/1$ 排队系统，这使得我们可以证明，如果

平均时间间隔 $Et_i = 1/\lambda$，

平均服务时间 $Es_i = 1/\mu$，

队列的平均等待时间是 L，

从长远看，顾客进入系统的速率是 λ_a，

系统中顾客的平均停留时间是 W，

队列是空的时间比例是 $\pi(0)$，

那么

$$L = \lambda_a W \qquad \pi(0) = 1 - \frac{\lambda_a}{\mu}$$

[133]

在 $M/G/1$ 排除系统情形中，忙期的期望长度和队列中顾客的平均等待时间满足：

$$\pi(0) = \frac{1/\lambda}{1/\lambda + EB} \qquad W_Q = \frac{E(s_i^2/2)}{1 - \lambda/\mu}$$

第一个公式是交替更新过程结论的简单推论. 第二个公式更为复杂，应用了"Poisson Arrivals See Time Averages"和成本方程的推理.

3.5 习题

3.1 某区域的天气是雨期和干旱期的交替. 假定每一次雨期持续的天数是一个均值为 2 的 Poisson 分布，每次干旱期持续的天数服从均值为 7 的几何分布. 设相继的雨期和干旱期的持续天数是相互独立的. 从长远看，该地区下雨的比例是多少？

3.2 Monica 做临时工. 她每份工作的持续时间的均值为 11 个月. 如果她在两个工作之间花费的时间是均值为 3 个月的指数分布，从长远看，她处于工作状态的比例是多少？

3.3 成千上万的人去参加在 UCLA 的 Pauley Pavillion 球馆举行的感恩死乐队（Grateful dead）的音乐会. 他们将他们的 10 英尺长的汽车停放在剧院附近的街道上. 由于没有停放区指示司机可以在哪里停车，因此他们随机停放，并且车与车之间的剩余空间是相互独立的，均服从（0，10）上的均匀分布. 从长远看，街道上多大比例的区域停放了汽车？

3.4 顾客到达出租车停靠站的时间间隔是相互独立的，具有分布函数 F，均值为 μ_F. 假定出租车是无限辆提供的，像在机场可能发生这样的情况. 假定每位顾客给的小费是一个随机变量，其分布函数为 G，均值为 μ_G. 令 $W(t)$ 表示到时刻 t 为止支付的小费总额. 求 $\lim_{t \to \infty} EW(t)/t$.

3.5 在芝加哥机场的 C 航站楼前面的区域是酒店班车的停靠区域. 顾客按照速率为每小时 10 位的 Poisson 过程到达，他们等待班车去附近的希尔顿酒店. 当班车上有 7 人时，班车发车，且往返于酒店的时间是 36 分钟. 当班车离开后到达的那些顾客会选择去其他的酒店.（a）顾客最终去希尔顿酒店的比例是多少？（b）一个去希尔顿酒店的顾客在班车上等待出发所需的时间是多少？

3.6 三个孩子轮流向篮筐投篮球. 每个孩子都一直投篮到他不中才轮到下一个孩子投篮. 假设孩子 i 每次投篮命中的概率是 p_i，并且每次投篮命中与否相互独立.（a）从长远看，每个孩子投篮时间所占的比例.（b）当 $p_1 = 2/3, p_2 = 3/4, p_3 = 4/5$ 时，求问题的答案.

[134]

3.7 一名警察（平均）大约需要 10 分钟拦停一辆超速汽车. 90% 的汽车拦停后被开了 80 元的罚单. 这名警察平均需要 5 分钟的时间来写罚单. 另外 10% 被拦停的汽车超速行为更为严重，平均需要交纳

300 元的罚款. 这些更严重的处罚平均需要 30 分钟才能处理完. 从长远看, 他开罚款的速率是多少 (平均每分钟多少元)?

3.8 (**计数过程**) 如例 3.3, 假定粒子按照速率为 λ 的 Poisson 分布到达计数器. 当一个粒子到达时, 如果计数器是空闲的, 则进行计数, 并将计数器锁定 τ 时间. 在计数器锁定期间到达的粒子不进行计数. (a) 求计数器在时刻 t 处于锁定状态的概率的极限值. (b) 计算被计数的粒子所占比例的极限值.

3.9 一名销售可卡因的毒贩站在街角. 顾客按照速率为 λ 的 Poisson 过程到达. 顾客与毒贩将离开街道一段服从 G 分布的总时间, 在此期间交易完成. 在这段时间到达的顾客将离开且不再返回. (a) 毒贩成交交易的速率是多少? (b) 流失顾客的比例是多少?

3.10 概率的难点之一是认识到两个看起来不同的问题, 但是实质却是一样的, 例如, 销售可卡因和消防出警. 在问题 2.26 中, 到达一消防部门的求救电话数是按照速率为每小时 0.5 个的 Poisson 过程. 假定从回应一个电话到出警救援, 再到返回驻地, 准备好接听下一个求救电话所需的总时间服从 $(1/2, 1)$ 小时上的均匀分布. 如果在 Dryden 的消防部门还没有准备好出警救援时收到一个新的求救电话, 那么他们将求助于 Ithaca 的消防部门出警救援. 那么必须由 Ithaca 消防部门出警处理的求救电话的比例是多少?

3.11 一位年轻的医生在急诊室值夜班. 急诊按照速率为每小时 0.5 位的 Poisson 过程到达. 医生仅能在距离上次急诊 36 分钟 (即 0.6 小时) 的情况下才能睡觉. 例如, 如果在 1：00 有一个急诊, 1：17 时有第二个急诊, 那么医生至少要到 1：53 才能睡觉, 如果在那之前又来了一个急诊, 那么医生睡觉的时间更晚.

(a) 通过构建一个更新报酬过程, 其中第 i 个时间间隔内获得的报酬是在那个时间间隔中她能睡觉的总时间, 计算从长远看她睡觉时间的比例.

(b) 医生在睡觉 s_i 时间和清醒 u_i 时间上交替. 根据 (a) 的答案计算 Eu_i.

(c) 注意到, 医生想睡觉的情形与习题 2.33 中小鸡横穿马路的情形相同, 据此求解问题 (b).

3.12 一名维修工有一些机器要维修. 修好一台机器后, 马上开始维修另外一台. 每次维修时间相互独立, 且服从速率为 μ 的指数分布. 而失误按照速率为 λ 的 Poisson 分布到达, 并且与维修时间相互独立. 一旦发生失误, 机器就会出现故障, 马上开始用新机器进行工作. 从长远看, 多久才能完成维修工作?

3.13 在一场杜克大学队与迈阿密队的橄榄球比赛中, 双方交替控球, 杜克大学队平均的控球时间是 2 分钟, 迈阿密队的平均控球时间是 6 分钟. (a) 从长远看, 杜克大学队控球时间的比例是多少? (b) 假设杜克大学队每次能控球时, 都以 1/4 的概率触地得分, 而迈阿密队每次控球时都以概率 1 触地得分. 这两支队伍平均每小时触地得分是多少?

3.14 (**随机投资**) 一位投资者拥有 100 000 元. 如果当前的利率是 $i\%$ (利率按复利进行计算, 即平均每年增长 $\exp(i/100)$), 那么他将做一个 i 年的投资, 到期取出收益后, 再将 100 000 元重新进行投资. 假设他第 k 次投资到一个利率为 X_k 的产品, X_k 是 $\{1, 2, 3, 4, 5\}$ 上的均匀分布. 从长远看, 他平均每年可获得多少收益?

3.15 考虑例 3.4 中描述的问题, 但现在假设汽车的寿命为 $h(t) = \lambda e^{-\lambda t}$. 证明对任意 A 和 B, 最优时间都为 $T = \infty$. 你能否用文字对此给出一个简单的解释?

3.16 一台机床随着使用时间的增长会发生磨损, 且有可能损坏. 以月为单位测量损坏时间, 则其密度函数当 $0 \leqslant t \leqslant 30$ 时, $f_T(t) = 2t/900$, 而其他情形为 0. 如果机床损坏后必须立即更换, 费用是 1200 元. 如果在损坏之前更换, 那么费用是 300 元. 考虑如下更换原则: 在使用 c 个月之后或者当它损坏时进行更换, 那么当 c 取何值时可最小化每单位时间的平均费用.

3.17 人们按照速率为每分钟 1 人的 Poisson 过程到达大学招生办公室. 当已经到达 k 个人时, 参观开始. 学生每带领一个参观团可以获得 20 元的导游费用. 该大学估计, 每人多等一分钟将使得他对学校的善意捐款减少 10 分钱. 那么参观团的最佳人数是多少?

3.18 一位科学家用一台放置在洛杉矶北边山里的仪器来测量大气中的臭氧含量. 暴风或者动物以速率为 1 的 Poisson 过程干扰仪器, 仪器受干扰后将不再收集数据. 科学家每 L 单位时间检查一次仪器. 假设仪器已经受到干扰, 科学家可以很快修好它, 于是我们假定维修需要花费的时间为 0. (a) 仪器工作的时间所占比例的极限值是多少? (b) 假定收集到的数据的价值是每单位时间 a 元, 而每次检查仪器的费用为 $c < a$. 求检查时间 L 的最佳值.

年龄和剩余寿命

3.19 考虑离散更新过程, $f_j = P(t_1 = j)$, $F_i = P(t_1 > i)$. (a) 证明年龄链的转移概率为

$$\text{当 } j \geqslant 0 \text{ 时} \qquad q(j, j+1) = \frac{F_{j+1}}{F_j}, \qquad q(j, 0) = 1 - \frac{F_{j+1}}{F_j} = \frac{f_{j+1}}{F_j}$$

136

(b) 证明如果 $Et_1 < \infty$, 则平稳分布 $\pi(i) = P(t_1 > i)/Et_1$.

(c) 令 $p(i, j)$ 为更新链的转移概率. 通过比较上面的数值例子, 证明 q 和 p 显然有紧密联系: q 是 p 的对偶链, 即对链 p 从后观察. 也就是说

$$q(i, j) = \frac{\pi(j) p(j, i)}{\pi(i)}$$

3.20 证明习题 1.38 中的链是一个年龄链的特殊情形, 其转移概率为

	1	2	3	4
1	1/2	1/2	0	0
2	2/3	0	1/3	0
3	3/4	0	0	1/4
4	1	0	0	0

据此观察和之前的习题来计算此链的平稳分布.

3.21 纽约 Ithaca 的市中心所有的停车区域只允许停车两小时. 停车巡逻员有规律地在市中心区域检查, 每两小时通过同样的位置一次. 当一位巡逻员看到一辆汽车时, 他用粉笔做标记. 如果两小时后汽车仍然停放在那里, 巡逻员将开一张罚单. 假定你停车时间是一个随机变量, 服从 (0,4) 小时上的均匀分布. 那么你将得到一张罚单的概率是多少?

3.22 每次购物中心的冷冻酸奶机发生故障后, 将立即更换一个同型号的新机器. (a) 若机器的寿命是 gamma(2, λ) 分布, 即两个服从均值为 $1/\lambda$ 的指数分布的随机变量之和, 那么在使用中的机器年龄的极限分布是什么? (b) 考虑一个包括红色和蓝色两种到达的泊松过程的速率, 求解 (a).

3.23 当 Sid Resnick 去 Haifa 旅游时, 他发现那些想从港口区域向山上去的乘客经常合乘一辆出租车, 也就是拼车. 每辆出租车载客人数核定为 5 人. 潜在的顾客按照速率为 λ 的 Poisson 分布到达. 一旦出租车上乘坐了 5 人, 司机将开车去 Carmel, 而另一辆出租车将往前移动等待乘客上车. 一位当地的居民 (没有出行需求) 漫步到此. 他要看到一辆出租车离开, 需要等待的时间的分布是什么?

3.24 假定式 (3.9) 中年龄的极限分布同初始分布一样. 证明: 存在 $\lambda > 0$, $F(x) = 1 - e^{-\lambda x}$.

137

第 4 章　连续时间 Markov 链

4.1　定义和例子

在第 1 章中我们考虑了离散时间 Markov 链 X_n，即时间下标 n 是离散的，$n = 0, 1, 2, \cdots$ 在本章中我们将把这一概念扩展到连续时间参数 $t \geqslant 0$ 的情形，这种设定对于一些应用更为方便．在离散时间情形中，我们已经给出了 Markov 性的描述：对任意可能的取值 $j, i, i_{n-1}, \cdots, i_0$，有

$$P(X_{n+1} = j \mid X_n = i, X_{n-1} = i_{n-1}, \cdots, X_0 = i_0) = P(X_{n+1} = j \mid X_n = i)$$

成立．在连续时间情形中，在技术上很难给出已知所有 $r \leqslant s$ 的 X_r 下的条件概率的定义，因此作为替代，我们采用下面的定义：称 $X_t, t \geqslant 0$ 是一个 Markov 链，如果对任意的 $0 \leqslant s_0 < s_1 < \cdots < s_n < s$ 和可能的状态 $i_0, \cdots, i_n, i, j$ 都有

$$P(X_{t+s} = j \mid X_s = i, X_{s_n} = i_n, \cdots, X_{s_0} = i_0) = P(X_t = j \mid X_0 = i)$$

成立．用文字叙述：给定当前状态时，其余过去的状态对于将来状态的预测都是无关的．注意，在定义中我们加入了一个事实，即从时刻 s 所处的状态 i 到达时刻 $s+t$ 的状态 j 的概率仅依赖于时间间隔 t．

第一步我们先构造大量的例子．在例 4.6 中我们将看到它几乎就是一般的情形．

例 4.1　令 $N(t), t \geqslant 0$ 表示速率为 λ 的 Poisson 过程，Y_n 表示一个转移概率为 $u(i, j)$ 的离散时间 Markov 链．则 $X_t = Y_{N(t)}$ 是一个连续时间 Markov 链．换句话说，X_t 在 $N(t)$ 的每一个到达时刻根据 $u(i, j)$ 转移一步．

为什么这是正确的？直观上，这来自于指数分布的无记忆性．若 $X_s = i$，则因为它与过去发生的情况独立，所以距离下一步转移的时间将是速率为 λ 的指数分布，且以概率 $u(i, j)$ 到达状态 j．

离散时间 Markov 链是通过给出它从 i 一步转移到 j 的转移概率 $p(i, j)$ 来描述的．在连续时间 Markov 链中没有第一个时刻 $t > 0$，因此我们引入对每个 $t > 0$ 的**转移概率**

$$p_t(i, j) = P(X_t = j \mid X_0 = i)$$

对例 4.1 计算此概率，注意 $N(t)$ 是一个均值为 λt 的 Poisson 跳跃数，从而

$$p_t(i, j) = \sum_{n=0}^{\infty} e^{-\lambda t} \frac{(\lambda t)^n}{n!} u^n(i, j)$$

其中 $u^n(i, j)$ 是转移概率 $u(i, j)$ 的 n 次幂．

和离散时间情形类似，连续时间 Markov 链的转移概率满足

定理 4.1（Chapman-Kolmogorov 方程）

$$\sum_k p_s(i, k) p_t(k, j) = p_{s+t}(i, j)$$

这为什么是正确的？为了使得链从 i 开始，并在时刻 $s+t$ 到达 j，它必然在时刻 s 到达某状态 k，而 Markov 性意味着，这两部分转移过程是独立的．

证明 根据链在时刻 s 的状态进行分解，有

$$P(X_{s+t} = j \mid X_0 = i) = \sum_k P(X_{s+t} = j, X_s = k \mid X_0 = i)$$

应用条件概率的定义和 Markov 性，上式

$$= \sum_k P(X_{s+t} = j \mid X_s = k, X_0 = i)P(X_s = k \mid X_0 = i) = \sum_k p_t(k,j)p_s(i,k) \quad \blacktriangleleft$$

Chapman-Kolmogorov 方程说明，如果我们已经知道 $t < t_0$ 的转移概率，其中 t_0 为任意大于 0 的实数，那么我们将知道所有 t 的转移概率. 此观察和一个跳跃很大的理念（我们稍后将证明）显示出转移概率 p_t 可以根据它在 0 处的导数确定：

$$q(i,j) = \lim_{h \to 0} \frac{p_h(i,j)}{h} \quad j \neq i \tag{4.1}$$

若此极限存在（在我们考虑的所有情形中都存在），则称 $q(i,j)$ 是从 i 到 j 的**转移速率**. 为了解释此名称，我们将计算：

例 4.1 的转移速率　在时间 h 内至少经历两步转移的概率是 1 减去发生 0 和一步转移的概率

$$1 - (e^{-\lambda h} + \lambda h e^{-\lambda h}) = 1 - (1 + \lambda h)\left(1 - \lambda h + \frac{(\lambda h)^2}{2!} + \cdots\right)$$

$$= (\lambda h)^2 / 2! + \cdots = o(h)$$

这就是说，当把它除以 h 后，$h \to 0$ 时它趋于 0. 因此，如果 $j \neq i$，那么当 $h \to 0$ 时有

$$\frac{p_h(i,j)}{h} \approx \lambda e^{-\lambda h} u(i,j) \to \lambda u(i,j)$$

将最后一个等式和式（4.1）定义的转移速率相比较，我们得到 $q(i,j) = \lambda u(i,j)$. 用文字叙述就是，我们以速率 λ 离开 i，并以概率 $u(i,j)$ 到达 j. ∎

例 4.1 是非典型的. 在这个例子中我们从 Markov 链开始，然后计算它的速率. 在大多数情形下，通过给出转移速率 $q(i,j)$，$i \neq j$ 来描述系统更为简单，其中 $q(i,j)$ 是从 i 跳转到 j 的转移速率. 最简单的例子是： ∎

例 4.2 Poisson 过程　用 $X(t)$ 表示一个速率为 λ 的 Poisson 过程到时刻 t 为止的到达数. 由于在 Poisson 过程中到达发生的速率为 λ，因此到达数 $X(t)$ 从 n 增加到 $n+1$ 的速率为 λ，或者用符号表示为

$$\text{对任意 } n \geqslant 0, \text{都有 } q(n, n+1) = \lambda$$

这个最简单的例子可以用来构造其他的例子. ∎

例 4.3 $M/M/s$ 排队系统　想象一家银行有 $s \leqslant \infty$ 个柜员，若所有的柜员都在工作中，则顾客将排成一队等待. 假定顾客按照速率为 λ 的 Poisson 过程到达，且每一个顾客的服务时间相互独立，服从速率为 μ 的指数分布. 同例 4.2 一样，$q(n, n+1) = \lambda$. 为了描述离去的顾客数，令

$$q(n, n-1) = \begin{cases} n\mu & 0 \leqslant n \leqslant s \\ s\mu & n \geqslant s \end{cases}$$

为解释此结果，注意当系统中有 $n \leqslant s$ 名顾客时，他们都在接受服务，离开的速率是 $n\mu$. 当 $n > s$ 时，所有 s 个柜员都在工作，顾客离开的速率是 $s\mu$. ∎

例 4.4 分支过程　在这个系统中每个个体死亡的概率为 μ，生育一个新个体的速率为 λ，因此有

$$q(n, n+1) = \lambda n \qquad q(n, n-1) = \mu n$$

当 $\mu = 0$ 时，它是一个特殊情形，称为 **Yule 过程**. ■

在看过了这些例子后，很自然的问题是：

给定速率，如何构造链？

令 $\lambda_i = \sum_{j \neq i} q(i, j)$ 表示 X_t 离开 i 的速率. 若 $\lambda_i = \infty$，则过程将立即离开 i，因此我们总是假定每个状态 i 的 $\lambda_i < \infty$. 若 $\lambda_i = 0$，则 X_t 将永远不离开 i. 因此假定 $\lambda_i > 0$，令

$$r(i, j) = q(i, j)/\lambda_i$$

这里 r 是"路径矩阵"（routing matrix）的简写，表示链在离开 i 时将到达 j 的概率.

非正式构造　若 X_t 在状态 i 且 $\lambda_i = 0$，则 X_t 将永远停留在那里，构造结束. 若 $\lambda_i > 0$，则 X_t 停留在状态 i 的时间是速率为 λ_i 的指数分布，然后以概率 $r(i, j)$ 到达状态 j.

正式构造　为简单起见，假定对所有的 i 都有 $\lambda_i > 0$. 令 Y_n 表示一个转移概率为 $r(i, j)$ 的 Markov 链. 离散时间链 Y_n 给出了连续时间过程将遵循的线路图. 为了确定过程停留在每一个状态上的时间，令 $\tau_0, \tau_1, \tau_2, \cdots$ 为相互独立且服从速率为 1 的指数分布的随机变量.

在时刻 0，过程在状态 Y_0，在该状态停留的时间服从速率为 $\lambda(Y_0)$ 的指数分布，因此令过程在状态 Y_0 的停留时间 $t_1 = \tau_0/\lambda(Y_0)$.

在时刻 $T_1 = t_1$，过程跳到 Y_1，在该状态停留的时间服从速率为 $\lambda(Y_1)$ 的指数分布，因此令过程在状态 Y_1 的停留时间 $t_2 = \tau_1/\lambda(Y_1)$.

在时刻 $T_2 = t_1 + t_2$，过程跳到 Y_2，在该状态停留的时间服从速率为 $\lambda(Y_2)$ 的指数分布，因此令过程在状态 Y_2 的停留时间为 $t_3 = \tau_2/\lambda(Y_2)$.

以这种显而易见的方式继续进行下去，我们可以令过程在 Y_n 的停留时间 $t_{n+1} = \tau_n/\lambda(Y_n)$，因此过程转移到 Y_{n+1} 的时刻为

$$T_{n+1} = t_1 + \cdots + t_{n+1}$$

用符号表示，若我们令 $T_0 = 0$，则当 $n \geqslant 0$ 时，有

$$X(t) = Y_n \qquad T_n \leqslant t < T_{n+1} \tag{4.2}$$

计算机模拟　用计算机模拟以上描述的构造过程给出了模拟一个 Markov 链的步骤. 通过令 $\tau_i = -\ln U_i$，来生成相互独立的服从标准指数分布的随机变量 τ_i，其中 U_i 表示 $(0, 1)$ 上的均匀分布. 应用另一个随机数序列来生成 Y_n 的转移状态，然后按照前面的叙述定义 t_i，T_n, X_t.

上述正式构造链的好处是如果当 $n \to \infty$ 时，$T_n \to \infty$，那么我们已经成功地定义了所有时间的过程，从而构造结束. 这也是我们考虑的几乎所有例子的情形. 坏处是 $\lim_{n \to \infty} T_n < \infty$ 有可能发生. 在大多数模型中，考虑过程在有限的时间内发生无数步转移的情况是无意义的，因此我们引入一个"坟墓状态" Δ 到状态空间中，通过令 $T_\infty = \lim_{n \to \infty} T_n$ 来完成定义，令

$$X(t) = \Delta, \qquad 对所有 t \geqslant T_\infty$$

为了说明爆炸可能发生，考虑下列例子.

例 4.5 幂律速率的纯生过程 假设 $q(i, i+1) = \lambda i^p$，其他情形 $q(i, j) = 0$。在这种情形中转移到 $n+1$ 的时刻是 $T_n = t_1 + \cdots + t_n$，其中 t_n 服从速率为 n^p 的指数分布。由于 $Et_n = 1/n^p$，因此若 $p > 1$，则

$$ET_n = \lambda \sum_{m=1}^{n} 1/m^p$$

这意味着 $ET_\infty = \sum_{m=1}^{\infty} 1/m^p < \infty$，从而 $T_\infty < \infty$ 以概率 1 成立。当 $p = 1$ 时，这是 Yule 过程的情形，$n \to \infty$ 时，

$$ET_n = (1/\beta) \sum_{m=1}^{n} 1/m \sim (\log n)/\beta$$

也就是说，通过自身它不足以建立 $T_n \to \infty$ 的情形，但是要补充缺失的信息并不困难。 ∎

证明 $\mathrm{var}(T_n) = \sum_{m=1}^{n} 1/m^2 \beta^2 \leqslant C = \sum_{m=1}^{\infty} 1/m^2 \beta^2$。切比雪夫不等式意味着，当 $n \to \infty$ 时

$$P(T_n \leqslant ET_n/2) \leqslant 4C/(ET_n)^2 \to 0$$

因为 $n \to T_n$ 是递增的，所以 $T_n \to \infty$。 ◄

最后一个例子要证明我们在例 4.1 之前给出的评论是合理的。

例 4.6 归一化 假设 $\Lambda = \sup_i \lambda_i < \infty$，令

$$u(i, j) = q(i, j)/\Lambda, \qquad \text{当 } j \neq i \text{ 时}$$
$$u(i, i) = 1 - \lambda_i/\Lambda$$

换句话说，每一个状态都试图以速率 Λ 转移，以概率 $1 - \lambda_i/\Lambda$ 停留，因此从状态 i 离开的速率为 λ_i。如果我们令 Y_n 表示一个转移概率为 $u(i, j)$ 的 Markov 链，$N(t)$ 表示速率为 Λ 的 Poisson 过程，则 $X_t = Y_{N(t)}$ 具有我们所需要的转移速率。此构造方法是有用的，因为与 X_t 相比，模拟 Y_n 更为简单，而且它们具有相同的平稳分布。 ∎

143

4.2 转移概率的计算

在上一节中我们看到给定转移速率 $q(i, j)$，可以构造一个具有这些转移速率的 Markov 链。当然，此链的转移概率是

$$p_t(i, j) = P(X_t = j \mid X_0 = i)$$

我们的下一个问题是：怎样根据转移速率 q 来计算转移概率 p_t？

我们给出答案的步骤从应用定理 4.1（Chapman-Kolmogorov 方程）开始，然后从中分离出求和项的 $k = i$ 项。

$$\begin{aligned}
p_{t+h}(i, j) - p_t(i, j) &= \Big(\sum_k p_h(i, k) p_t(k, j) \Big) - p_t(i, j) \\
&= \Big(\sum_{k \neq i} p_h(i, k) p_t(k, j) \Big) + [p_h(i, i) - 1] p_t(i, j)
\end{aligned}$$

$$(4.3)$$

我们的目标是两边同时除以 h，然后令 $h \to 0$，计算

$$p_t'(i, j) = \lim_{h \to 0} \frac{p_{t+h}(i, j) - p_t(i, j)}{h}$$

根据转移速率的定义，

$$当 i \neq j 时 \quad q(i,j) = \lim_{h \to 0} \frac{p_h(i,j)}{h}$$

忽略交换极限和求和项的顺序的细节（在本章中，我们都这样处理），有

$$\lim_{h \to 0} \frac{1}{h} \sum_{k \neq i} p_h(i,k) p_t(k,j) = \sum_{k \neq i} q(i,k) p_t(k,j) \tag{4.4}$$

对另外一项，注意，$1 - p_h(i,i) = \sum_{k \neq i} p_h(i,k)$，因此

$$\lim_{h \to 0} \frac{p_h(i,i) - 1}{h} = -\lim_{h \to 0} \sum_{k \neq i} \frac{p_h(i,k)}{h} = -\sum_{k \neq i} q(i,k) = -\lambda_i$$

且

[144]
$$\lim_{h \to 0} \frac{p_h(i,i) - 1}{h} p_t(i,j) = -\lambda_i p_t(i,j) \tag{4.5}$$

结合式（4.4）、式（4.5）和式（4.3）以及导数的定义，有

$$p_t'(i,j) = \sum_{k \neq i} q(i,k) p_t(k,j) - \lambda_i p_t(i,j) \tag{4.6}$$

为了整理最后一个方程，我们引入一个新矩阵

$$Q(i,j) = \begin{cases} q(i,j) & j \neq i \\ -\lambda_i & j = i \end{cases}$$

对于将来的计算，注意 $i \neq j$ 的非对角线元素 $q(i,j)$ 是非负的，而对角线上的元素是一个负数，取值使得行和等于 0.

使用矩阵符号，我们可将式（4.6）简写为

$$p_t' = Q p_t \tag{4.7}$$

这是 **Kolmogorov** 向后方程. 若 Q 是一个数，而不是一个矩阵，则上述方程很容易求解. 令 $p_t = \mathrm{e}^{Qt}$，通过微分验证，方程成立. 受此结果的启发，我们定义矩阵

$$\mathrm{e}^{Qt} = \sum_{n=0}^{\infty} \frac{(Qt)^n}{n!} = \sum_{n=0}^{\infty} Q^n \cdot \frac{t^n}{n!} \tag{4.8}$$

通过微分验证，有

$$\frac{\mathrm{d}}{\mathrm{d}t} \mathrm{e}^{Qt} = \sum_{n=1}^{\infty} Q^n \frac{t^{n-1}}{(n-1)!} = \sum_{n=1}^{\infty} Q \cdot \frac{Q^{n-1} t^{n-1}}{(n-1)!} = Q \mathrm{e}^{Qt}$$

Kolmogorov 向前方程. 这次我们将 $[0, t+h]$ 拆分为 $[0,t]$ 和 $[t, t+h]$，而不是 $[0,h]$ 和 $[h, t+h]$.

$$p_{t+h}(i,j) - p_t(i,j) = \Big(\sum_k p_t(i,k) p_h(k,j) \Big) - p_t(i,j)$$
$$= \Big(\sum_{k \neq j} p_t(i,k) p_h(k,j) \Big) + [p_h(j,j) - 1] p_t(i,j)$$

类似之前的计算，得到

$$p_t'(i,j) = \sum_{k \neq j} p_t(i,k) q(k,j) - p_t(i,j) \lambda_j \tag{4.9}$$

再次引入矩阵符号，可写为

[145]
$$p_t' = p_t Q \tag{4.10}$$

比较式 (4.10) 和式 (4.7)，看到 $p_t Q = Q p_t$，Kolmogorov 的两种微分方程对应于将转移速率矩阵写在左边或者右边. 当我们考虑这两种情况如何选择时，我们应该记得一般情况下，矩阵 $AB \neq BA$，因此 $p_t Q = Q p_t$ 有些不寻常. 这一事实的关键在于，$p_t = \mathrm{e}^{Qt}$ 是由 Q 的幂组成的:

$$Q \cdot \mathrm{e}^{Qt} = \sum_{n=0}^{\infty} Q \cdot \frac{(Qt)^n}{n!} = \sum_{n=0}^{\infty} \frac{(Qt)^n}{n!} \cdot Q = \mathrm{e}^{Qt} \cdot Q$$

为了解释 Kolmogorov 方程的应用，我们将考虑一些例子. 其中最简单的例子是 Poisson 过程.

例 4.7 Poisson 过程 令 $X(t)$ 表示在一个速率为 λ 的 Poisson 过程中，直到时刻 t 为止的到达数. 为了从时刻 s 的 i 个到达到时刻 $t+s$ 的 j 个到达，必然有 $j \geq i$，且在 t 单位时间内恰好有 $j-i$ 个到达，于是有

$$p_t(i,j) = \mathrm{e}^{-\lambda t} \frac{(\lambda t)^{j-i}}{(j-i)!} \tag{4.11}$$

为了验证微分方程，我们首先搞清楚它是什么. 应用更为精确的向后方程的形式 (4.6)，将速率代入，有

$$p_t'(i,j) = \lambda p_t(i+1,j) - \lambda p_t(i,j)$$

为了验证它，我们需要对式 (4.11) 求导.

当 $j > i$ 时，式 (4.11) 的求导结果为

$$-\lambda \mathrm{e}^{-\lambda t} \frac{(\lambda t)^{j-i}}{(j-i)!} + \mathrm{e}^{-\lambda t} \frac{(\lambda t)^{j-i-1}}{(j-i-1)!} \lambda = -\lambda p_t(i,j) + \lambda p_t(i+1,j)$$

当 $j = i$ 时，$p_t(i,i) = \mathrm{e}^{-\lambda t}$，从而导数为

$$-\lambda \mathrm{e}^{-\lambda t} = -\lambda p_t(i,i) = -\lambda p_t(i,j) + \lambda p_t(i+1,i)$$

其中 $p_t(i+1,i) = 0$. ∎

第二个简单的例子如下.

例 4.8 两状态链 为具体起见，我们可以假设状态空间是 $\{1,2\}$. 在这种情况下，仅有两个转移速率 $q(1,2) = \lambda$ 和 $q(2,1) = \mu$，因此当我们在对角线上补充相应行的转移速率的负数后，得到

$$Q = \begin{bmatrix} -\lambda & \lambda \\ \mu & -\mu \end{bmatrix}$$

写出向后方程的矩阵形式 (4.7)，则有

$$\begin{bmatrix} p_t'(1,1) & p_t'(1,2) \\ p_t'(2,1) & p_t'(2,2) \end{bmatrix} = \begin{bmatrix} -\lambda & \lambda \\ \mu & -\mu \end{bmatrix} \begin{bmatrix} p_t(1,1) & p_t(1,2) \\ p_t(2,1) & p_t(2,2) \end{bmatrix}$$

因为 $p_t(i,2) = 1 - p_t(i,1)$，所以只需计算 $p_t(i,1)$. 计算对右边矩阵第一列的乘积，有

$$p_t'(1,1) = -\lambda p_t(1,1) + \lambda p_t(2,1) = -\lambda(p_t(1,1) - p_t(2,1))$$
$$p_t'(2,1) = \mu p_t(1,1) - \mu p_t(2,1) = \mu(p_t(1,1) - p_t(2,1)) \tag{4.12}$$

取两等式的差值可得

$$[p_t(1,1) - p_t(2,1)]' = -(\lambda + \mu)[p_t(1,1) - p_t(2,1)]$$

因为 $p_0(1,1) = 1$，$p_0(2,1) = 0$，所以有

$$p_t(1,1) - p_t(2,1) = \mathrm{e}^{-(\lambda+\mu)t}$$

将此代入式（4.12），积分得

$$p_t(1,1) = p_0(1,1) + \frac{\lambda}{\mu+\lambda} \mathrm{e}^{-(\mu+\lambda)s} \Big|_0^t = \frac{\mu}{\lambda+\mu} + \frac{\lambda}{\mu+\lambda} \mathrm{e}^{-(\mu+\lambda)t}$$

$$p_t(2,1) = p_0(2,1) + \frac{\lambda}{\mu+\lambda} \mathrm{e}^{-(\mu+\lambda)s} \Big|_0^t = \frac{\mu}{\mu+\lambda} + \frac{\lambda}{\mu+\lambda} \mathrm{e}^{-(\mu+\lambda)t}$$

验证常数时，注意 $p_0(1,1) = 1$，$p_0(2,1) = 0$. 为了下一节的内容做准备，注意，停留在状态 1 的概率以指数速度收敛于均衡值 $\mu/(\mu+\lambda)$. ■

能写出 Kolmogorov 微分方程的解的例子并不是很多. 其中比较经典的是下例.

例 4.9　Yule 过程　在这个模型中，每一个粒子都以速率 β 裂变为两个，因此 $q(i, i+1) = \beta i$. 为了得到 Yule 过程的转移概率，我们猜测并证明

$$p_t(1,j) = \mathrm{e}^{-\beta t}(1 - \mathrm{e}^{-\beta t})^{j-1} \quad j \geqslant 1 \tag{4.13}$$

即成功概率为 $\mathrm{e}^{-\beta t}$ 的几何分布，因此均值为 $\mathrm{e}^{\beta t}$. 为了解释该均值，注意

$$\frac{\mathrm{d}}{\mathrm{d}t} EX(t) = \beta EX(t) \quad \text{意味着} \quad E_1 X(t) = \mathrm{e}^{\beta t}$$

147

为了验证式（4.13），我们将运用向前方程（4.9）来推导，若 $j \geqslant 1$，则

$$p_t'(1,j) = -\beta j\, p_t(1,j) + \beta(j-1)\, p_t(1,j-1) \tag{4.14}$$

其中 $p_t(1,0) = 0$. 这里运用向前方程是由于我们只写出了当 $i=1$ 时的 $p_t(i,j)$ 的公式. 为了对 $j=1$ 验证猜想的公式，注意，

$$p_t'(1,1) = -\beta \mathrm{e}^{-\beta t} = -\beta p_t(1,1)$$

当 $j > 1$ 时，公式并不是那么简单：

$$\begin{aligned} p_t'(1,j) = &-\beta \mathrm{e}^{-\beta t}(1 - \mathrm{e}^{-\beta t})^{j-1} \\ &+ \mathrm{e}^{-\beta t}(j-1)(1 - \mathrm{e}^{-\beta t})^{j-2}(\beta \mathrm{e}^{-\beta t}) \end{aligned}$$

重新抄写右边的第一项并将 $\beta \mathrm{e}^{-\beta t} = -(1 - \mathrm{e}^{-\beta t})\beta + \beta$ 代入第二项，我们可以把上式右边的部分重新写为

$$\begin{aligned} &-\beta \mathrm{e}^{-\beta t}(1 - \mathrm{e}^{-\beta t})^{j-1} - \mathrm{e}^{-\beta t}(j-1)(1 - \mathrm{e}^{-\beta t})^{j-1}\beta \\ &+ \mathrm{e}^{-\beta t}(1 - \mathrm{e}^{-\beta t})^{j-2}(j-1)\beta \end{aligned}$$

将前两项相加，并同式（4.14）比较，可知上式

$$= -\beta j\, p_t(1,j) + \beta(j-1)\, p_t(1,j-1)$$

在找到了求解 $p_t(1,j)$ 的方法后，幸运的是，容易求解 $p_t(i,j)$. 链从 i 个个体开始等同于 i 个从 1 个个体开始的链之和. 据此，可以容易计算得到

$$p_t(i,j) = \binom{j-1}{i-1}(\mathrm{e}^{-\beta t})^i (1 - \mathrm{e}^{-\beta t})^{j-i} \tag{4.15}$$

换句话说，i 个几何分布之和服从负二项分布.

证明　首先注意，若 $N_1, \cdots, N_i$ 具有式（4.13）中给出的分布，且 $n_1 + \cdots + n_i = j$，则

$$P(N_1 = n_1, \cdots, N_i = n_i) = \prod_{k=1}^{i} \mathrm{e}^{-\beta t}(1 - \mathrm{e}^{-\beta t})^{n_k-1} = (\mathrm{e}^{-\beta t})^i (1 - \mathrm{e}^{-\beta t})^{j-i}$$

为了对可能的 $(n_1, \cdots, n_i)$ 计数，其中 $n_k \geqslant 1$，和为 j，我们考虑摆放成一行的 j 个球. 为了

将 j 个球分为个数分别为 $n_1, \cdots, n_i$ 的 i 个组，我们在球之间的卡槽中插入卡片，令第 k 组球的个数为 n_k. 利用这种变换，显然 $(n_1, \cdots, n_i)$ 组合的个数等于从 $j-1$ 个卡槽中选择 $i-1$ 处放置卡片的方法数即 $\binom{j-1}{i-1}$. 将此与每一个 $(n_1, \cdots, n_i)$ 的概率相乘即得所需结论. ∎

4.3 极限行为

在离散时间链中我们花费了很多精力发展出了收敛定理，随之连续时间情形的结论可以容易获得. 事实上，对于连续时间 Markov 链的极限行为的研究比离散时间链的理论更为简单，因为随机停留时间是指数分布意味着我们不需要再考虑时间的非周期性. 首先我们给出之前一些定义的推广.

称 Markov 链 X_t 是**不可约的**，如果对任意两个状态 i 和 j，都有可能从 i 经过有限步转移到 j. 准确地说，存在一个状态序列 $k_0 = i, k_1, \cdots, k_n = j$ 使得 $q(k_{m-1}, k_m) > 0$，其中 $1 \leqslant m \leqslant n$.

引理 4.2 如果 X_t 是不可约的且 $t > 0$，则 $p_t(i, j) > 0$.

证明 由于 $p_s(i, j) \geqslant \exp(-\lambda_i s) > 0$ 且 $p_{t+s}(i, j) \geqslant p_t(i, j) p_s(j, j)$，从而只需说明对很小的 t 结论成立. 因为

$$\lim_{h \to 0} p_h(k_{m-1}, k_m) / h = q(k_{m-1}, k_m) > 0$$

所以这说明，如果 h 足够小，则有 $p_h(k_{m-1}, k_m) > 0$，其中 $1 \leqslant m \leqslant n$，从而 $p_{nh}(i, j) > 0$. ◀

在离散时间情形下，平稳分布是 $\pi p = \pi$ 的一个解. 由于在连续时间情形中没有第一个时刻 $t > 0$，我们需要更强的概念：称 π 是一个**平稳分布**，如果对所有的 $t > 0$ 都有 $\pi p_t = \pi$ 成立. 由于包含所有的 p_t，因此很难验证这个条件，并且正如之前一节中看到的，p_t 并不容易计算. 下一个结论将通过给出一个平稳性检验以解决上述问题，它根据的是描述链的基础数据，转移速率矩阵

$$Q(i, j) = \begin{cases} q(i, j) & j \neq i \\ -\lambda_i & j = i \end{cases}$$

其中 $\lambda_i = \sum_{j \neq i} q(i, j)$ 是离开 i 的总转移速率.

引理 4.3 π 是一个平稳分布，当且仅当 $\pi Q = 0$.

为什么这是正确的？根据 Q 的定义代入计算并整理条件 $\pi Q = 0$ 变为

$$\sum_{k \neq j} \pi(k) q(k, j) = \pi(j) \lambda_j$$

如果我们将 $\pi(k)$ 看做是在 k 处的沙子总量，右边表示的是沙子离开 j 的速率，而左边表示沙子到达 j 的速率，如果对每个 j 都有流入 j 的量等于从 j 流出的量，那么 π 将是一个平稳分布. ◀

更多细节. 若 $\pi p_t = \pi$，则

$$0 = \frac{\mathrm{d}}{\mathrm{d}t} \pi p_t = \sum_i \pi(i) p'_t(i, j) = \sum_i \pi(i) \sum_k p_t(i, k) Q(k, j)$$

$$= \sum_k \sum_i \pi(i) p_t(i, k) Q(k, j) = \sum_k \pi(k) Q(k, j)$$

相反地，若 $\pi Q = 0$，则

$$\frac{\mathrm{d}}{\mathrm{d}t}\Big(\sum_i \pi(i)p_t(i,j)\Big) = \sum_i \pi(i)p_t'(i,j) = \sum_i \pi(i)\sum_k Q(i,k)p_t(k,j)$$

$$= \sum_k \sum_i \pi(i)Q(i,k)p_t(k,j) = 0$$

由于导数为 0，所以 πp_t 为常量，且它必然等于它在 0 时刻的值 π.   ◀

引理 4.2 意味着对任意 $h > 0$，p_h 都是不可约的且非周期的，因此根据定理 1.19，

$$\lim_{n\to\infty} p_{nh}(i,j) = \pi(j)$$

由此我们得到如下结论.

定理 4.4   如果一个连续时间 Markov 链 X_t 是不可约的并且具有平稳分布 π，则

$$\lim_{t\to\infty} p_t(i,j) = \pi(j)$$ ◀

现在我们考虑一些例子.

例 4.10 **洛杉矶天气链**   有三个状态：1 = 晴，2 = 雾，3 = 雨. 天气持续为晴天的时间服从均值为 3 天的指数分布，然后变为雾天. 雾天持续的时间服从均值为 4 天的指数分布，然后雨来了. 雨天持续的时间服从均值为 1 天的指数分布，之后返回到晴天. 回忆指数分布的速率是 1 除以均值，用文字描述可翻译成如下的 Q 矩阵

	1	**2**	**3**
1	$-1/3$	$1/3$	0
2	0	$-1/4$	$1/4$
3	1	0	-1

由关系式 $\pi Q = 0$ 引出三个方程

$$-\frac{1}{3}\pi_1 \qquad\qquad + \pi_3 = 0$$

$$\frac{1}{3}\pi_1 \;-\; \frac{1}{4}\pi_2 \qquad\qquad = 0$$

$$\frac{1}{4}\pi_2 \;-\; \pi_3 = 0$$

三个方程相加得到 $0 = 0$，因此我们将第三个方程删去，增加 $\pi_1 + \pi_2 + \pi_3 = 1$，从而方程可写为矩阵形式

$$\begin{bmatrix}\pi_1 & \pi_2 & \pi_3\end{bmatrix} A = \begin{bmatrix}0 & 0 & 1\end{bmatrix}\quad \text{其中}\quad A = \begin{bmatrix} -1/3 & 1/3 & 1 \\ 0 & -1/4 & 1 \\ 1 & 0 & 1 \end{bmatrix}$$

这里和我们在离散时间情形的处理方式类似：为了求解一个 k 状态链的平稳分布，将 Q 的前 $k-1$ 列加上元素都为 1 的列构成 A，从而有

$$\begin{bmatrix}\pi_1 & \pi_2 & \pi_3\end{bmatrix} = \begin{bmatrix}0 & 0 & 1\end{bmatrix} A^{-1}$$

即 A^{-1} 的最后一行. 在此例中，有

$$\pi(1) = 3/8, \quad \pi(2) = 4/8, \quad \pi(3) = 1/8$$

为了验证我们的答案，注意，天气在晴天、雾天和雨天上周期往复，且每种天气持续的时间服从相互独立的指数分布，其均值分别为 3、4 和 1，因此停留在每一个状态上的时

间的比例值恰好是停留在每个状态上的平均时间除以一个周期的均值 8. ∎

例 4.11 **杜克大学队篮球赛** 为了"模拟"一场篮球比赛,我们使用一个四状态的 Markov 链,这四个状态分别为

$$0 = 杜克大学队进攻 \qquad 2 = 北卡大学队进攻$$
$$1 = 杜克大学队得分 \qquad 3 = 北卡大学队得分$$

其转移速率矩阵为

	0	**1**	**2**	**3**
0	-3	2	1	0
1	0	-5	5	0
2	1	0	-2.5	1.5
3	6	0	0	-6

其中速率是以分钟为单位计算的. 解释这些速率:

杜克大学队进攻时,其控球时间服从均值为 1/3 分钟的指数分布,最终以得分结束这次进攻的概率为 2/3,控球权交给对方的概率为 1/3. 在杜克大学队得分之后,北卡大学队平均需要 1/5 分钟把球拿到线外,之后他们组织进攻.

北卡大学队进攻时,其控球时间服从均值为 2/5 分钟的指数分布,最终得分的概率为 0.6,控球权交给对方的概率为 0.4. 在北卡大学队得分之后,杜克大学队平均需要 1/6 分钟将球拿到线外,之后组织进攻.

为了得到平稳分布,我们需要求解

$$\begin{bmatrix} \pi_0 & \pi_1 & \pi_2 & \pi_3 \end{bmatrix} \begin{bmatrix} -3 & 2 & 1 & 1 \\ 0 & -5 & 5 & 1 \\ 1 & 0 & -2.5 & 1 \\ 6 & 0 & 0 & 1 \end{bmatrix} = \begin{bmatrix} 0 & 0 & 0 & 1 \end{bmatrix}$$

通过观察矩阵逆的第四行,可以得到答案为:

$$\frac{10}{29} \quad \frac{4}{29} \quad \frac{12}{29} \quad \frac{3}{29}$$

因此从长远看,链停留在状态 1 的比例是 4/29,停留在状态 3 的比例是 6/29. 为了将此变换成更为有用的统计结果,注意,在状态 1 的平均停留时间是 1/5,在状态 3 的平均停留时间是 1/6,因此两支篮球队平均每分钟的投篮命中数分别为

$$\frac{4/29}{1/5} = \frac{20}{29} = 0.6896 \qquad \frac{3/29}{1/6} = \frac{18}{29} = 0.6206$$

将其乘以每次投篮命中的得分 2 和每场的比赛时间 40 分钟,得到两支队伍每场比赛的得分分别是 55.17 分和 49.65 分. ∎

细致平衡条件 将离散时间的情形进行推广,我们可以将此条件用公式表示为对所有的 $j \neq k$,都满足

$$\pi(k)q(k,j) = \pi(j)q(j,k) \tag{4.16}$$

对此概念感兴趣的原因如下.

定理 4.5 若 (4.16) 成立，则 π 是一个平稳分布.

为什么这是正确的？细致平衡条件意味着在每一对状态之间沙子的流量是均衡的，这说明每一个状态的沙子净流量是 0，即 $\pi Q = 0$.

证明 对 4.16 中关于所有的 $k \neq j$ 求和，回忆 λ_j 的定义，得

$$\sum_{k \neq j} \pi(k) q(k,j) = \pi(j) \sum_{k \neq j} q(j,k) = \pi(j) \lambda_j$$

重新整理，有

$$(\pi Q)_j = \sum_{k \neq j} \pi(k) q(k,j) - \pi(j) \lambda_j = 0 \qquad \blacktriangleleft$$

离散时间情形时，验证 (4.16) 更容易进行，但它并不是总成立. 在例 4.10 中

$$\pi(2) q(2,1) = 0 < \pi(1) q(1,2)$$

同离散时间情形一样，细致平衡条件在下面情形成立：

例 4.12 生灭链 假设 $S = \{0,1,\cdots,N\}$，其中 $N \leqslant \infty$，且

$$\text{当 } n < N \text{ 时} \qquad q(n,n+1) = \lambda_n$$
$$\text{当 } n > 0 \text{ 时} \qquad q(n,n-1) = \mu_n$$

这里 λ_n 表示当系统中有 n 个个体时的出生率，μ_n 表示系统在该情形下的死亡率.

如果假定上面列出的所有 λ_n 和 μ_n 都是正值，则该生灭链是不可约的，并且我们可以将细致平衡条件分解写为

$$\pi(n) = \frac{\lambda_{n-1}}{\mu_n} \pi(n-1) \qquad (4.17)$$

再次应用此条件可得 $\pi(n-1) = (\lambda_{n-2}/\mu_{n-1}) \pi(n-2)$，从而

$$\pi(n) = \frac{\lambda_{n-1}}{\mu_n} \cdot \frac{\lambda_{n-2}}{\mu_{n-1}} \cdot \pi(n-2)$$

重复上述推理，可得

$$\pi(n) = \frac{\lambda_{n-1} \cdot \lambda_{n-2} \cdots \lambda_0}{\mu_n \cdot \mu_{n-1} \cdots \mu_1} \pi(0) \qquad (4.18)$$

为了验证此公式并帮助记忆，注意：(i) 分子和分母中都有 n 项；(ii) 若状态空间为 $\{0,1,\cdots,n\}$，则 $\mu_0 = 0$ 且 $\lambda_n = 0$，因此这两项不能出现在公式中. ∎

为了说明式 (4.18) 的用途，我们将考虑几个具体的例子.

例 4.13 两状态链 假设状态空间是 $\{1,2\}$，$q(1,2) = \lambda$，$q(2,1) = \mu$，其中速率都是正的. 方程 $\pi Q = 0$ 可写为

$$\begin{bmatrix} \pi_1 & \pi_2 \end{bmatrix} \begin{bmatrix} -\lambda & \lambda \\ \mu & -\mu \end{bmatrix} = \begin{bmatrix} 0 & 0 \end{bmatrix}$$

第一个方程说明 $-\lambda \pi_1 + \mu \pi_2 = 0$. 考虑到必须有 $\pi_1 + \pi_2 = 1$，可得

$$\pi_1 = \frac{\mu}{\lambda + \mu} \qquad \pi_2 = \frac{\lambda}{\lambda + \mu} \qquad \blacksquare$$

例 4.14 理发店 一名理发师理发的速率为 3，这里以每小时的顾客数为单位，即每位顾客的理发时间服从均值为 20 分钟的指数分布. 假设顾客按照一个速率为 2 的 Poisson 过程到达，但是如果顾客到达时，等候室的两把椅子都已坐满，他将离开.（a）求均衡分布.（b）接受服务的顾客的比例是多少？（c）接受服务的顾客在系统中平均花费的时间是多少？

解　我们定义状态为系统中的顾客数，因此 $S = \{0,1,2,3\}$. 根据描述的问题，显然有

$$q(i,i-1) = 3 \qquad i = 1,2,3$$
$$q(i,i+1) = 2 \qquad i = 0,1,2$$

细致平衡条件是

$$2\pi(0) = 3\pi(1), \quad 2\pi(1) = 3\pi(2), \quad 2\pi(2) = 3\pi(3)$$

令 $\pi(0) = c$ 并求解，有

$$\pi(1) = \frac{2c}{3}, \quad \pi(2) = \frac{2}{3} \cdot \pi(1) = \frac{4c}{9}, \quad \pi(3) = \frac{2}{3} \cdot \pi(2) = \frac{8c}{27}$$

π 的和为 $(27 + 18 + 12 + 8)c/27 = 65c/27$，因此 $c = 27/65$，并且

$$\pi(0) = 27/65, \quad \pi(1) = 18/65, \quad \pi(2) = 12/65, \quad \pi(3) = 8/65$$

由此我们看出理发店客满的比例是 $8/65$，从而损失了该比例的到达顾客，因此有 $57/65$ 或者说 87.7% 的顾客能接受服务. ■

例 4.15 **机器维修模型**　一家工厂有三台正在使用的机器和一名维修工. 假设在发生故障之间，每台机器的工作时间服从均值为 60 天的指数分布，但是每次机器发生故障后的维修时间服从均值为 4 天的指数分布. 从长远看，这三台机器都在工作的比例是多少？

解　令 X_t 表示正在工作的机器数. 由于只有一名维修工，从而我们有 $q(i,i+1) = 1/4$，其中 $i = 0,1,2$. 另一方面，发生故障的速率与工作的机器数成比例，因此 $q(i,i-1) = i/60$，其中 $i = 1,2,3$. 设 $\pi(0) = c$，将其代入递归式（4.17）得

$$\pi(1) = \frac{\lambda_0}{\mu_1} \cdot \pi(0) = \frac{1/4}{1/60} \cdot c = 15c$$

$$\pi(2) = \frac{\lambda_1}{\mu_2} \cdot \pi(1) = \frac{1/4}{2/60} \cdot 15c = \frac{225c}{2}$$

$$\pi(3) = \frac{\lambda_2}{\mu_3} \cdot \pi(2) = \frac{1/4}{3/60} \cdot \frac{225c}{2} = \frac{1125c}{2}$$

将 π 相加得 $(1125 + 225 + 30 + 2)c/2 = 1382c/2$，因此 $c = 2/1382$，于是有

$$\pi(3) = \frac{1125}{1382}, \quad \pi(2) = \frac{225}{1382}, \quad \pi(1) = \frac{30}{1382}, \quad \pi(0) = \frac{2}{1382}$$

从而从长远来看，这三台机器都在工作的时间比例是 $1125/1382 = 0.8140$. ■

例 4.16 **$M/M/\infty$ 排队系统**　在这种情形下，$q(n,n+1) = \lambda$，$q(n,n-1) = n\mu$，因此

$$\pi(n) = \pi(0) \frac{(\lambda/\mu)^n}{n!}$$

若我们取 $\pi(0) = e^{-\lambda/\mu}$，则它变为均值为 λ/μ 的 Poisson 分布. ■

例 4.17 **有止步的 $M/M/s$ 排队系统**　一家银行中有 s 名柜员为顾客提供服务，每位顾客的服务时间服从速率为 μ 的指数分布，并且若所有的柜员都在忙碌，则顾客将排成一队等待. 顾客按照速率为 λ 的 Poisson 过程到达，当队列中有 n 位顾客时，他以概率 a_n 加入队列. 于是出生率为 $\lambda_n = \lambda a_n$，$n \geq 0$，而死亡率为当 $n \geq 1$ 时

$$\mu_n = \begin{cases} n\mu & 0 \leq n \leq s \\ s\mu & n \geq s \end{cases}$$

假定若队列越长，则顾客加入队列的概率就越小是合理的. 下一个结论将证明这对防止队

列长度失控一般是足够的.

定理 4.6　若当 $n \to \infty$ 时，$a_n \to 0$，则存在一个平稳分布.

证明　根据式 (4.17) 可知，若 $n \geqslant s$，则

$$\pi(n+1) = \frac{\lambda_n}{\mu_{n+1}} \cdot \pi(n) = a_n \cdot \frac{\lambda}{s\mu} \cdot \pi(n)$$

若 N 足够大，且 $n \geqslant N$，则 $a_n\lambda/(s\mu) \leqslant 1/2$，由此

$$\pi(n+1) \leqslant \frac{1}{2}\pi(n) \cdots \leqslant \left(\frac{1}{2}\right)^{n-N}\pi(N)$$

这意味着 $\sum_n \pi(n) < \infty$，因此我们可选择 $\pi(0)$ 使得和 $= 1$.

实例　设 $s = 1$，$a_n = 1/(n+1)$. 在此情形下

$$\frac{\lambda_{n-1}\cdots\lambda_0}{\mu_n\cdots\mu_1} = \frac{\lambda^n}{\mu^n} \cdot \frac{1}{1 \cdot 2 \cdots n} = \frac{(\lambda/\mu)^n}{n!}$$

为了求解平稳分布，我们需取 $\pi(0) = c$ 满足

$$c\sum_{n=0}^{\infty} \frac{(\lambda/\mu)^n}{n!} = 1$$

回忆均值为 λ/μ 的 Poisson 分布的公式，我们看到 $c = \mathrm{e}^{-\lambda/\mu}$，即平稳分布是 Poisson 分布.

4.4　离出分布和首达时刻

本节我们将 1.8 节和 1.9 节的结论推广到连续时间情形. 为此我们首先要利用一个转移概率为

$$r(i,j) = \frac{q(i,j)}{\lambda_i} \qquad \text{其中} \qquad \lambda_i = \sum_{j \neq i} q(i,j)$$

的嵌入链. 令 $V_k = \min\{t \geqslant 0 : X_t = k\}$ 表示链第一次访问 k 的时刻，$T_k = \min\{t \geqslant 0 : X_t = k$ 且存在 $s < t$，使得 $X_s \neq k\}$ 表示链第一次返回到 k 的时刻. 由于 $X_0 = k$ 从而链停留在 k 的时间服从速率为 λ_k 的指数分布这一事实，使得第二个定义更为复杂.

例 4.18　**M/M/1 排队系统**　转移速率为 $q(i,i+1) = \lambda$，$i \geqslant 0$ 且 $q(i,i-1) = \mu$，$i \geqslant 1$. 嵌入链满足 $r(0,1) = 1$，且当 $i \geqslant 1$ 时，

$$r(i,i+1) = \frac{\lambda}{\lambda+\mu} \qquad r(i,i-1) = \frac{\mu}{\lambda+\mu}$$

由此我们看出嵌入链是一个随机游动，因此概率 $P_i(V_N < V_0)$ 的计算方法同式 (1.17) 和式 (1.22) 中一样. 由此和 1.10 节的结论可知，链为

$$
\begin{array}{lll}
\text{正常返的} & \text{若 } \lambda < \mu，则 E_0 T_0 < \infty \\
\text{零常返的} & \text{若 } \lambda = \mu，则 E_0 T_0 = \infty \\
\text{非常返的} & \text{若 } \lambda > \mu，则 P_0(T_0 < \infty) < 1
\end{array}
$$

例 4.19　**分支过程**　转移速率为 $q(i,i+1) = \lambda i$，$q(i,i-1) = \mu i$. 0 是一个吸收态，但是当 $i \geqslant 1$ 时，由于 i 相互抵消，从而有

$$r(i,i+1) = \frac{\lambda}{\lambda + \mu} \qquad r(i,i-1) = \frac{\mu}{\lambda + \mu}$$

156

因此当 $\lambda \leqslant \mu$ 时，吸收于 0 状态是确定的，但是如果 $\lambda > \mu$，则由式（1.23），避免消亡的概率是

$$P_1(T_0 = \infty) = 1 - \frac{\mu}{\lambda}$$

对于另一种推导方式：令 $\rho = P_1(T_0 < \infty)$. 通过考虑链离开 0 时发生的情况，有

$$\rho = \frac{\mu}{\lambda + \mu} \cdot 1 + \frac{\lambda}{\lambda + \mu} \cdot \rho^2$$

由于从状态 2 开始的情况下，消亡发生当且仅当每个个体的家族都消亡. 重新整理得

$$0 = \lambda\rho^2 - (\lambda + \mu)\rho + \mu = (\lambda\rho - \lambda)(\rho - \mu/\lambda)$$

而我们要的根是 $\mu/\lambda < 1$.

正如上述两个例子所展示的，如果我们研究嵌入链，则可以利用 1.8 节中的方法来计算离出分布. 我们也可以直接利用 Q 矩阵. 令 $V_A = \min\{t: X_t \in A\}$, $h(i) = P_i(X(T_A) = a)$，则 $h(a) = 1, h(b) = 0$，其中 $b \in A - \{a\}$，且当 $i \notin A$ 时

$$h(i) = \sum_{j \neq i} \frac{q(i,j)}{\lambda_i}$$

两边同时乘以 $\lambda_i = -Q(i,i)$，有

$$-Q(i,i)h(i) = \sum_{j \neq i} Q(i,j)h(j)$$

简化后有

$$\sum_j Q(i,j)h(j) = 0 \qquad i \notin A \tag{4.19}$$

现在来考虑首达时刻，我们应用嵌入链来对前两个例子进行研究.

例 4.20 M/M/1 排队系统 这个例子非常简单，因为在每个状态 $i > 1$ 上的时间服从速率为 $\lambda + \mu$ 的指数分布，因此新的结论遵循了离散情形中式（1.28）给出的形式

$$E_1 T_0 = \frac{1}{\lambda + \mu} \cdot \frac{\lambda + \mu}{\mu - \lambda} = \frac{1}{\mu - \lambda} \tag{4.20}$$

157

例 4.21 理发店（例 4.14 续） 转移速率为

$$q(i,i-1) = 3 \qquad i = 1,2,3$$
$$q(i,i+1) = 2 \qquad i = 0,1,2$$

因此嵌入链为

	0	1	2	3
0	0	1	0	0
1	3/5	0	2/5	0
2	0	3/5	0	2/5
3	0	0	1	0

令 $g(i) = E_i V_0$, $g(0) = 0$，考虑转移发生的速率，我们有

$$g(1) = \frac{1}{5} + \frac{2/5}{g}(2)$$

$$g(2) = \frac{1}{5} + \frac{3}{5}g(1) + \frac{2/5}{g}(3)$$

$$g(3) = \frac{1}{3} + g(2)$$

将第三个方程代入第二个方程中，得

$$g(2) = \frac{1}{5} + \frac{3}{5}g(1) + \frac{2}{15} + \frac{2}{5}g(2)$$

或者 $(3/5)g(2) = (1/3) + (3/5)g(1)$. 将其乘以 2/3，并代入到第一个方程，有

$$g(1) = \frac{1}{5} + \frac{2}{9} + \frac{2}{5}g(1)$$

因此 $(3/5)g(1) = 19/45$，$g(1) = 19/27$.

为了进一步得到类似于式 (4.19) 关于离出时刻的结果，注意，如果 $g(i) = E_i V_A$，则当 $i \in A$ 时，$g(i) = 0$，当 $i \notin A$ 时，

$$g(i) = \frac{1}{\lambda_i} + \sum_{j \neq i} \frac{q(i,j)}{\lambda_i} g(j)$$

两边同时乘以 $\lambda_i = -Q(i,i)$，有

$$-Q(i,i)g(i) = 1 + \sum_{j \neq i} Q(i,j)g(j)$$

简化后有

$$\sum_j Q(i,j)g(j) = -1 \qquad i \notin A$$

用 **1** 来表示元素都为 1 的向量，用 **R** 来表示 **Q** 中 $i,j \in A^c$ 时的部分矩阵，则：

$$g = -\boldsymbol{R}^{-1}\boldsymbol{1} \tag{4.21}$$

在理发店例子中，矩阵 **R** 为

	1	**2**	**3**
1	-5	2	0
2	3	-5	2
3	0	3	-3

则

$$-\boldsymbol{R}^{-1} = \begin{bmatrix} 1/3 & 2/9 & 4/27 \\ 1/3 & 5/9 & 10/27 \\ 1/3 & 5/9 & 19/27 \end{bmatrix}$$

将第一行的元素相加，可知 $g(1) = 1/3 + 2/9 + 4/27 = 19/27$，与我们之前计算的结果相同. ■

例 4.22 办公室时间的例子 随着所掌握的工具的进一步增多，我们可以给出第 2 章中一道习题的简单求解方法. 一位教授开始办公时，Ron、Sue 和 Ted 到达其办公室. 他们待在办公室的时间服从均值分别为 1、1/2、1/3 小时的指数分布，即速率分别为 1、2、3. 到三位学生都离开办公室的期望时间是多少？

如果我们用学生的离开速率来描述 Markov 链的状态，$\varnothing$ 表示办公室为空，则 **Q** 矩

阵为

	123	**12**	**13**	**23**	**1**	**2**	**3**	$\varnothing$
123	-6	3	2	1	0	0	0	0
12	0	-3	0	0	2	1	0	0
13	0	0	-4	0	1	0	1	0
23	0	0	0	-5	0	3	2	0
1	0	0	0	0	-1	0	0	1
2	0	0	0	0	0	-2	0	2
3	0	0	0	0	0	0	-3	3

令 R 表示将上述矩阵的最后一列删除之后的矩阵,则 $-R^{-1}$ 的第一行为

$$1/6 \quad 1/6 \quad 1/12 \quad 1/30 \quad 7/12 \quad 2/15 \quad 1/20$$

和是 $63/60$,或者说是 1 小时零 3 分钟. 第一项为直到第一位学生离开的时间 $1/6$ 小时. 接下来的三项为

$$\frac{1}{2} \times \frac{1}{3} \quad \frac{1}{3} \times \frac{1}{4} \quad \frac{1}{6} \times \frac{1}{5}$$

它们是我们访问该状态的概率乘以停留在该状态上的时间. 类似地,最后三项为

$$\frac{35}{60} \times 1 \quad \frac{16}{60} \times \frac{1}{2} \quad \frac{9}{60} \times \frac{1}{3}$$

同样还是表示我们访问该状态的概率乘以停留在该状态上的时间. ■

4.5 Markov 排队系统

在本节中我们将系统地观察排队理论的基本模型,它按照 Poisson 过程到达,服务时间服从指数分布. 3.2 节中的讨论已经解释了为什么我们可以很高兴地假定到达是 Poisson 过程. 关于指数服务时间的假定很难证明,但不幸的是在这里它是必要的. 为使队列长度成为一个连续时间 Markov 链需要指数分布的无记忆性. 我们从最简单的例子开始.

4.5.1 单服务线的排队系统

例 4.23 **$M/M/1$ 排队系统** 在这个系统中,顾客按照速率为 λ 的 Poisson 过程到达,只有一个服务设备,其中每名顾客所需要的服务时间是相互独立的速率为 μ 的指数分布. 根据以上描述可以清楚该链的转移速率为

$$q(n, n+1) = \lambda \qquad n \geqslant 0$$
$$q(n, n-1) = \mu \qquad n \geqslant 1$$

因此我们得到一个生灭链,其中出生率为 $\lambda_n = \lambda$,死亡率为 $\mu_n = \mu$. 将此代入平稳分布的公式 (4.18),有

$$\pi(n) = \frac{\lambda_{n-1} \cdots \lambda_0}{\mu_n \cdots \mu_1} \cdot \pi(0) = \left(\frac{\lambda}{\mu}\right)^n \pi(0) \tag{4.22}$$

为了求解 $\pi(0)$,回忆一下,当 $|\theta| < 1$ 时,$\sum_{n=0}^{\infty} \theta^n = 1/(1-\theta)$. 据此可看出,若 $\lambda < \mu$,则

$$\sum_{n=0}^{\infty} \pi(n) = \sum_{n=0}^{\infty} \left(\frac{\lambda}{\mu}\right)^n \pi(0) = \frac{\pi(0)}{1 - (\lambda/\mu)}$$

因此为了使和为 1，我们选择 $\pi(0) = 1 - (\lambda/\mu)$，由此得到的平稳分布是变换了的几何分布

$$\pi(n) = \left(1 - \frac{\lambda}{\mu}\right)\left(\frac{\lambda}{\mu}\right)^n \qquad n \geqslant 0 \tag{4.23}$$

注意此式与空闲时间公式（3.5）相同，它表明 $\pi(0) = 1 - \lambda/\mu$.

已经得到了平稳分布，现在我们可以计算有关排队系统我们感兴趣的各种值了. 例如，我们可能对系统处于均衡状态时在队列中等待的时间 T_Q 的分布感兴趣. 为此，我们首先注意，唯一能使得等待时间为 0 的是队列 Q 中的等待人数为 0，因此

$$P(T_Q = 0) = P(Q = 0) = 1 - \frac{\lambda}{\mu}$$

当系统中至少有一名顾客时，到达顾客在队列中等待的时间是一个正数. 记 $f(x)$ 是 T_Q 在 $(0, \infty)$ 上的密度函数，我们注意到如果当一名顾客到达时，系统中已经有 n 名顾客，那么为了接受服务，他需等待的时间的密度函数为 $\mathrm{gamma}(n, \mu)$，因此利用第 2 章中的式（2.12），得

$$f(x) = \sum_{n=1}^{\infty} \left(1 - \frac{\lambda}{\mu}\right)\left(\frac{\lambda}{\mu}\right)^n e^{-\mu x} \frac{\mu^n x^{n-1}}{(n-1)!}$$

进行变量变换令 $m = n - 1$，重新整理后，上式

$$= \left(1 - \frac{\lambda}{\mu}\right) e^{-\mu x} \lambda \sum_{m=0}^{\infty} \frac{\lambda^m x^m}{m!} = \frac{\lambda}{\mu}(\mu - \lambda) e^{-(\mu - \lambda)x}$$

回忆 $P(T_Q > 0) = \lambda/\mu$，我们可以看出上面的结论是说，在已知 $T_Q > 0$ 的条件下，T_Q 的条件分布是速率为 $\mu - \lambda$ 的指数分布. 由此我们得到

$$W_Q = ET_Q = \frac{\lambda}{\mu} \cdot \frac{1}{\mu - \lambda}$$

将其与 Pollaczek-Khintchine 公式（3.7）进行比较，注意服务时间 s_i 有 $E s_i^2 / 2 = 1/\mu^2$，推断出

$$W_Q = \frac{\lambda E(s_i^2/2)}{1 - \lambda E s_i} = \frac{\lambda/\mu^2}{1 - \lambda/\mu} = \frac{\lambda}{\mu} \cdot \frac{1}{\mu - \lambda}$$

在计算出了队列的等待时间后，我们可以看出系统中的平均等待时间是

$$W = W_Q + E s_i = \frac{\lambda}{\mu} \cdot \frac{1}{\mu - \lambda} + \frac{1}{\mu} \cdot \frac{\mu - \lambda}{\mu - \lambda} = \frac{1}{\mu - \lambda}$$

为得到这一结论，利用 Little 公式 $L = \lambda W$，注意，均衡状态下队列的长度具有变换了的几何分布，因此

$$L = \frac{1}{1 - \lambda/\mu} - 1 = \frac{\mu}{\mu - \lambda} - \frac{\mu - \lambda}{\mu - \lambda} = \frac{\lambda}{\mu - \lambda}$$

根据我们排队系统的第四个方程（3.6），服务忙期的均值是

$$EB = \frac{1}{\lambda}\left(\frac{1}{\pi(0)} - 1\right) = \frac{1}{\lambda}\left(\frac{\mu}{\mu - \lambda} - 1\right) = \frac{1}{\mu - \lambda}$$

这与式（4.20）一致. ∎

例 4.24 有限等待空间的 *M/M/1* 排队系统 在这个系统中，顾客按照速率为 λ 的

Poisson 过程到达. 若系统中的顾客数 $< N$,则顾客进入服务系统,但是当系统中已经有 N 名顾客时,则新到达的顾客将会离开且不再返回. 一旦进入系统,每一名顾客需要的服务时间都服从速率为 μ 的指数分布. ■

引理 4.7 令 X_t 表示一个平稳分布为 π 的 Markov 链,且它满足细致平衡条件. Y_t 表示将该链约束在状态空间的一个子集 A 上的链. 也就是说,不允许从 A 中转移到外边的状态,但是允许链在 A 内按照原本的速率发生转移. 用符号表示,即当 $x,y \in A$ 时,$\bar{q}(x,y) = q(x,y)$,其他情形为 0. 令 $C = \sum_{y \in A} \pi(y)$. 则 $v(x) = \pi(x)/C$ 为 Y_t 的一个平稳分布.

证明 若 $x,y \in A$,则关于 X_t 的细致平衡条件意味着 $\pi(x)q(x,y) = \pi(y)q(y,x)$. 由此可得 $v(x)\bar{q}(x,y) = v(y)\bar{q}(y,x)$,因此 v 满足 Y_t 的细致平衡条件. ◀

根据引理 4.7,有

$$\pi(n) = \left(\frac{\lambda}{\mu}\right)^n / C \qquad 1 \leqslant n \leqslant N$$

为了计算归一化常数,回忆一下,如果 $\theta \neq 1$,则有

$$\sum_{n=0}^{N} \theta^n = \frac{1 - \theta^{N+1}}{1 - \theta} \tag{4.24}$$

现假定 $\lambda \neq \mu$. 根据式 (4.24),可知

$$C = \frac{1 - (\lambda/\mu)^{N+1}}{1 - \lambda/\mu}$$

因此平稳分布为

$$\pi(n) = \frac{1 - \lambda/\mu}{1 - (\lambda/\mu)^{N+1}} \left(\frac{\lambda}{\mu}\right)^n \qquad 0 \leqslant n \leqslant N \tag{4.25}$$

新公式与旧公式 (4.23) 很类似,若 $\lambda < \mu$,当 $N \to \infty$ 时,它变回式 (4.23). 当然,当等待空间有限时,状态空间也是有限的,从而当 $\lambda > \mu$ 时,链总有一个平稳分布. 在上面的分析中限制了 $\lambda \neq \mu$. 然而容易看出,当 $\lambda = \mu$ 时,平稳分布为 $\pi(n) = 1/(N+1)$, $0 \leqslant n \leqslant N$. 为了验证式 (4.25),注意,例 4.14 理发店链具有这种形式,其中 $N = 3, \lambda = 2$, $\mu = 3$,将其代入式 (4.25),分子、分母同乘以 $3^4 = 81$,有

$$\pi(0) = \frac{1 - 2/3}{1 - (2/3)^4} = \frac{81 - 54}{81 - 16} = 27/65$$

$$\pi(1) = \frac{2}{3}\pi(0) = 18/65$$

$$\pi(2) = \frac{2}{3}\pi(1) = 12/65$$

$$\pi(3) = \frac{2}{3}\pi(2) = 8/65$$

根据这个均衡状态下的方程,可得队列的平均长度是

$$L = 1 \times \frac{18}{65} + 2 \times \frac{12}{65} + 3 \times \frac{8}{65} = \frac{66}{65}$$

仅当系统中的人数 < 3 时,顾客可进入系统中,于是

$$\lambda_a = 2(1 - \pi(3)) = 114/65$$

运用空闲时间公式（3.5）

$$\pi(0) = 1 - \frac{\lambda_a}{3} = 1 - \frac{114}{195} = \frac{81}{195}$$

利用定理 3.6 的 Little 公式，我们得到进入系统的顾客要等待的平均时间是

$$W = \frac{L}{\lambda_a} = \frac{66/65}{114/65} = \frac{66}{114} = 0.579(小时)$$

为验证此结果，注意

$$W = \frac{1}{1-\pi(3)}\Big[\pi(0)\,\frac{1}{3} + \pi(1)\cdot\frac{2}{3} + \pi(2)\cdot 1\Big]$$

$$= \frac{27}{57}\times\frac{1}{3} + \frac{18}{57}\times\frac{2}{3} + \frac{12}{57}\times\frac{3}{3} = \frac{9+12+12}{57} = \frac{33}{57} = \frac{66}{114}$$

由上面的计算可以看出 $W_Q = W - 1/3 = 14/57$. 我们并不把此结果和公式（3.7）Pollac-zek-Khintchine 公式进行比较，因为在推导中的一个关键部分是错误的：到达后进入到系统中的顾客看不到时间平均队列长度.

根据排队系统的第四个方程（3.6），服务忙期的均值为

$$EB = \frac{1}{\lambda}\Big(\frac{1}{\pi(0)} - 1\Big) = \frac{1}{2}\Big(\frac{65}{27} - 1\Big) = \frac{19}{27}$$

此结果同例 4.21 的计算相同.

4.5.2　多服务线的排队系统

我们的下一个例子是有 s 条服务线的排队系统，且等待空间为无限，在例 4.3 中已详细描述过该系统.

例 4.25 $M/M/s$ **排队系统**　想象一家有 $s \geqslant 1$ 个柜员为客户服务的银行，如果所有的柜员都在忙碌，则到达的客户排成一队等待. 我们想象客户按照速率为 λ 的 Poisson 过程到达，并且每一个客户需要的服务时间相互独立，均服从速率为 μ 的指数分布. 正如在例 4.3 中解释过的，转移速率为 $q(n, n+1) = \lambda$，且

$$q(n, n-1) = \begin{cases} \mu n & n \leqslant s \\ \mu s & n \geqslant s \end{cases}$$

根据细致平衡条件而得到的结论是如下条件

$$\lambda\pi(j-1) = \mu j\pi(j) \qquad j \leqslant s$$
$$\lambda\pi(j-1) = \mu j\pi(j) \qquad j \geqslant s$$

由此我们推导出

$$\pi(k) = \begin{cases} \dfrac{c}{k!}\Big(\dfrac{\lambda}{\mu}\Big)^k & k \leqslant s \\[2mm] \dfrac{c}{s!\,s^{k-s}}\Big(\dfrac{\lambda}{\mu}\Big)^k & k \geqslant s \end{cases} \tag{4.26}$$

其中 c 是一个常数，使得 π 的和为 1. 从上面公式中，我们看出如果 $\lambda < s\mu$，则 $\sum_{j=0}^{\infty}\pi(j) < \infty$ 且有可能选择 c 使得和等于 1. 由此，

若 $\lambda < s\mu$，则 $M/M/s$ 排队系统具有一个平稳分布.

对于平稳分布的存在性，条件 $\lambda < s\mu$ 是自然的，因为此条件表明满负荷下系统的服务速率大于到达速率，因此队列不会失去控制. 相反，

若 $\lambda > s\mu$，则 $M/M/s$ 排队系统是非常返的.

为什么这是正确的？一个有 s 条服务速率为 μ 的服务线的 $M/M/s$ 排队系统，比有 1 条服务速率为 $s\mu$ 的服务线的 $M/M/1$ 排队系统的效率低，因为单条服务线的排队系统中客户总是以速率 $s\mu$ 离开，而 s 条服务线的排队系统中，当 $n < s$ 时，客户以速率 $n\mu$ 离开. 若 $M/M/1$ 排队系统的到达速率大于其服务速率，则该排队系统是非常返的.

要对有 s 条服务线的一般情况的 $M/M/s$ 排队系统，写出平稳分布 $\pi(n)$ 的公式是麻烦的，但是不难利用式（4.26）求解出具体情况下的平稳分布：若 $s = 3, \lambda = 2, \mu = 1$，则

$$\sum_{k=2}^{\infty} \pi(k) = \frac{c}{2} \cdot 2^2 \sum_{j=0}^{\infty} (2/3)^j = 6c$$

因此 $\sum_{k=0}^{\infty} \pi(k) = 9c$，且有

$$\pi(0) = \frac{1}{9}, \quad \pi(1) = \frac{2}{9}, \quad \pi(k) = \frac{2}{9}\left(\frac{2}{3}\right)^{k-2} \qquad k \geqslant 2 \qquad \blacksquare$$

接下来的结论是 $M/M/s$ 排队系统的一个非常值得注意的性质.

定理 4.8 若 $\lambda < \mu s$，则均衡状态下 $M/M/s$ 排队系统的输出过程是一个速率为 λ 的 Poisson 过程.

你对于此结论的第一反应可能是"这太离奇了". 顾客以速率 $0, \mu, 2\mu, \cdots, s\mu$ 离开应当与正在忙碌的服务线条数相关，而通常情况下这些数值都不等于 λ. 为了更进一步强调定理 4.8 令人惊奇的本质，举个具体例子，假定只有一条服务线，$\lambda = 1, \mu = 10$. 考虑如下情形：我们在过去的 2 个小时里恰好看到已经有 30 名顾客离开，那么猜测服务线正处于忙期，且下一个顾客将以 exponential(10) 离开是合理的. 然而，若输出过程是 Poisson 过程，则在不相交的时间间隔内离开的顾客数是独立的.

165

证明 $s = 1$ 的情形：为了使定理 4.8 的结论看起来合理，第一步我们先用手工来验证，若仅有 1 条服务线且排队系统处于均衡状态，则第一个离开的时间 D 服从速率为 λ 的指数分布. 这里需要考虑两种情形.

情形 1 若队列中有 $n \geqslant 1$ 名顾客，则到下一个离开所需的时间服从速率为 μ 的指数分布，即

$$f_D(t) = \mu e^{-\mu t}$$

情形 2 若队列中的顾客数 $n = 0$，则我们需要等待 exponential(λ) 的时间直到第一个顾客到达，然后等待一个与之独立的 exponential(μ) 的时间直到该顾客离开. 如果令 T_1、T_2 分别表示等待顾客到达和离开的时间，则依据 $T_1 = s$ 的值来进行分解，此种情形下 $D = T_1 + T_2$ 的密度函数

$$f_D(t) = \int_0^t \lambda e^{-\lambda s} \cdot \mu e^{-\mu(t-s)} \, \mathrm{d}s = \lambda \mu e^{-\mu t} \int_0^t e^{-(\lambda - \mu)s} \, \mathrm{d}s$$

$$= \frac{\lambda \mu e^{-\mu t}}{\lambda - \mu}(1 - e^{-(\lambda - \mu)t}) = \frac{\lambda \mu}{\lambda - \mu}(e^{-\mu t} - e^{-\lambda t})$$

根据式 (4.23) 可知均衡状态下顾客数为 0 的概率为 $1-(\lambda/\mu)$. 这意味着顾客数 $\geqslant 1$ 的概率是 λ/μ, 因此结合这两种情形, 得:

$$f_D(t) = \frac{\mu-\lambda}{\mu} \cdot \frac{\lambda\mu}{\lambda-\mu}(\mathrm{e}^{-\mu t}-\mathrm{e}^{-\lambda t}) + \frac{\lambda}{\mu} \cdot \mu\mathrm{e}^{-\mu t}$$

抵消后可得我们需要的结论:

$$-\lambda(\mathrm{e}^{-\mu t}-\mathrm{e}^{-\lambda t}) + \lambda\mathrm{e}^{-\mu t} = \lambda\mathrm{e}^{-\lambda t}$$

对于 $s>1$ 的 $M/M/s$ 排队系统情形, 我们将其留给愿意冒险重复以上计算的读者, 该情形下的平稳分布没有一个整齐的公式. ◀

定理 4.8 的证明 可通过重复 (1.13) 的证明给出. ◀

引理 4.9 固定 T, 令 $Y_s = X_{T-s}, 0 \leqslant s \leqslant T$. 则 Y_s 是一个 Markov 链, 转移概率为

$$\hat{p}_t(i,j) = \frac{\pi(j)p_t(j,i)}{\pi(i)}$$

证明 若 $s+t \leqslant T$, 则

$$P(Y_{s+t}=j \mid Y_s=i) = \frac{P(Y_{s+t}=j, Y_s=i)}{P(Y_s=i)} = \frac{P(X_{T-(s+t)}=j, X_{T-s}=i)}{P(X_{T-s}=i)}$$

$$= \frac{P(X_{T-(s+t)}=j)P(X_{T-s}=i \mid X_{T-(s+t)}=j)}{\pi(i)} = \frac{\pi(j)p_t(j,i)}{\pi(i)}$$

正是所需结论. ◀

如果 π 满足细致平衡条件 $\pi(i)q(i,j) = \pi(j)q(j,i)$, 则逆向链的转移概率 $\hat{p}_t(i,j) = p_t(i,j)$.

正如我们在例 4.25 中学到的, 当 $\lambda < \mu s$ 时, $M/M/s$ 排队系统是一个具有平稳分布 π 的生灭链, 且 π 满足细致平衡条件. 引理 4.9 意味着, 如果我们将一个处于均衡状态的 Markov 链拍摄下来, 那么我们会看到一些与 $M/M/s$ 排队系统同样分布的东西. 通过时间反转将到达变成离开, 从而顾客必须按照速率为 λ 的 Poisson 过程离开.

从刚才给出的证明中, 我们也可以清楚地得到如下结论.

定理 4.10 考虑一个排队系统, 顾客按照速率为 λ 的 Poisson 过程到达, 且当系统中有 n 个顾客时, 顾客的服务速率为 μ_n. 则只要存在一个平稳分布, 输出过程就是速率为 λ 的 Poisson 过程. ◀

第二个细化的结论在下一节内容中非常有用.

定理 4.11 令 $N(t)$ 表示开始于其均衡分布的 $M/M/1$ 排队系统 $X(t)$ 在时刻 0 和时刻 t 之间离开的顾客数, 则 $\{N(s):0 \leqslant s \leqslant t\}$ 和 $X(t)$ 是独立.

为什么这是正确的? 起初看来断言到时刻 t 的输出过程与队列的长度独立是疯狂的. 然而, 如果我们将时间反转, 则在时刻 t 之前离开的顾客数变为在时刻 t 之后到达的顾客数, 很显然它与在时刻 t 的队列长度 $X(t)$ 是相互独立的. ◀

*4.6 排队网络

在很多情形中, 我们遇到的不仅仅是一个队列. 例如, 当你去车管所更新你的驾照时, 你需要 (i) 参加交通法规考试, (ii) 拿到考试分级, (iii) 付费, (iv) 照相. 有两个

步骤的该类型最简单的模型如下.

例 4.26 两节点串联队列 在这个系统中, 顾客按照速率为 λ 的 Poisson 过程到达第一个服务台, 在这里每一位顾客需要的服务时间是相互独立且速率为 μ_1 的指数分布. 在结束了第一个服务台的服务后, 他们加入第二个队列等待, 在第二个服务台每名顾客的服务时间是速率为 μ_2 的指数分布 (见图 4-1).

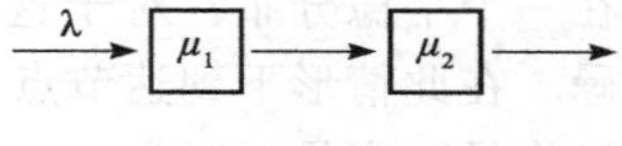

我们主要的问题是寻找保证队列稳定的条件, 即队列存在一个平稳分布的条件. 在串联队列中这是简单的. 第一个队列并不受第二个队列影响, 因此若 $\lambda < \mu_1$, 则式 (4.23) 告诉我们在均衡状态下第一个队列的顾客数 X_t^1 的分布是变换了的几何分布

$$P(X_t^1 = m) = \left(\frac{\lambda}{\mu_1}\right)^m \left(1 - \frac{\lambda}{\mu_1}\right)$$

图 4-1

在上一节中我们已经学习到 $M/M/1$ 排队系统在均衡状态下的输出过程是速率为 λ 的 Poisson 过程. 这意味着若第一个队列处于均衡状态, 则第二个队列中的顾客数 X_t^2 本身就是一个 $M/M/1$ 排队系统, 按照速率 λ 到达 (输出速率是 1), 服务速率为 μ_2. 再次利用式 (4.23) 的结论, 第二个队列的个体数具有平稳分布

$$P(X_t^2 = n) = \left(\frac{\lambda}{\mu_2}\right)^n \left(1 - \frac{\lambda}{\mu_2}\right)$$

为了详细说明这个系统的平稳分布, 我们需要知道 X_t^1 和 X_t^2 的联合分布. 答案有一些不可思议: 在均衡状态下两队列的长度是相互独立的.

$$P(X_t^1 = m, X_t^2 = n) = \left(\frac{\lambda}{\mu_1}\right)^m \left(1 - \frac{\lambda}{\mu_1}\right) \cdot \left(\frac{\lambda}{\mu_2}\right)^n \left(1 - \frac{\lambda}{\mu_2}\right) \tag{4.27}$$

为什么这是正确的? 定理 4.11 意味着队列的长度与离开过程是相互独立的. ∎

由于这里仅是在定理 4.11 证明的基础上再多一点额外工作及其应用, 令人欣慰的是, 我们可从定义开始简单地证明.

引理 4.12 若 $\pi(m, n) = c\lambda^{m+n}/(\mu_1^m \mu_2^n)$, 其中选择常数 $c = (1 - \lambda/\mu_1)(1 - \lambda/\mu_2)$ 使得概率和为 1, 则 π 是一个平稳分布.

证明 验证 $\pi Q = 0$ 的第一步是计算速率矩阵 Q. 为此, 绘制一幅图 (见图 4-2) 对于我们计算是有用的, 假定 $m, n > 0$.

在图 4-2 中表示速率的箭头和普通的线组成了三个三角形. 我们现在将验证每一个三角形的流出与流入是平衡的. 用符号表示, 注意

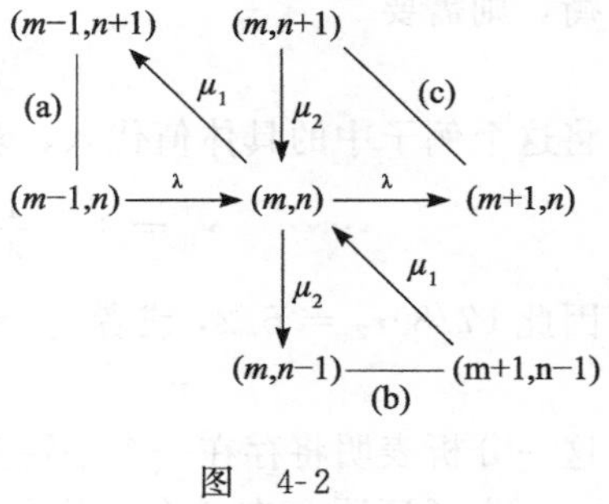

(a) $\quad \mu_1 \pi(m, n) = \dfrac{c\lambda^{m+n}}{\mu_1^{m-1} \mu_2^n} = \lambda \pi(m-1, n)$

(b) $\quad \mu_2 \pi(m, n) = \dfrac{c\lambda^{m+n}}{\mu_1^m \mu_2^{n-1}} = \mu_1 \pi(m+1, n-1)$

(c) $\quad \lambda \pi(m, n) = \dfrac{c\lambda^{m+n+1}}{\mu_1^m \mu_2^n} = \mu_2 \pi(m, n+1)$

图 4-2

这说明当 $m, n > 0$ 时, $\pi Q = 0$. 还需要考虑其他三种情形: (i) $m = 0, n > 0$, (ii) $m > 0$,

$n=0$,(iii) $m=0,n=0$. 这些情形中有些速率是缺失的：情形 (i) 中的 (a)，情形 (ii) 中的 (b)，情形 (iii) 中 (a) 和 (b). 然而，因为每一组的速率都是平衡的，我们有 $\pi Q=0$. ◀

例 4.27 一般的两节点队列 假定顾客以速率 λ_i 从系统外到达节点 i，节点 i 的服务速率是 μ_i，离开的顾客以概率 p_i 去另外一个队列，以概率 $1-p_i$ 离开系统（见图 4-3）.

我们的问题是：何时系统是稳定的？也就是说，什么情况下存在一个平稳分布？对于这个问题，开始我们假定所有的服务员都忙碌. 在此情形下到达节点 1 的工作量速率是 $\lambda_1+p_2\mu_2$，到达节点 2 的工作量速率是 $\lambda_2+p_1\mu_1$. 从直观上，显然有：

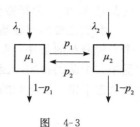

图 4-3

(i) 若 $\lambda_1+p_2\mu_2<\mu_1$ 且 $\lambda_2+p_1\mu_1<\mu_2$，则每一位服务员可处理他面临的最大到达速率，系统将有一个平稳分布；

(ii) 若 $\lambda_1+p_2\mu_2>\mu_1$ 且 $\lambda_2+p_1\mu_1>\mu_2$，则有一个正概率，服务员一直处于忙碌的状态且队列长度将趋于无穷.

(i) 和 (ii) 并没有包含的情形是：服务员 1 可以处理他面临的最糟糕情况，而服务员 2 并不能处理他的最糟糕情况：

$$\lambda_1+p_2\mu_2<\mu_1 \quad 且 \quad \lambda_2+p_1\mu_1>\mu_2$$

在这种情形的某些情况下，队列 1 会经常为空，从而足够降低节点 2 的到达数，使得服务员 2 可以处理他的工作量. 正如我们将要看到的，发生这种现象的一个具体例子是：

$$\lambda=1,\mu_1=4,p_1=1/2 \quad \lambda_2=2,\mu_2=3.5,p_2=1/4$$

为验证在这些参数下，服务员 1 可以处理最大的到达速率，而服务员 2 不能，注意

$$\lambda_1+p_2\mu_2=1+\frac{1}{4}\times 3.5=1.875<4=\mu_1$$

$$\lambda_2+p_1\mu_1=2+\frac{1}{2}\times 4=4>3.5=\mu_2$$

为了推导出使我们能够确定一个两节点网络系统是稳定的一般条件，令 r_i 表示长远来看顾客到达节点 i 的速率. 如果存在一个平稳分布，则 r_i 必然也是长远看来顾客离开节点 i 的速率，否则队列将按时间线性增长. 如果我们要使得每一个节点的到达和离开达到平衡，则需要

$$r_1=\lambda_1+p_2r_2,r_2=\lambda_2+p_1r_1 \tag{4.28}$$

将这个例子中的具体值代入，求解得

$$r_1=1+\frac{1}{4}r_2,\quad r_2=2+\frac{1}{2}r_1=2+\frac{1}{2}\left(1+\frac{1}{4}r_2\right)$$

因此 $(7/8)r_2=5/2$，或者 $r_2=20/7$，且 $r_1=1+20/28=11/7$. 由于

$$r_1=11/7<4=\mu_1,\quad r_2=20/7<3.5=\mu_2$$

这一分析表明将存在一个平稳分布. ■

为了证明存在一个平稳分布，我们回到一般情形，假定通过求解式（4.28）我们得到的 r_i 满足 $r_i<\mu_i$. 考虑两个独立的到达速率为 r_i 的 $M/M/1$ 排队系统，令 $\alpha_i=r_i/\mu_i$ 并猜想：

定理 4.13　若 $\pi(m,n) = c\alpha_1^m\alpha_2^n$，其中 $c = (1-\alpha_1)(1-\alpha_2)$，则 π 是一个平稳分布.

证明　为验证 $\pi Q = 0$，第一步计算速率矩阵 Q. 为了完成此任务，通过绘制一幅图（见图 4-4）来做是有用的. 这里，我们假定 m 和 n 都是正数. 为了使得图不至于很杂乱，我们仅标注了一半的箭头，且用 q_i 表示 $1-p_i$.

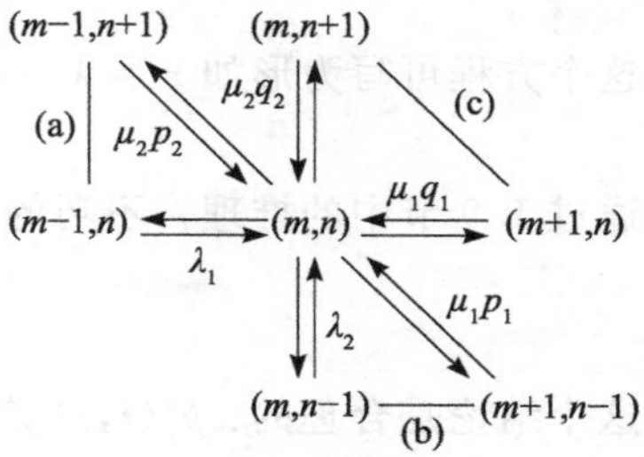

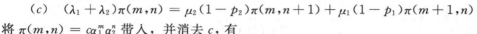

图　4-4

表示速率的箭头加上图中的实线可得三个三角形. 现在我们验证每一个三角形中 (m,n) 的流出和流入都保持平衡. 用符号表示，我们需证明

(a)　$\mu_1\pi(m,n) = \mu_2 p_2\pi(m-1,n+1) + \lambda_1\pi(m-1,n)$

(b)　$\mu_2\pi(m,n) = \mu_1 p_1\pi(m+1,n-1) + \lambda_2\pi(m,n-1)$

(c)　$(\lambda_1+\lambda_2)\pi(m,n) = \mu_2(1-p_2)\pi(m,n+1) + \mu_1(1-p_1)\pi(m+1,n)$

将 $\pi(m,n) = c\alpha_1^m\alpha_2^n$ 带入，并消去 c，有

$$\mu_1\alpha_1^m\alpha_2^n = \mu_2 p_2\alpha_1^{m-1}\alpha_2^{n+1} + \lambda_1\alpha_1^{m-1}\alpha_2^n$$
$$\mu_2\alpha_1^m\alpha_2^n = \mu_1 p_1\alpha_1^{m+1}\alpha_2^{n-1} + \lambda_2\alpha_1^m\alpha_2^{n-1}$$
$$(\lambda_1+\lambda_2)\alpha_1^m\alpha_2^n = \mu_2(1-p_2)\alpha_1^m\alpha_2^{n+1} + \mu_1(1-p_1)\alpha_1^{m+1}\alpha_2^n$$

在每个等式两边都抵消掉每一项中 α_1 和 α_2 的最高次幂，则有

$$\mu_1\alpha_1 = \mu_2 p_2\alpha_2 + \lambda_1$$
$$\mu_2\alpha_2 = \mu_1 p_1\alpha_1 + \lambda_2$$
$$(\lambda_1+\lambda_2) = \mu_2(1-p_2)\alpha_2 + \mu_1(1-p_1)\alpha_1$$

将 $\mu_i\alpha_i = r_i$ 带入，于是三等式变为

$$r_1 = p_2 r_2 + \lambda_1$$
$$r_2 = p_1 r_1 + \lambda_2$$
$$(\lambda_1+\lambda_2) = r_2(1-p_2) + r_1(1-p_1)$$

根据（4.28）前两个等式成立. 而第三个等式是前两个等式之和，所以它也成立.

这证明了当 $m,n > 0$ 时 $\pi Q = 0$. 如同串联队列的证明，还需要考虑另外三种情形：$(i)\, m = 0, n > 0$；$(ii)\, m > 0, n = 0$；$(iii)\, m = 0, n = 0$. 在这些情形中，有一些速率不存在. 然而，由于速率在每一组中都保持平衡，从而有 $\pi Q = 0$.　◀

例 4.28　**$M/M/1$ 排队网络系统**　现假定有 $1 \leqslant i \leqslant K$ 个节点. 假定顾客以速率 λ_i 从系统外部到达节点 i，节点 i 的服务速是 μ_i. 离开节点 i 的顾客以概率 $p(i,j)$ 转移到节点 j，离开系统的概率为

$$q(i) = 1 - \sum_j p(i,j) \tag{4.29}$$

为了使得系统有机会保持稳定，我们需假定

对每一个节点 i，都存在到达 i 的顾客离开系统的可能性. 也就是说，对每一个 i，都存在一个节点序列 $i = j_0, j_1, \cdots, j_n$，其中当 $1 \leqslant m \leqslant n$ 时满足 $p(j_{m-1}, j_m) > 0$，且 $q(j_n) > 0$.

将式（4.28）进行推广，我们通过求解含有 r_j 的方程系统来研究稳定性，其中 r_j 表示到达节点 j 的速率. 同之前的讨论一样，从节点 j 离开的速率必须等于到达速率，否则将发展出一个线性增长的队列. 考虑到达节点 j 的两种不同方式下的速率，有

171

$$r_j = \lambda_j + \sum_{i=1}^{K} r_i p(i,j) \tag{4.30}$$

这个方程可写为形如 $r = \lambda + rp$ 的矩阵形式，求解得

$$r = \lambda (I - p)^{-1} \tag{4.31}$$

通过 1.9 节中的推理，不巧的是，1.9 节公式中的 r 是这里的 p：

$$r = \sum_{n=0}^{\infty} \lambda p^n = \sum_{n=0}^{\infty} \sum_{i=1}^{K} \lambda_i p^n(i,j)$$

这个结论是合理的：$p^n(i,j)$ 表示进入节点 i 并在结束了 n 次服务之后转移到节点 j 的概率. 然后求和加上了以所有方式到达节点 j 的速率.

已经求解出了到达每一个节点的速率，我们可以再次大胆猜想，若 $r_j < \mu_j$，则平稳分布为

$$\pi(n_1, \cdots, n_K) = \prod_{j=1}^{K} \left(\frac{r_j}{\mu_j} \right)^{n_j} \left(1 - \frac{r_j}{\mu_j} \right) \tag{4.32}$$

这个结论是正确的，但是证明此结论比两节点的例子更为复杂，所以这里我们忽略此证明. ■

例 4.29　到达政府机关的客户常常去服务台 1. 结束了那里的服务之后，30% 的客户离开，而 70% 的客户去往服务台 2. 在服务台 2 的服务结束之后，50% 的客户去往服务台 3，20% 的客户返回到服务台 1，30% 的客户离开. 从服务台 3 离开的客户，20% 返回到服务台 2，但是另外 80% 离开. 也就是说，路径矩阵为

$$p = \begin{array}{c} \\ 1 \\ 2 \\ 3 \end{array} \begin{array}{ccc} \mathbf{1} & \mathbf{2} & \mathbf{3} \\ 0 & 0.7 & 0 \\ 0.2 & 0 & 0.5 \\ 0 & 0.2 & 0 \end{array}$$

假设客户从系统外部仅能到达服务台 1，速率为每小时 $\lambda_1 = 3.8$. 若服务速率为 $\mu_1 = 9$，$\mu_2 = 7, \mu_3 = 7$，求平稳分布.

第一步求解方程

$$r_j = \lambda_j + \sum_{i=1}^{3} r_i p(i,j)$$

根据式 (4.30)，解为 $r = \lambda (I - p)^{-1}$，其中

$$(I - p)^{-1} = \begin{bmatrix} 45/38 & 35/38 & 35/76 \\ 5/19 & 25/19 & 25/38 \\ 1/19 & 5/19 & 43/38 \end{bmatrix}$$

因此对第一行乘以 λ_1，有 $r_1 = 9/2, r_2 = 7/2, r_3 = 7/4$. 因为每一个 $r_i < \mu_i$，平稳分布为

$$\pi(n_1, n_2, n_3) = \frac{3}{16} (1/2)^{n_1} (1/2)^{n_2} (1/4)^{n_3}$$

易知 Little 公式也能应用于排队网络系统. 这种情形下，系统中的平均人数为

$$L = \sum_{i=1}^{3} \frac{1}{1 - (r_i/\mu_i)} - 1 = 1 + 1 + \frac{1}{3} = \frac{7}{3}$$

从而进入系统的每一位顾客的平均等待时间是

$$W = \frac{L}{\lambda} = \frac{7/3}{19/5} = \frac{35}{57} = 0.6140$$

■

4.7 本章小结

原则上，连续时间 Markov 链是根据它们的转移概率 $p_t(i,j)$ 来定义的，$p_t(i,j)$ 满足 Chapman-Kolmogorov 方程.

$$\sum_k p_s(i,k) p_t(k,j) = p_{s+t}(i,j)$$

在实际中，描述链的基础数据是速率 $q(i,j)$，即从 i 转移到 $j \neq i$ 的速率. 若我们令 $\lambda_i = \sum_{j \neq i} q(i,j)$ 表示从 i 转移出的总速率，

$$Q(i,j) = \begin{cases} q(i,j) & i \neq j \\ -\lambda_i & i = j \end{cases}$$

则转移概率满足 Kolmogorov 微分方程:

$$p_t'(i,j) = \sum_k Q(i,k) p_t(k,j) = \sum_k p_t(i,k) Q(k,j)$$

虽然只在很少一部分例子中能求解出这些方程的精确解，但是它们在理论发展中是必不可少的.

嵌入 Markov 链

转移概率为

$$r(i,j) = \frac{q(i,j)}{\lambda_i}$$

的离散时间链和 X_t 经过相同的状态序列，但在每一个状态上停留 1 单位时间. 令 $V_A = \min\{t: X_t \in A\}$ 表示第一次访问 A 的时刻. 则 $h(i) = P_i(X(V_A) = a)$ 满足 $h(a) = 1, h(b) = 0$，其中 $b \in A - \{a\}$，且

$$h(i) = \sum_j r(i,j) h(j) \qquad i \notin A$$

首达时刻的期望 $g(i) = E_i V_A$ 满足 $g(a) = 0, a \in A$ 且

$$g(i) = \frac{1}{\lambda_i} + \sum_j r(i,j) g(j) \qquad i \notin A$$

也可以直接利用转移速率求解. 在第一种情形中具有相同边界条件（即 $h(a) = 1, h(b) = 0$，其中 $b \in A - \{a\}$）下的方程为

$$\sum_i Q(i,j) h(j) = 0 \qquad i \notin A$$

在第二种情形中，若我们令 R 是 Q 矩阵中 $i, j \notin A$ 的部分，则

$$g = -R^{-1} \mathbf{1}$$

其中 $\mathbf{1}$ 表示所有元素都为 1 的列向量.

平稳分布

一个平稳分布满足 $\sum_i \pi(i) = 1$，且对所有的 $t > 0$ 都有 $\pi p_t = \pi$，此条件等价于 $\pi Q = 0$.

174

技巧地求解这些方程, 可以将 Q 的最后一列替换为元素都为 1 的列, 定义此新矩阵为 A, 则 π 是 A^{-1} 的最后一行.

如果 X_t 不可约且有平稳分布 π, 则

$$当 \ t \to \infty \ 时, \qquad p_t(i,j) \to \pi(j)$$

细致平衡条件

平稳的一个充分条件是

$$\pi(i)q(i,j) = \pi(j)q(j,i)$$

或许平稳分布并不具有这个性质, 但是如果有一个生灭链, 即状态空间为 $\{0,1,\cdots,r\}$, 其中 r 可能为 ∞, 且当 $|i-j|>1$ 时, $q(i,j)=0$, 那么这个性质将满足. 在这种情形, 有

$$\pi(n) = \frac{\lambda_{n-1}\cdots\lambda_0}{\mu_n\cdots\mu_1} \cdot \pi(0)$$

排队系统提供了大量有趣的生灭链的例子.

4.8 习题

4.1 一位销售员在亚特兰大、波士顿和芝加哥之间依照下面矩阵飞来飞去.

	A	B	C
A	-4	2	2
B	3	-4	1
C	5	0	-5

175

(a) 求她在每一座城市停留时间比例的极限值. (b) 她平均每年从波士顿到亚特兰大飞多少次?

4.2 一家小计算机店的空间最多可以展示 3 台待售计算机. 顾客按照每周 2 人的 Poisson 过程到达, 如果店里至少有 1 台计算机的话就会购买 1 台. 当商店仅剩一台计算机时, 店家将下一个 2 台计算机的订单. 订单到货的时间服从均值为 1 周的指数分布. 当然, 在商店等待交货期间, 销售可能使得存货量由 1 变为 0. (a) 写出转移速率矩阵 Q_{ij}, 并通过求解 $\pi Q = 0$ 得到平稳分布. (b) 商店卖出计算机的速率是多少?

4.3 考虑仅有一位维修工人负责维修的两台机器. 机器 i 在发生故障前可正常工作的时间服从速率为 λ_i 的指数分布. 每台机器的维修时间是速率为 μ_i 的指数分布, 且维修工人依照机器发生故障的次序进行维修. (a) 构建一个此情形下的 Markov 链, 其状态空间为 $\{0,1,2,12,21\}$. (b) 假定 $\lambda_1 = 1$, $\mu_1 = 2, \lambda_2 = 3, \mu_2 = 4$. 求平稳分布.

4.4 考虑上述问题建立的模型, 但是现在假设机器 1 比机器 2 更为重要, 因此只要机器 1 发生故障, 维修工人总是先维修机器 1. (a) 构建一个该系统的 Markov 链, 其状态空间为 $\{0,1,2,12\}$, 其中数字表示当时发生故障的机器. (b) 假定 $\lambda_1 = 1, \mu_1 = 2, \lambda_2 = 3, \mu_2 = 4$. 求平稳分布.

4.5 一小间办公室中有两个人进行股票共同基金的销售业务. 他们每个人的状态为要么在打电话, 要么没在打电话. 假设业务员 i 的通话时间服从速率为 μ_i 的指数分布, 没在打电话的时间服从速率为 λ_i 的指数分布. (a) 构建一个 Markov 链模型, 状态空间为 $\{0,1,2,12\}$, 其中状态表示正在打电话的业务员. (b) 求平稳分布.

4.6 (a) 考虑上述问题的一个特殊情形, $\lambda_1 = \lambda_2 = 1, \mu_1 = \mu_2 = 3$, 求平稳概率. (b) 假定他们升级了电话系统, 若打入的电话正在通话中, 则转接到另一个电话, 但若另一个电话也正在通话中, 则打不进去电话. 求新的平稳概率.

4.7 两个准备纳税申报表的工作人员在当地一家购物中心的商场中工作. 每位工作人员的服务桌旁都有一把椅子, 顾客可以坐在椅子上接受服务. 此外还有一把椅子, 可供顾客坐着等待. 顾客按照速率 λ 到达, 但是当他到达时, 如果椅子上已经坐了在等待的顾客, 他会离开. 假定工作人员 i 的服务时间服从速率为 μ_i 的指数分布, 当两位工作人员都空闲时, 顾客以等概率选择其中一名接受服务. (a) 构建一个此系统的 Markov 链, 其状态空间为 $\{0,1,2,12,3\}$, 其中前四个状态表示处于工作状态的工作人员, 而最后一个表示系统中一共有 3 个顾客: 每位工作人员服务一个顾客, 另外一个顾客正在等待. (b) 考虑一个特殊情形: $\lambda = 2, \mu_1 = 3, \mu_2 = 3$. 求平稳分布.

176

4.8 （**两个串联的队列**） 考虑一个有两个服务台的排队网络, 其中顾客只能在 1 服务台进入系统, 进入的速率为 2. 如果顾客发现 1 服务台空闲, 则他进入系统; 否则离开. 当一个顾客结束了在 1 服务台的服务时, 如果当时 2 服务台空闲, 则他将接受 2 服务台的服务, 否则他将离开系统. 假设 1 服务台的服务速率为 4, 而 2 服务台的服务速率为 2. 构建一个此系统的 Markov 链, 其状态空间为 $\{0,1,2,12\}$, 其中状态代表正在工作的人员. 从长远看, (a) 进入系统的顾客比例是多少? (b) 接受 2 服务台服务的顾客比例是多少?

细致平衡条件

4.9 一个血红蛋白分子可携带一个氧气分子或者一个一氧化碳分子. 假设这种两类型的气体分子的到达速率分别为 1 和 2, 被血红蛋白分子携带的时间分别为速率为 3 和 4 的指数分布. 构建一个状态空间为 $\{+,0,-\}$ 的 Markov 链, 其中 + 表示携带一个氧气分子, − 表示携带一个一氧化碳分子, 0 表示一个游离的血红蛋白分子, 求从长远看, 血红蛋白分子处于每种状态的时间比例分别是多少?

4.10 一台机器容易发生 $i = 1,2,3$ 三种故障, 发生速率分别为 λ_i, 分别需要花费速率为 μ_i 的指数分布的时间来维修. 构建一个状态空间为 $\{0,1,2,3\}$ 的 Markov 链并求其平稳分布.

4.11 求解上述问题的一个具体情形, $\lambda_1 = 1/24, \lambda_2 = 1/30, \lambda_3 = 1/84, \mu_1 = 1/3, \mu_2 = 1/5, \mu_3 = 1/7$.

4.12 三只青蛙在池塘附近玩耍. 当它们在地面上晒太阳时, 它们觉着太热了, 于是以速率 1 跳入池塘. 当它们在池塘中时, 它们觉着太冷了, 于是以速率 2 跳回地面上. 用 X_t 表示时刻 t 时晒太阳的青蛙数. (a) 求 X_t 的平稳分布. (b) 注意三只青蛙是三个相互独立的两状态 Markov 链, 由此验证 (a) 的答案.

4.13 池塘中有 15 株睡莲和 6 只青蛙. 每只青蛙以速率 1 跳跃, 每次跳时它从其他 9 个空闲的睡莲叶子中随机选择一个. 求被占领的睡莲叶子集合的平稳分布.

4.14 一个计算机实验室有三台激光打印机, 两台连接到网络, 一台留作备用. 打印机可正常工作的时间服从均值为 20 天的指数分布. 一旦打印机发生故障, 马上会送到维修部, 并且如果此时有可工作的机器, 则该机器将取代其继续工作. 维修部仅有一名工人, 维修好一台打印机需要花费的时间服从均值为 2 天的指数分布. 从长远来看, 有两台打印机能工作的频率是多少?

4.15 一个计算机实验室有 3 台连接到网络的激光打印机. 打印机可正常工作的时间服从均值为 20 天的指数分布. 一旦发生故障, 马上送到维修部. 有两位维修工维修机器, 每位维修工人修理好一台机器的时间服从均值为 2 天的指数分布. 然而, 不可能两位工人一起维修同一台打印机. (a) 构建正在工作的打印机台数的 Markov 链, 并求其平稳分布. (b) 两个维修工人都忙碌的频率是多少? (c) 在使用的打印机的台数平均是多少?

177

4.16 一个计算机实验室有 3 台激光打印机和 5 个硒鼓. 每台打印机需要一个硒鼓, 硒鼓持续使用时间服从均值为 6 天的指数分布. 当硒鼓缺墨粉时, 将它拿给维修工人, 维修工人加墨粉需要花费的时间服从均值为 1 天的指数分布. (a) 求平稳分布. (b) 3 台打印机都在工作的频率是多少?

4.17 顾客按照每小时 20 辆汽车的速率到达一家仅有一个泵，但能提供全方位服务的加油站．然而当加油站已经有 2 辆汽车，即 1 辆汽车正在加油，1 辆汽车正在等待时，顾客将会去另外的加油站．假定顾客的服务时间服从均值为 6 分钟的指数分布．(a) 对加油站的汽车数构建一个 Markov 链模型，求其平稳分布．(b) 平均每小时服务多少名顾客？

4.18 当上述习题的假设条件变为：加油站有 2 个自助加油泵，若加油站中至少有 4 辆汽车，即 2 辆汽车正在加油，2 辆汽车正在等待服务时，顾客将会选择另外的加油站，求解上一题中问题的答案．

4.19 考虑一家有 2 名理发师，2 把可供顾客等候的椅子的理发店．顾客按照每小时 5 位的速率到达．当顾客到达时，如果理发店的等候椅子坐满，他将离开．假设每一名理发师的服务速率为每小时 2 名顾客，求理发店顾客数的平稳分布．

4.20 考虑一家理发店，有 1 名理发师，他理发的速率为每小时 4 人，并且等候室有 3 把椅子．顾客按照每小时 5 人的速率到达．(a) 证明这个新方案将会比之前的策略损失更少的顾客．(b) 计算每小时增加的能服务的顾客数．

4.21 有两个网球场．成对的运动员以每小时 3 组的速率到达，运动时间服从均值为 1 小时的指数分布．如果新的一组运动员到达时，已经有两组在等待，那么他们将离开．求网球场地使用数量的平稳分布．

4.22 一家出租车公司有 3 辆出租车．打入调度室的电话数服从速率为每小时 2 个的 Poisson 过程．假设每次出车时间服从均值为 20 分钟的指数分布，且当叫车的顾客听到没有可用的出租车时，他们会挂掉电话．(a) 当一个叫车电话打入时，3 辆出租车都已经出车的概率是多少？(b) 从长远看，平均每小时可服务多少名顾客？

4.23 (**三状态链的细致平衡条件**) 考虑一个状态空间为 $\{1,2,3\}$ 的链，其中当 $i \neq j$ 时，$q(i,j) > 0$，假设存在一个满足细致平衡条件的平稳分布．(a) 令 $\pi(1) = c$．用 1 和 2 之间的细致平衡条件求解 $\pi(2)$，再用 2 和 3 之间的细致平衡条件求解 $\pi(3)$．(b) 为了使 1 和 3 之间满足细致平衡条件，速率需要满足什么条件？

4.24 (**Kolmogorov 循环条件**) 考虑一个状态空间为 S 的不可约 Markov 链．称该链满足循环条件，如果对满足 $1 \leqslant i \leqslant n$，$q(x_{i-1}, x_i) > 0$ 的条件的给定循环状态 $x_0, x_1, \cdots, x_n = x_0$，有

$$\prod_{i=1}^{n} q(x_{i-1}, x_i) = \prod_{i=1}^{n} q(x_i, x_{i-1})$$

(a) 证明若 q 有满足细致平衡条件的平稳分布，则循环条件成立．(b) 证明其逆命题，假设循环条件成立．令 $a \in S$，令 $\pi(a) = c$．对于 S 中 $b \neq a$，令 $x_0 = a, x_1, \cdots, x_k = b$ 表示满足 $1 \leqslant i \leqslant k$ 时，$q(x_{i-1}, x_i) > 0$ 的从 a 到 b 的一条路径，令

$$\pi(b) = \prod_{j=1}^{k} \frac{q(x_{i-1}, x_i)}{q(x_i, x_{i-1})}$$

证明 $\pi(b)$ 是定义好的，即它与路径的选择无关．然后推导 π 满足细致平衡条件．

首达时刻和离出分布

4.25 考虑习题 4.1 中的销售员．她刚刚离开亚特兰大．(a) 到她返回亚特兰大的期望时间是多少？(b) 通过计算平稳分布来求解问题 (a) 的答案．

4.26 考虑习题 4.8 中的两个串联队列．(a) 运用 4.4 节中的方法计算忙期持续时间的期望值．(b) 通过平稳分布来计算该值．

4.27 现在采取不同的方法来分析例 4.11 的杜克大学队篮球赛链．

	0	**1**	**2**	**3**
0	-3	2	1	0
1	0	-5	5	0
2	1	0	-2.5	1.5
3	6	0	0	-6

(a) 对 $i = 0, 2, 3$，求 $g(i) = E_i(V_1)$. (b) 运用 (a) 的解证明杜克大学到时间 t 的得分（访问状态 1 的次数）$N_1(t)/t \to 0.6896$，和之前的计算一样. (c) 对 $i = 0, 2$，计算 $h(i) = P_i(V_3 < V_1)$. (d) 据此计算 X 的分布，$X =$ 在杜克大学相邻的两次得分之间北卡命中的次数. (e) 利用 (d) 的求解结果推导到时间 t 北卡大学得分的次数（访问状态 3 的次数）满足 $N_3(t)/t \to 0.6206$，与之前的计算结果相同.

179

4.28 布莱德与他的女友安吉丽娜的关系在热恋，争吵，困惑和抑郁这几种状态上按照如下的转移速率变换，其中 t 是以月为单位.

	A	**B**	**C**	**D**
A	-4	3	1	0
B	4	-6	2	0
C	2	3	-6	1
D	0	0	2	-2

(a) 从长远看，他处在这四种状态的时间的比例分别是多少？(b) 请问该链满足细致平衡条件吗？(c) 他们现在的关系是热恋. 求到他们处于抑郁关系需要的期望时间？

4.29 一家小公司管理着一个拥有四辆汽车的车队，汽车是供其商务旅行的职工使用. 使用汽车的请求数服从速率为每天 1.5 次的 Poisson 过程. 一辆车的使用时间服从均值为 2 天的指数分布. 忽略周末，我们得出正在使用中的汽车数的 Markov 链如下.

	0	**1**	**2**	**3**	**4**
0	-1.5	1.5	0	0	0
1	0.5	-2.0	1.5	0	0
2	0	1.0	-2.5	1.5	0
3	0	0	1.5	-3	1.5
4	0	0	0	2	-2

(a) 求平稳分布. (b) 未实现的请求数到达的速率是多少？若仅有 3 辆车，则此速率将如何变化？(c) 令 $g(i) = E_i T_4$. 写出方程并求解 $g(i)$. (d) 利用平稳分布计算 $E_0 T_4$.

4.30 一艘潜水艇有 3 个航行设备，但是当至少有 2 个正常工作时，潜水艇可以在海上航行. 假设三个设备损坏前的使用时间分别服从均值为 1 年，1.5 年和 3 年的指数分布. 构建一个 Markov 链，状态 0 表示所有的设备都可正常工作，1，2，3 表示发生故障的设备，4 表示两个设备发生故障. 根据 $E_0 T_4$ 的计算结果确定潜水艇可以航行的平均时间.

4.31 由于最近气候温暖，Jill 和 Kelly 对他们的公寓进行大扫除. Jill 打扫厨房，花费的总时间服从均值为 30 分钟的指数分布. Kelly 打扫浴室，花费的总时间服从均值为 40 分钟的指数分布. 第一个完成任务的要到外边清理树叶，完成此工作需花费的时间服从均值为 1 小时的指数分布. 当第二个人完成室内扫除后，将帮助第一个人来共同清理树叶，速率是之前的两倍（当然之前另外一人可能已经扫完树叶，这样家务活就完成了）. 到所有的家务活都完成需要花费的期望时间是多少？

180

Markov 队列

4.32 假设出租车和（以群为单位的）乘客分别按照速率为每分钟 2 辆和 3 群的 Poisson 过程到达机场的一个出租车站. 假定不管现在有多少辆出租车在排队, 出租车都将等待. 然而, 若到达的乘客发现没有等待的出租车, 则他将离开并选择其他交通方式. （a）求到达的乘客乘坐出租者的比例. （b）求在等待的出租车的平均数量.

4.33 （不耐烦顾客队列） 顾客按照速率 λ 到达一个单服务线的服务系统, 服务时间服从速率为 μ 的指数分布. 在队列中等待的顾客是不耐烦的, 如果没有得到服务, 那么他们将以速率 δ 离开, 并且与他们在队列中的位置独立. （a）证明对任意 $\delta > 0$, 系统都存在一个平稳分布. （b）对 $\delta = \mu$ 这个特殊情形, 求平稳分布.

4.34 顾客按照每小时 20 位的速率到达 Shortstop 便利店. 当 2 个或者更少的顾客在排队付款, 则仅有一位职员工作, 服务时间是 3 分钟. 然而, 当 3 个或者更多的顾客在排队付款时, 一位助手过来帮忙把商品放入到购物袋中, 使得服务时间减少到 2 分钟. 假定服务时间服从指数分布, 求平稳分布.

4.35 顾客按照速率 λ 到达一个嘉年华奇幻旅程. 旅程时间是速率为 μ 的指数分布, 但是当旅程正在进行时, 它会以速率 α 出故障. 一旦出了故障, 所有的人都会离开, 因为他们知道解决问题花费的时间是速率为 β 的指数分布. （i）构造一个 Markov 链模型, 状态空间为 $\{-1, 0, 1, 2, \cdots\}$, 其中 -1 表示出故障, 状态 $0, 1, 2, \cdots$ 表示正在等待或在旅程中的顾客数. （ii）证明该链的平稳分布具有如下形式: $\pi(-1) = a$, 当 $n \geqslant 0$ 时, $\pi(n) = b\theta^n$.

4.36 顾客按照速率为 λ 的 Poisson 过程到达一个有 2 服务器的站点. 顾客到达后排成一队等待下一个可使用的服务器. 假设两个服务器的服务时间分别为速率是 μ_a 和 μ_b 的指数分布, 且当到达的顾客发现系统为空闲时, 他将以 $1/2$ 的概率到达其中一个服务器. 用一个 Markov 链模型来描述此系统, 状态空间为 $\{0, a, b, 2, 3, \cdots\}$, 其中状态表示的是系统中的顾客数, a, b 分别表示在 a 或者 b 服务器有一个顾客. 证明此系统时间可逆. 令 $\pi(2) = c$, 求解用 c 表示的极限概率.

4.37 现在经济学系和社会学系均有一个打字员, 他们每天可打 25 封信件. 经济学系平均每天需要打 20 封信, 而社会学系平均每天仅需要打 15 封信. 假设要打印的信件按照 Poisson 过程到达, 打字时间服从指数分布, 求（a）平均队列长度和每个系的平均等待时间;（b）如果合并他们的打字资源, 求平均总等待时间.

[181]

排队网络

4.38 考虑一个生产系统, 包含一个机器中心以及跟随的一个检查站. 从系统外部的到达仅发生在机器中心, 且服从速率为 λ 的 Poisson 过程. 机器中心和检查站都是单服务线运行, 速率分别为 μ_1 和 μ_2. 假设每个零件独立地以概率 p 通过检查. 当一个零件没有通过检查时, 它被返回到机器中心重新进行加工. 求系统有平稳分布时参数需满足的必要条件.

4.39 考虑一个三工作站的排队网络, 到达工作站 $i = 1, 2, 3$ 的速率是 3, 2, 1, 而工作站 $i = 1, 2, 3$ 的服务速率是 4, 5, 6. 假设从 i 离开时转移到 j 的概率为 $p(i, j)$, $p(1, 2) = 1/3, p(1, 3) = 1/3, p(2, 3) = 2/3$, 其他情形下为 $p(i, j) = 0$. 求平稳分布.

4.40 （前馈排队系统） 考虑一个有 k 个工作站的排队系统, 到达工作站 i 的速率为 λ_i, 工作站 i 的服务速率为 μ_i. 称该排队网络是前馈网络, 如果从 i 到达 $j < i$ 的概率为 $p(i, j) = 0$. 考虑一个一般的三工作站的前馈排队系统. 求速率必须满足什么条件时存在一个平稳分布.

4.41 （串联排队） 考虑一个有 k 个工作站的排队网络系统, 到达工作站 i 的速率为 λ_i, 工作站 i 的服务速率为 μ_i. 在这个问题上, 我们研究前馈系统的一个特殊情形, 即当 $1 \leqslant i < k$ 时, $p(i, i+1) = p_i$. 用文

字叙述即顾客或者到下一工作站点或者离开系统. 求速率必须满足什么条件才存在一个平稳分布.

4.42 在一所非常小的大学注册处，学生来注册英语课程的速率是 10，注册数学课程的速率是 5. 完成英语课程注册的学生以 1/4 的概率去注册数学课程，3/4 的概率到达收费处. 完成数学课程注册的学生以 2/5 的概率去注册英语课程，3/5 的概率到达收费处. 到达收费处的学生付费之后将离开系统. 假设英语课程注册处、数学课程注册处和收费处的服务时间分别为 25，30 和 20. 求平稳分布.

182

4.43 在一家当地的商店里，在鱼产品柜台（1），肉类食品柜台（2）和咖啡柜台（3）排队等待服务的队列. 对 $i = 1, 2, 3$，从系统外部到达站点 i 的顾客速率为 i，接受服务的速率是 $4 + i$. 顾客从站点 i 到达 j 的概率 $p(i, j)$ 由下列矩阵给出

	1	2	3
1	0	1/4	1/2
2	1/5	0	1/5
3	1/3	1/3	0

在均衡状态下，求没有一个顾客在系统中的概率，即 $\pi(0, 0, 0)$.

4.44 3 个销售蔬菜的供应商，其摊位摆成一排. 顾客按照速率 10，8 和 6 到达供应商 1，2 和 3 的摊位. 到达摊位 1 的顾客，以 1/2 的概率购买了一些蔬菜后离开，以 1/2 的概率继续浏览摊位 2. 到达摊位 3 的顾客以 7/10 的概率购买一些蔬菜后离开，以 3/10 的概率继续浏览摊位 2. 到达摊位 2 的顾客以 4/10 的概率购买一些蔬菜后离开，或者分别以 3/10 的概率继续浏览摊位 1 或者 3. 假设 3 个摊位的服务速率足够大，因此存在一个平稳分布. 求 3 个摊位达成交易的速率是多少. 验证你的结果，注意，既然进入系统的顾客仅购买一次，因此三个速率相加为 $10 + 8 + 6 = 24$.

4.45 4 个儿童在玩两个电子游戏. 第一个游戏并不是非常刺激，平均玩的时间是 4 分钟，因此当一个儿童按照次序玩过这个游戏之后，他们总是排成一队玩另外一个游戏. 第二个游戏平均需要 8 分钟. 因为这个游戏更有趣，所以当他们玩过这个游戏之后，以 1/2 的概率重新排队玩此游戏，或者以 1/2 的概率到达另外一台游戏机. 假设玩一圈需要的总时间服从指数分布，求在每台机器旁玩游戏或排队的儿童个数的平稳分布.

183

第5章 鞅

在本章中我们将介绍一类过程，这类过程可以理解为一个进行公平赌博的赌徒的财富过程. 本章的结论对于下一章我们考虑金融中的应用时将非常重要. 另外，这些结论将使我们能够对第一章中关于 Markov 链的离出分布和离出时刻的一些事实给出更为明晰的证明.

5.1 条件期望

我们对于鞅的研究将很大程度上依赖于条件期望的概念以及所发展出的一些可能大家不太熟悉的公式，因此在这里我们将简要回顾一下这些内容. 首先来看几个定义. 给定一个事件 A，我们定义其**示性函数**为

$$1_A = \begin{cases} 1 & x \in A \\ 0 & x \in A^c \end{cases}$$

换句话说，1_A 表示"在 A 中时取值为 1"（其他情形为 0）. 给定一个随机变量 Y，定义 **Y 在 A 上的积分**为

$$E(Y;A) = E(Y1_A)$$

注意，Y 与 1_A 相乘，乘积在 A^c 上值为 0，在 A 上的值保持不变. 最后，定义**给定 A 下 Y 的条件期望**为

$$E(Y \mid A) = E(Y;A)/P(A)$$

这也是如下定义的条件概率的期望值：

$$P(\cdot \mid A) = P(\cdot \cap A)/P(A)$$

例 5.1　一个简单但很重要的特例是随机变量 Y 和集合 A 相互独立的情形，即对任意集合 B，有

$$P(Y \in B, A) = P(Y \in B)P(A)$$

注意，这意味着 $P(Y \in B, A^c) = P(Y \in B)P(A^c)$，与式（A.13）中随机变量独立的定义相比较，我们看出当且仅当 Y 和 1_A 相互独立时，上式成立，从而定理 A.1 意味着

$$E(Y;A) = E(Y1_A) = EY \cdot E1_A$$

且有

$$E(Y \mid A) = EY \tag{5.1} \blacksquare$$

根据定义容易看出在 A 上的积分具有线性性质

$$E(Y + Z;A) = E(Y;A) + E(Z;A) \tag{5.2}$$

因此除以 $P(A)$，条件期望同样有此性质

$$E(Y + Z \mid A) = E(Y \mid A) + E(Z \mid A) \tag{5.3}$$

在此处以及接下来的公式和定理中，我们总假设所有给出的期望值都存在.

另外，同一般积分一样，常数可以提到积分外边.

引理 5.1　如果 X 在 A 上取值为常数 c，则 $E(XY \mid A) = cE(Y \mid A)$.

证明 因为在 A 上 $X = c$，所以 $XY1_A = cY1_A$. 等式两边取期望并将常数提到积分号前面，有 $E(XY1_A) = E(cY1_A) = cE(Y1_A)$. 除以 $P(A)$ 即可得结论. ◀

作为期望值，$E(\cdot \mid A)$ 具有期望所具有的所有一般性质，特别的有

引理 5.2（Jensen 不等式） 如果 ϕ 为凸函数，则

$$E(\phi(X) \mid A) \geqslant \phi(E(X \mid A))$$
◀

接下来的两条性质是作为集合 A 的函数 $E(Y ; A)$ 和 $E(Y \mid A)$ 的性质.

引理 5.3 若 B 是互不相交的集合 $A_1, \cdots, A_k$ 的并集，则

$$E(Y; B) = \sum_{j=1}^{k} E(Y; A_j)$$

[186]

证明 我们的假定意味着 $Y1_B = \sum_{j=1}^{k} Y1_{A_j}$，于是取期望有

$$E(Y; B) = E(Y1_B) = E\left(\sum_{j=1}^{k} Y1_{A_j}\right) = \sum_{j=1}^{k} E(Y1_{A_j}) = \sum_{j=1}^{k} E(Y; A_j)$$
◀

引理 5.4 若 B 是互不相交的集合 $A_1, \cdots, A_k$ 的并集，则

$$E(Y \mid B) \sum_{j=1}^{k} E(Y \mid A_j) \cdot \frac{P(A_j)}{P(B)}$$

特别地，当 $B = \Omega$ 时，有 $EY = \sum_{j=1}^{k} E(Y \mid A_j) \cdot P(A_j)$.

证明 根据条件期望的定义以及引理 5.3，经过一些简单计算并再次运用定义，有

$$E(Y \mid B) = E(Y; B)/P(B) = \sum_{j=1}^{k} E(Y; A_j)/P(B)$$

$$= \sum_{j=1}^{k} \frac{E(Y; A_j)}{P(A_j)} \cdot \frac{P(A_j)}{P(B)} = \sum_{j=1}^{k} E(Y \mid A_j) \cdot \frac{P(A_j)}{P(B)}$$

结论得证. ◀

本节中的讨论集中在给定单个集合 A 下的条件期望的性质. 为了作更进一步研究，注意，给定一个样本空间的分割 $\mathcal{A} = \{A_1, \cdots, A_n\}$（即它们互不相交且它们的并集是 Ω），那么给定分割集下的条件期望是一个随机变量：

$$\text{在 } A_i \text{ 上} \qquad E(X \mid \mathcal{A}) = E(X \mid A_i)$$

基于此式，根据引理 5.4 可知

$$E[E(X \mid \mathcal{A})] = EX$$

即随机变量 $E(X \mid \mathcal{A})$ 与 X 具有相同的期望. 根据引理 5.1 可知，若 X 在该分割集的任一集合上都为常数，则

$$E(XY \mid \mathcal{A}) = XE(Y \mid \mathcal{A})$$

[187]

5.2 例子，基本性质

我们从鞅的定义开始. 考虑一个进行公平赌博的赌徒，记 M_n 为该赌徒在时刻 n 的财富值，X_n 表示赌博的结果，称 $M_0, M_1, \cdots$ 是关于 $X_0, X_1, \cdots$ 的鞅，如果对任意 $n \geqslant 0$，有 $E \mid M_n \mid < \infty$，且对于任意可能值 $x_n, \cdots, x_0$，有

$$E(M_{n+1} - M_n \mid X_n = x_n, X_{n-1} = x_{n-1}, \cdots, X_0 = x_0, M_0 = m_0) = 0 \qquad (5.4)$$

需要第一个条件 $E \mid M_n \mid < \infty$ 是为了要保证条件期望存在. 第二个条件, 定义了鞅的性质, 即在给定到时刻 n 之前的过去信息的条件下, 第 $n+1$ 次赌博的平均收益是 0.

我们将通过多个例子来解释为什么这是一个有用的定义. 在许多例子中, X_n 是一个 Markov 链, 且 $M_n = f(X_n, n)$. 给定的条件事件是由 X_n 表示出的, 因为鞅过程 M_n 是通过之前的 X_n 驱动产生的, 从而可能会丢失一些信息, 例如在例 5.4 中 $M_n = X_n^2 - n$.

为了解释我们对鞅感兴趣的原因, 现在给出几个例子. 由于在下文中我们经常要写条件事件, 因此我们引入一个简写符号

$$A_v = \{X_n = x_n, X_{n-1} = x_{n-1}, \cdots, X_0 = x_0, M_0 = m_0\} \tag{5.5}$$

其中 v 是向量 $(x_n, \cdots, x_0, m_0)$ 的简写.

例 5.2 **随机游动** 令 $X_1, X_2, \cdots$ 独立同分布, $EX_i = \mu$. $S_n = S_0 + X_1 + \cdots + X_n$ 表示一个随机游动. 则 $M_n = S_n - n\mu$ 是关于 X_n 的鞅.

证明 要证明此结论, 注意到, $M_{n+1} - M_n = X_{n+1} - \mu$ 与 $X_n, \cdots, X_0, M_0$ 独立, 因此差值的条件期望恰好等于均值:

$$E(M_{n+1} - M_n \mid A_v) = EX_{n+1} - \mu = 0 \qquad ■$$

在大多数情形中, 赌场赌博并不公平, 而是不利于玩家的. 若赌徒在一局游戏中的期望收益是负的, 则我们称 M_n 是关于 X_n 的**上鞅**:

$$E(M_{n+1} - M_n \mid A_v) \leqslant 0$$

为了帮助记忆不等式的方向, 注意到, 并没有什么关于上鞅中"上"的内容. 该定义追溯其根源是上调和函数的定义, 该函数在一个点的取值超过其在以该点为中心的球区域内的平均值. 如果我们将不等号反向, 若我们假设

$$E(M_{n+1} - M_n \mid A_v) \geqslant 0$$

则称 M_n 为关于 X_n 的**下鞅**. 对例 5.2 中的证明作简单修改可知, 若 $\mu \leqslant 0$, 则 S_n 是上鞅, 而如果 $\mu \geqslant 0$, 则 S_n 是下鞅.

下一个结论可以引出很多例子.

定理 5.5 令 X_n 是一个转移概率为 p 的 Markov 链, $f(x, n)$ 表示关于状态 x 和时刻 n 的函数, 满足

$$f(x, n) = \sum_y p(x, y) f(y, n+1)$$

则 $M_n = f(X_n, n)$ 是一个关于 X_n 的鞅. 特别地, 若 $h(x) = \sum_y p(x, y) h(y)$, 则 $h(X_n)$ 是鞅.

证明 根据 Markov 性和我们对于 f 的假定, 得

$$E(f(X_{n+1}, n+1) \mid A_v) = \sum_y p(x_n, y) f(y, n+1) = f(x_n, n)$$

结论得证. ◀

下面的两个例子可初步解释我们对定理 5.5 的兴趣.

例 5.3 **赌徒破产** 令 $X_1, X_2, \cdots$ 是相互独立的随机变量, 且

$$P(X_i = 1) = p, \qquad P(X_i = -1) = 1 - p$$

其中 $p \in (0, 1)$ 且 $p \neq 1/2$. 令 $S_n = S_0 + X_1 + \cdots + X_n$. 则 $M_n = \left(\dfrac{1-p}{p}\right)^{S_n}$ 是一个关于 X_n 的鞅.

证明 应用定理 5.5 和 $h(x) = ((1-p)/p)^x$，我们仅需要验证 $h(x) = \sum_y p(x,y)h(y)$. 为此，注意到

$$\sum_y p(x,y)h(y) = p \cdot \left(\frac{1-p}{p}\right)^{x+1} + (1-p) \cdot \left(\frac{1-p}{p}\right)^{x-1}$$

$$= (1-p) \cdot \left(\frac{1-p}{p}\right)^x + p \cdot \left(\frac{1-p}{p}\right)^x = \left(\frac{1-p}{p}\right)^x$$

结论得证. ∎

例 5.4 **对称简单随机游动** 令 $Y_1, Y_2, \cdots$ 相互独立，且
$$P(Y_i = 1) = P(Y_i = -1) = 1/2$$

$X_n = X_0 + Y_1 + \cdots + Y_n$. 则 $M_n = X_n^2 - n$ 是一个关于 X_n 的鞅. 根据定理 5.5 和 $f(x,n) = x^2 - n$，只需证明

$$\frac{1}{2}(x+1)^2 + \frac{1}{2}(x-1)^2 - 1 = x^2$$

为此，我们将平方项展开，推导出等式左边为

$$\frac{1}{2}[x^2 + 2x + 1 + x^2 - 2x + 1] - 1 = x^2$$

∎

例 5.5 **独立随机变量之积** 为了构建一个关于股票市场的离散时间模型，我们令 X_1, $X_2, \cdots, X_n \geq 0$ 相互独立，且 $EX_i = 1$. 则 $M_n = M_0 X_1 \cdots X_n$ 是一个关于 X_n 的鞅. 为了证明此，注意到

$$E(M_{n+1} - M_n \mid A_v) = M_n E(X_{n+1} - 1 \mid A_v) = 0$$

使用乘法模型的原因是由于股票价格的变化被认为是与其取值成比例. 另外，同加法模型相对比，我们保证价格保持为正值. ∎

上面的这个例子容易做如下推广.

例 5.6 **指数鞅** 令 $Y_1, Y_2, \cdots$ 独立同分布，且 $\phi(\theta) = E\exp(\theta Y_1) < \infty$. 令 $S_n = S_0 + Y_1 + \cdots + Y_n$. 则 $M_n = \exp(\theta S_n)/\phi(\theta)^n$ 是一个关于 Y_n 的鞅. 特别地，若 $\phi(\theta) = 1$，则 $\exp(\theta S_n)$ 是鞅.

证明 若我们令 $X_i = \exp(\theta Y_i)/\phi(\theta)$，则 $M_n = M_0 X_1 \cdots X_n$，其中 $EX_i = 1$，因此它变为之前的例子. ∎

在介绍了这么多例子后，现在我们要推导一些基本的性质.

引理 5.6 若 M_n 是鞅，ϕ 是一个凸函数，则 $\phi(M_n)$ 是一个下鞅. 若 M_n 是一个下鞅，ϕ 是一个非降的凸函数，则 $\phi(M_n)$ 是一个下鞅.

证明 应用引理 5.2 和鞅的定义，有

$$E(\phi(M_{n+1}) \mid A_v) \geq \phi(E(M_{n+1} \mid A_v)) = \phi(M_n)$$

对第二个论述的证明，M_n 的下鞅性和 ϕ 是非降函数的事实意味着对鞅情形下成立的 "$=$" 现在变为 "$\geq$". ◀

由于 x^2 是凸函数，这意味着如果 M_n 是鞅，则 M_n^2 是一个下鞅. 下一个结论将给出此事实的另一种证明方法，并给出一个关于鞅的非常有用的公式，它类似于 $E(Y^2) - (EY)^2 = \text{var}(Y)$.

引理 5.7　若 M_n 是鞅，则
$$E(M_{n+1}^2 \mid A_v) - M_n^2 = E((M_{n+1} - M_n)^2 \mid A_v)$$

证明　将等式右边的平方项展开，并应用式（5.3）和引理 5.3 可得
$$E(M_{n+1}^2 - 2M_{n+1}M_n + M_n^2 \mid A_v)$$
$$= E(M_{n+1}^2 \mid A_v) - 2M_n E(M_{n+1} \mid A_v) + M_n^2$$
$$= E(M_{n+1}^2 \mid A_v) - M_n^2$$

最后等式成立是因为 $E(M_{n+1} \mid A_v) = M_n$. ◀

运用上述证明中的思想，我们得到下面的引理.

引理 5.8（鞅增量的正交性）　若 M_n 是鞅，$0 \leqslant i \leqslant j \leqslant k < n$，则
$$E[(M_n - M_k)M_j] = 0$$
且 $E[(M_n - M_k)(M_j - M_i)] = 0$.

证明　第二个结论根据第一个结论下对 j 的等式减去 $j = i$ 的情形可得. 令 $A_v = \{X_k = x_k, \cdots, X_0 = x_0, M_0 = m\}$. 运用引理 5.4，然后根据引理 5.1 和鞅的性质，
$$E[(M_n - M_k)M_j] = \sum_x E[(M_n - M_k)M_j \mid A_v]$$
$$= M_j \sum_x E[(M_n - M_k) \mid A_v] = 0$$

所需公式得证. ◀

上述结论有一个实用的推论：
$$E(M_n - M_0)^2 = \sum_{k=1}^n E(M_k - M_{k-1})^2$$
$$(5.6)$$

证明　将求和中的平方项展开，有
$$E\Big(\sum_{k=1}^n M_k - M_{k-1}\Big)^2 = \sum_{k=1}^n E(M_k - M_{k-1})^2$$
$$+ 2\sum_{1 \leqslant j < k \leqslant n} E[(M_k - M_{k-1})(M_j - M_{j-1})]$$

191 根据引理 5.8 可知第二个求和项为 0. ◀

5.3　赌博策略，停时

第一个结论应该比较直观，如果我们将上鞅理解为在进行不利的赌博：我们财富的期望值将随着时间下降.

定理 5.9　若 M_m 是一个上鞅，且 $m \leqslant n$，则 $EM_m \geqslant EM_n$.

证明　只需证明在每一步期望值下降，即 $EM_k \geqslant EM_{k+1}$. 为此，我们再次使用式（5.5）中的符号
$$A_v = \{X_n = x_n, X_{n-1} = x_{n-1}, \cdots, X_0 = x_0, M_0 = m\}$$
注意，条件集合上的线性性质（引理 5.3）和条件期望的定义意味着
$$E(M_{k+1} - M_k) = \sum_v E(M_{k+1} - M_k; A_v)$$

$$= \sum_v P(A_v)E(M_{k+1} - M_k \mid A_v) \leqslant 0$$

因为上鞅满足 $E(M_{k+1} - M_k \mid A_v) \leqslant 0$. ◀

定理 5.9 中的结论可以立即一般化到我们的另两种类型的过程. 乘以 -1 即得如下结论.

定理 5.10 若 M_m 是一个下鞅，且 $0 \leqslant m < n$，则 $EM_m \leqslant EM_n$.

既然一个过程是鞅当且仅当它既是上鞅，又是下鞅，我们就可推出以下定理.

定理 5.11 若 M_m 是一个鞅，且 $0 \leqslant m < n$，则 $EM_m = EM_n$. ◀

关于鞅论最著名的结论（见定理 5.12）是

$$\text{"你不可能在一个不利赌博中获益"} \tag{5.7}$$

在阐述此结论之前，我们将分析一个非常有名的赌博系统，并证明为什么任何策略都不能获益.

例 5.7 加倍赌博策略 假设你在赌博，每一局你将赢或者输 1 元. 若你赢了，下一局你下的赌注为 1 元，但是如果你输了，则下一局你下的赌注为之前赌注的两倍. 若我们连续输了 4 局，第 5 局赢了的情形为：

结果	输	输	输	输	赢
赌注	1	2	4	8	16
净收益	-1	-3	-7	-15	1

通过观察这个具体的情形可以看出此系统背后的思想. 在此情形中，当我们赢了，净收益为 1 元. 因为 $1 + 2 + \cdots + 2^k = 2^{k+1} - 1$，因此在赢之前已经连续输了 k 局的情况下所获得的净收益为 1 元都是正确的. 于是在每次我们赢后，我们的净收益将在之前赢的基础上再增加 1 元.

只要赢的概率为正，这个系统就能成功地使我们变得富裕，那么，如何抓住这个机遇？简单起见，假设我们进行了 6 局游戏. 令 L 表示上次赢的时刻（若 6 局游戏都输了，则 $L = 0$），用 N 表示在前 6 局游戏中赢的总局数. 根据 64 种不同结果，可推出 (L, N) 的可能值为

L	$N = 0$	1	2	3	4	5	6
6	0		1	5	10	10	5	1
5	0		1	4	6	4	1	
4	0		1	3	3	1		
3	0		1	2	1			
2	0		1	1				
1	0		1					
0	1							

若我们连续输了 6 局，则我们的净收益为 -63. 若上一次赢了的时刻为 1，2，3，4，5 和 6，则在那次赢了之后我们的净收益为 $-31, -15, -7, -3, -1, 0$. 考虑到赢了 N 局（包含上一局赢），可增加收益 N 元，净收益取值为正的分布为（省去了分母 64）：

$$\begin{array}{ccccccc} 6 & 5 & 4 & 3 & 2 & 1 & 0 \\ 1 & 5 & 10+1 & 10+4 & 5+6 & 1+4+1 & 3+1 \end{array}$$

从而我们的净收益以 $52/64$ 的概率 $\geqslant 0$. 净收益为负的情形尽管比较少，但是其取值较大：

$$\begin{array}{ccccccccc} -1 & -2 & -4 & -5 & -6 & -13 & -14 & -30 & -63 \\ 3 & 1 & 1 & 2 & 1 & 1 & 1 & 1 & 1 \end{array}$$

综合所有信息可知，我们可得的期望收益 $= 145/64 - 145/64 = 0$. ∎

为了确切阐述和证明 (5.7)，我们将引入一族投注策略，这些策略是双倍投注策略的一般化. 显然，我们在第 n 局游戏中的总赌注 H_n 并不能依赖于该局游戏的结果，要它与接下来进行的游戏结果相关也不合理. 我们称 H_n 是一个可容许的赌博策略或者**可料过程**，若对任意 n，H_n 的取值都可以由 $X_{n-1}, X_{n-2}, \cdots, X_0, M_0$ 来确定.

为了诱导出下一个定义，想象 H_m 为在时刻 $m-1$ 和时刻 m 之间我们持有股票的股数. 则在时刻 n 我们的财富为

$$W_n = W_0 + \sum_{m=1}^{n} H_m(M_m - M_{m-1}) \tag{5.8}$$

因为从时刻 $m-1$ 到时刻 m，我们财富的变化是我们持有股票的股数乘以股票价格的变化：$H_m(M_m - M_{m-1})$. 在这种设定下阐述加倍赌博策略时，将 X_m 看作是第 m 次投掷硬币的结果，若头像朝上，令 $X_m = 1$；若反面朝上，$X_m = -1$，令 $M_n = X_1 + \cdots + X_n$ 为一个赌徒每局下赌注为 1 时的净收益.

定理 5.12 假设 M_n 是一个关于 X_n 的上鞅，H_n 是可料的，且 $0 \leqslant H_n \leqslant c_n$，其中 c_n 是一个可能依赖于 n 的常数. 则

$$W_n = W_0 + \sum_{m=1}^{n} H_m(M_m - M_{m-1}) \qquad \text{是一个上鞅}$$

我们需要条件 $H_n \geqslant 0$ 是为了防止赌徒通过下的赌注为负值而变为赌场方. 这里上界 $H_n \leqslant c_n$ 是为了期望值存在需要的技术条件. 在赌博环境中，这个假定是无害的：即使赌徒每次都赢，他在时刻 n 拥有的财富也是存在上界的.

证明 从时刻 n 到时刻 $n+1$，我们的财富变化为

$$W_{n+1} - W_n = H_{n+1}(Y_{n+1} - Y_n)$$

像定理 5.9 的证明一样，令

$$A_v = \{X_n = x_n, X_{n-1} = x_{n-1}, \cdots, X_0 = x_0, M_0 = m_0\}$$

H_{n+1} 在事件 A_v 上是常数，从而引理 5.1 意味着

$$E(H_{n+1}(M_{n+1} - M_n) \mid A_v) = H_{n+1}E(M_{n+1} - M_n \mid A_v) \leqslant 0$$

这证明了 W_n 是一个上鞅. ◀

经过与定理 5.9 之后类似的讨论，只需要假定条件 $|H_n| \leqslant c_n$，上述结论在下鞅和鞅这两种情形下都成立.

尽管定理 5.12 的结论可能令赌徒沮丧，但是一个简单的特殊情形可以提供给我们一个重要的计算工具. 为了引入该工具，我们需要一个新的概念. 称 T 是关于 X_n 的停时，如果事件 $\{T = n\}$ 发生（或者不发生）可以通过在时刻 n 已知的信息 $X_n, X_{n-1}, \cdots, X_0, M_0$ 确定.

例 5.8 在停时之前的常数投注策略 一种可能的赌博策略是在停止赌博的时刻 T 之

前，每次都下 1 元赌注. 用符号表示，若 $T \geqslant m$，令 $H_m = 1$，其他情形下为 0. 为了验证这是一个可容许的赌博策略，注意，H_m 在其上取值为 0 的集合为

$$\{T \geqslant m\}^c = \{T \leqslant m-1\} = \bigcup_{k=1}^{m-1}\{T = k\}$$

根据停时的定义，事件 $\{T = k\}$ 发生与否可以由 $M_0, X_0, \cdots, X_k$ 的取值来确定. 因为是对 $k \leqslant m-1$ 取集合的并，所以 H_m 可通过 $M_0, X_0, X_1, \cdots, X_{m-1}$ 的取值确定. ∎

介绍了"直到时刻 T 之前每一局下 1 元赌注"这个赌博策略之后，接下来我们计算当 $W_0 = M_0$ 时我们获得的收益. 令 $T \wedge n$ 表示 T 和 n 的最小值，即若 $T < n$ 时，$T \wedge n = T$，若 $T \geqslant n$，则 $T \wedge n = n$，我们给出的答案为

$$W_n = M_0 + \sum_{m=1}^{n} H_m(M_m - M_{m-1}) = M_{T \wedge n} \tag{5.9}$$

验证该等式，考虑两种情形：

(i) 若 $T \geqslant n$，则对所有 $m \leqslant n$ 有 $H_m = 1$，于是

$$W_n = M_0 + (M_n - M_0) = M_n$$

(ii) 若 $T \leqslant n$，则当 $m > T$ 时，$H_m = 0$，于是 (5.9) 中的求和项在 T 停止. 在此情形下

$$W_n = M_0 + (M_T - M_0) = M_T$$

结合式 (5.9) 和定理 5.12，并应用定理 5.9，我们有以下结论.

定理 5.13 若 M_n 是一个关于 X_n 的上鞅，T 是停时，则停止过程 $M_{T \wedge n}$ 是一个关于 X_n 的上鞅. 特别地，$EM_{T \wedge n} \leqslant M_0$. ◀

正如定理 5.9 后的讨论，对于下鞅（$EM_{T \wedge n} \geqslant M_0$）和鞅（$EM_{T \wedge n} = M_0$）结论类似.

5.4 应用

本节我们将应用前面小节中的结论，重新推导第 1 章中关于随机游动的击中概率和离出时刻的一些结论. 为了给出进一步发展的动机，我们从一个简单的例子开始. 令 X_1, $X_2, \cdots, X_n$ 相互独立，$P(X_i = 1) = P(X_i = -1) = 1/2$，$S_n = S_0 + X_1 + \cdots + X_n$，且令 $\tau = \min\{n : S_n \notin (a, b)\}$. 为了更快推导出离出分布，一个吸引人的做法是：因为 S_n 是鞅，τ 是停时，

$$x = E_x S_\tau = aP_x(S_\tau = a) + b(1 - P(S_\tau = a))$$

然后求解可得

$$P_x(S_\tau = a) = \frac{b - x}{b - a} \tag{5.10}$$

这个公式是正确的，但是正如接下来这个例子说明的，我们必须要小心处理.

例 5.9 坏鞅 假设 $x = 1$，令 $V_a = \min\{n : S_n = 0\}$，$T = V_0$. 我们知道 $P_1(T < \infty)$ 但是

$$E_1 S_T = 0 \neq 1$$

问题是

$$P_1(V_N < V_0) = 1/N$$

因此随机游动能在返回到 0 之前访问某些非常大的值.

195

解决这个问题的方法与我们考虑的所有例子相同. 我们有一个鞅 M_n 和停时 T. 应用定理 5.13 和定理 5.11 推导得出 $EM_0 = EM_{T\wedge n}$, 然后令 $n\to\infty$, 讨论可知 $EM_{T\wedge n}\to EM_T$. ■

例 5.10 赌徒破产   令 $X_1, X_2, \cdots, X_n$ 相互独立, 且
$$P(X_i = 1) = p, \qquad P(X_i = -1) = q = 1 - p$$
假设 $1/2 < p < 1$ 并令 $h(x) = (q/p)^x$. 根据例 5.3 可知, $M_n = h(S_n)$ 是鞅. 令 $\tau = \min\{n: S_n \notin (a, b)\}$. 易知 τ 是一个停时. 因此引理 1.3 意味着 $P(\tau < \infty) = 1$. 如果再次不做认真讨论, 那么有
$$(q/p)^x = E_x(q/x)^{S(\tau)} = (q/p)^a P(S_\tau = a) + (q/p)^b[1 - P(S_\tau = a)] \quad (5.11)$$
求解得
$$P_x(S_\tau = a) = \frac{(q/p)^b - (q/p)^x}{(q/p)^b - (q/p)^a} \qquad (5.12)$$
这是 (1.22) 的一般化.

为了给出 (5.11) 的证明, 应用定理 5.13 和定理 5.11, 可推得
$$(q/p)^x = E_x M_{\tau\wedge n} = (q/p)^a P(\tau \leqslant n, S_\tau = a) + (q/p)^b P(\tau \leqslant n, S_\tau = b)$$
$$+ E((q/p)^{S_n}; \tau > n)$$
既然 $P(\tau < \infty) = 1$, 可知对于 $c = a, b$, 有 $P(\tau \leqslant n, S_\tau = c) \to P(S_\tau = c)$. 为了处理第三项, 注意, 由于 $p > 1/2$, 所以对 $a < x < b$, 有 $(q/p)^x \leqslant (q/p)^a$, 于是
$$E((q/p)^{S_n}; \tau > n) \leqslant (q/p)^a P_x(\tau > n)$$
令 $n\to\infty$, 我们已经证明了式 (5.11). ■

通过将上述讨论抽象化, 我们可以节省一些工作.

定理 5.14   假设 M_n 是鞅, T 是一个停时, $P(T < \infty) = 1$, 且存在某常数 K, 使得 $|M_{T\wedge n}| \leqslant K$. 则 $EM_T = EM_0$.

证明   定理 5.13 意味着
$$EM_0 = EM_{T\wedge n} = E(M_T; T \leqslant n) + E(M_n; T > n).$$
第二项 $\leqslant KP(T > n)$ 且
$$|E(M_T; T \leqslant n) - E(M_T)| \leqslant KP(T > n)$$
由于当 $n\to\infty$ 时, $P(T > n)\to 0$, 因此所需结论得证. ◀

例 5.11 公平赌博的持续时间   令 $S_n = S_0 + X_1 + \cdots + X_n$, 其中 $X_1, X_2, \cdots$ 相互独立, 且 $P(X_i = 1) = P(X_i = -1) = 1/2$. 令 $\tau = \min\{n: S_n \notin (a, b)\}$, 其中 $a < 0 < b$. 这里我们的目标是证明一个与 (1.26) 相近的结论:
$$E_0\tau = -ab$$
由例 5.4 可知 $S_n^2 - n$ 是一个鞅. 令 $\tau = \min\{n: S_n \notin (a, b)\}$. 从前面的例子中, 我们已知 τ 是一个停时且 $P(\tau < \infty) = 1$. 如果我们再次不做认真讨论, 那么有 $0 = E_0(S_\tau^2 - \tau)$, 因此根据式 (5.10),
$$E_0(\tau) = E_0(S_\tau^2) = a^2 P_0(S_\tau = a) + b^2 P_0(S_\tau = b)$$
$$= a^2 \frac{b}{b-a} + b^2 \frac{-a}{b-a} = ab \frac{a-b}{b-a} = -ab$$

现在为了给出一个严格证明，我们运用定理 5.13 和定理 5.11 推得

$$0 = E_0(S_{\tau \wedge n}^2 - \tau \wedge n) = a^2 P(S_\tau = a, \tau \leqslant n) + b^2 P(S_\tau = b, T \leqslant n)$$
$$+ E(S_n^2; \tau > n) - E_0(\tau \wedge n)$$

由于 $P(\tau < \infty) = 1$ 且在 $\{\tau > n\}$ 上有 $S_{\tau \wedge n}^2 \leqslant \max\{a^2, b^2\}$，因此第三项趋于 0. 为了处理第四项，根据 (1.6)，

$$E_0(\tau \wedge n) = \sum_{m=0}^n P(\tau \geqslant m) \uparrow \sum_{m=0}^\infty P(\tau \geqslant m) = E_0 \tau \qquad (5.13)$$

综合这四项，有

$$0 = a^2 P_0(S_\tau = a) + b^2 P_0(S_\tau = b) - E_0 \tau$$

于是我们证明了结论成立. ◀ $\boxed{197}$

现在考虑一个随机游动 $S_n = S_0 + X_1 + \cdots + X_n$，其中 $X_1, X_2, \cdots$ 独立同分布，且均值为 μ. 由例 5.2 可知，$M_n = S_n - n\mu$ 是关于 X_n 的鞅.

定理 5.15（Wald 等式） 如果 T 是满足 $ET < \infty$ 的停时，则

$$E(S_T - S_0) = \mu ET$$

回忆例 5.9 有 $\mu = 0, S_0 = 1$，但 $S_T = 1$ 说明对于对称简单随机游动有 $E_1 V_0 = \infty$.

为什么这是正确的？根据定理 5.13 和定理 5.11，

$$ES_0 = E(S_{T \wedge n}) - \mu E(T \wedge n)$$

当 $n \uparrow \infty$，由 (5.13) 得 $E_0(T \wedge n) \uparrow E_0 T$. 为了讨论另一项的极限值，注意到

$$E \mid S_T - S_{T \wedge n} \mid \leqslant E\left(\sum_{m=n}^T \mid X_m \mid; T > n\right)$$

运用假定条件 $ET < \infty$ 和 $E \mid X \mid < \infty$，可以证明右边趋近于 0 从而完成证明. 然而，证明的细节有一些复杂并且没有那么多的启发作用，因此这里忽略. ◀

接下来的两个例子是例 5.6 中给出的指数鞅的应用.

例 5.12 左连续随机游动 假设 $X_1, X_2, \cdots$ 是独立且取整数值的随机变量，$EX_i > 0$，$P(X_i \geqslant -1) = 1, P(X_i = -1) > 0$. 称这些随机游动是左连续的，因为当它们减小时，他们不能跳过任意整数，即它们按照数轴通常绘制的那样到达左边. 令 $\phi(\theta) = \exp(\theta X_i)$，根据 $\phi(\alpha) = 1$ 的要求定义出 $\alpha < 0$. 为了说明这样的 α 存在，注意到 (i) $\phi(0) = 1$，且

$$\phi'(\theta) = \frac{\mathrm{d}}{\mathrm{d}\theta} E \mathrm{e}^{\theta x_i} = E(x_i \mathrm{e}^{\theta x_i}) \text{ 因此 } \phi'(0) = Ex_i > 0$$

从而存在较小的负值 θ 使得 $\phi(\theta) < 1$. (ii) 若 $\theta < 0$，则当 $\theta \to -\infty$，$\phi(\theta) \geqslant \mathrm{e}^{-\theta} P(x_i = -1) \to \infty$. 我们选择 α 使得 $\exp(\alpha S_n)$ 是一个鞅. 得到鞅之后，现在容易推得如下结论. ■

定理 5.16 考虑一个均值为正的左连续随机游动. 令 $a < x, V_a = \min\{n: S_n = a\}$. 则

$$P_x(V_a < \infty) = \mathrm{e}^{\alpha(x-a)}$$

证明 如果我们再次不做认真讨论，则有

$$\mathrm{e}^{\alpha x} = E_x(\exp(\alpha V_a)) = \mathrm{e}^{\alpha a} P_x(V_a < \infty)$$

$\boxed{198}$

但是我们必须证明 $\{V_a = \infty\}$ 部分没有贡献. 为此注意到，根据定理 5.13 和定理 5.11，有

$$\mathrm{e}^{\alpha x} = E_0 \exp(\alpha S_{V_a \wedge n}) = \mathrm{e}^{\alpha a} P_0(V_a \leqslant n) + E_0(\exp(\alpha S_n); V_a > n)$$

在 $V_a > n$ 上 $\exp(\alpha S_n) \leqslant e^{\alpha a}$，但是因为 $P\{V_a = \infty\} > 0$，所以这并不足以使得最后一项消失. 强大数定律意味着在 $V_a = \infty$ 上，$S_n/n \to \mu > 0$，因此当 $n \to \infty$ 时，第二项趋近于 0，由此得到结论：$e^{\alpha x} = e^{\alpha a} P_0(V_a < \infty)$. ◄

当随机游动不是左连续时，我们不能给出精确的击中概率的结果，但是我们仍然可以得到一个界.

例 5.13 **Cramér 破产估计** 令 S_n 表示一家保险公司在第 n 年年末的总资产. 在第 n 年内，收到的总保费是 c 元，而支付的索赔额是 Y_n 元，因此

$$S_n = S_{n-1} + c - Y_n$$

令 $X_n = c - Y_n$，假定 $X_1, X_2, \cdots$ 是相互独立同正态分布的随机变量，均值 $\mu > 0$，方差为 σ^2. X_i 的密度函数为

$$(2\pi\sigma^2)^{-1/2} \exp(-(x-\mu)^2/2\sigma^2)$$

令 B 为破产事件，即在某时刻 n，该保险公司的资产为负. 我们将证明

$$P(B) \leqslant \exp(-2\mu S_0/\sigma^2) \tag{5.14}$$

用文字叙述即：为了以较高的概率获得成功，$\mu S_0/\sigma^2$ 值必须大，但是当这个值增加时，破产概率以指数速度降低.

证明 我们从计算 $\phi(\theta) = E\exp(\theta X_i)$ 开始. 为此，我们需做一些代数计算

$$-\frac{(x-\mu)^2}{2\sigma^2} + \theta(x-\mu) + \theta\mu = -\frac{(x-\mu-\sigma^2\theta)^2}{2\sigma^2} + \frac{\sigma^2\theta^2}{2} + \theta\mu$$

和一些微积分计算

$$\phi(\theta) = \int e^{\theta x}(2\pi\sigma^2)^{-1/2}\exp(-(x-\mu)^2/2\sigma^2)\,\mathrm{d}x$$

$$= \exp(\sigma^2\theta^2/2 + \theta\mu)\int (2\pi\sigma^2)^{-1/2}\exp\left(-\frac{(x-\mu-\sigma^2\theta)^2}{2\sigma^2}\right)\mathrm{d}x$$

既然被积函数是均值为 $\mu + \sigma^2\theta$，方差为 σ^2 的正态分布的密度函数，因此

$$\phi(\theta) = \exp(\sigma^2\theta^2/2 + \theta\mu) \tag{5.15}$$

若我们选择 $\theta = -2\mu/\sigma^2$，则

$$\sigma^2\theta^2/2 + \theta\mu = 2\mu^2/\sigma 2 - 2\mu^2/\sigma^2 = 0$$

从而由例 5.6 可知 $\exp(-2\mu S_n/\sigma^2)$ 是鞅. 令 $T = \min\{n : S_n \leqslant 0\}$. 由定理 5.13 和定理 5.11 可知

$$\exp(-2\mu S_0/\sigma^2) = E\exp(-2\mu S_{T\wedge n}) \geqslant P(T \leqslant n)$$

由于 $\exp(-2\mu S_T/\sigma^2) \geqslant 1$，且 $\{T > n\}$ 对于期望值的贡献 $\geqslant 0$. 现在令 $n \to \infty$，注意到 $P(T \leqslant n) \to P(B)$，所需结论得证. ∎

5.5 收敛

本节的主要内容是证明下面这个重要结论并给出它的一些应用.

定理 5.17 若 $X_n \geqslant 0$ 是一个上鞅，则 $X_\infty = \lim_{n \to \infty} X_n$ 存在，且 $EX_\infty \leqslant EX_0$. ◄

例 5.9 中的坏鞅说明可能有 $X_0 = 1$，$X_\infty = 0$ 的情况. 证明此结论的关键是下面的极大值不等式.

引理 5.18 令 $X_n \geqslant 0$ 是一个上鞅，$\lambda > 0$，则

$$P(\max_{n \geqslant 0} X_n > \lambda) \leqslant EX_0/\lambda$$

证明 令 $T = \min\{n \geqslant 0 : X_n > \lambda\}$. 根据定理 5.13 可知

$$EX_0 \geqslant E(X_{T \wedge n}) \geqslant \lambda P(T \leqslant n)$$

即 $P(T \leqslant n) \leqslant EX_0/\lambda$. 因为对于所有的 n 上式都成立，所需结论得证. ◄

定理 5.17 的证明 令 $a < b$，$S_0 = 0$，当 $k \geqslant 1$，定义停时为

$$R_k = \min\{n \geqslant S_{k-1} : X_n \leqslant a\}$$
$$S_k = \min\{n \geqslant R_k : X_n \geqslant b\}$$

運用证明引理 5.18 的推理方法，得

$$P(S_k < \infty \mid R_k < \infty) \leqslant a/b$$

通过迭代，可以看出 $P(S_k < \infty) \leqslant (a/b)^k$. 因为当 $k \to \infty$ 时，它趋于 0，所以 X_n 仅能从低于 a 的值跨越到超过 b 的值有限次. 为了据此推断出 $\lim_{n \to \infty} X_n$ 存在，令

$$Y = \liminf_{n \to \infty} X_n \quad \text{且} \quad Z = \limsup_{n \to \infty} X_n.$$

若 $P(Y < Z) > 0$，则存在 $a < b$ 使得 $P(Y < a < b < Z) > 0$，但是在这种情形下 X_n 以正概率无限多次的从低于 a 的值跨越到超过 b 的值，存在矛盾.

为证明 $EX_\infty \leqslant EX_0$，对任意时刻 n 和正实数 M，

$$EX_0 = EX_n \geqslant E(X_n \wedge M) \to E(X_\infty \wedge M)$$

其中最后一个结论是由定理 5.14 的推理而得. 上述结论意味着当 $M \uparrow \infty$ 时，$EX_0 \geqslant E(X_\infty \wedge M) \uparrow EX_\infty$. ◄

例 5.14 Polya 罐子 考虑一个装有红、绿两色球的罐子. 在时刻 0，罐子中有 k 个球，其中每种颜色的球至少有一个. 在时刻 n，我们随机抽取一个球. 然后将抽到的球放回到罐子中，同时再加入一个同色的球. 令 X_n 表示在时刻 n 时红色球所占的比例. 为了验证 X_n 是一个鞅，注意到在时刻 n 时，罐子中有 $n+k$ 个球，于是若 $R_n = (n+k)X_n$ 为红球的个数，则

$$P(R_{n+1} = R_n + 1) = X_n \qquad P(R_{n+1} = R_n) = 1 - X_n$$

令 $A_v = \{X_n = x_n, \cdots, X_0 = x_0\}$，有

$$E(X_{n+1} \mid A_v) = \frac{R_n + 1}{n+k+1} \cdot \frac{R_n}{n+k} + \frac{R_n}{n+k+1}\left(1 - \frac{R_n}{n+k}\right)$$
$$= \frac{1}{n+k+1} \cdot \frac{R_n}{n+k} + \frac{R_n}{n+k} \cdot \frac{n+k}{n+k+1} = X_n$$

由于 $X_n \geqslant 0$，因此根据定理 5.17 可得 $X_n \to X_\infty$.

假设最初罐子中有每个颜色的球各一个. 为了求得 X_∞ 的分布，我们注意到，在时刻 0 时罐子中有 2 个球，$\cdots$，在时刻 $n-1$ 时有 $n+1$ 个球，因此前 j 次抽到红色球，接下来的 $n-j$ 次抽到绿色球的概率为

$$\frac{1 \times \cdots \times j \times 1 \times \cdots \times (n-j)}{2 \times \cdots \times (j+1) \times (j+2) \times \cdots \times (n+1)} = \frac{j!(n-j)!}{(n+1)!}$$

经过一点思考可知，每一种抽到 j 个红球和 $n-j$ 个绿球的抽球方法都是这样的概率. （分母相同，而分子需重新排列.）因为一共有 $\binom{n}{j}$ 种 j 次抽取的为红球的抽球方式，因此

$$P\left(X_n = \frac{j}{n+2}\right) = \frac{1}{n+1} \qquad 1 \leqslant j \leqslant n+1$$

从而得出结论：极限 X_∞ 的分布是均匀分布. ■

例 5.15 分支过程 在例 1.8 中介绍的这个过程中，Z_n 是第 n 代的个体数，每个个体产生后代的个数是独立同分布的，均值为 $0 < \mu < \infty$. 如果 $p(x,y)$ 是 Markov 链的转移概率，那么

$$\sum_y p(x,y)f(y,n+1) = \frac{1}{\mu^{n+1}}\sum_y p(x,y)y = \frac{\mu x}{\mu^{n+1}} = h(x,n)$$

从而运用定理 5.5，我们看出 $W_n = Z_n/\mu^n$ 是一个鞅. ■

基于此，我们可以重新推导出例 1.52 中已经证明的一些结论，且至少可以多证明一个新的结论.

下临界点 若 $\mu < 1$，则当 $n \to \infty$ 时，$P(Z_n > 0) \leqslant \mu^n EZ_0 \to 0$.

证明 因为 Z_n/μ^n 是一个鞅，所以 $EZ_n = \mu^n EZ_0$. 据此以及 $P(Z_n \geqslant 1) \leqslant EZ_n$ 可得所需结论. ◀

临界点 令 p_k 表示一个个体有 k 个孩子的概率. 若 $\mu = 1$ 且 $p_1 < 1$，则 $P(Z_n > 0) \to 0$.

证明 当 $\mu = 1$ 时，Z_n 是一个鞅，于是根据定理 5.17，它收敛到一个极限. 因为 Z_n 取值为整数，若 $Z_n(\omega) \to j$，则对 $n \geqslant N(\omega)$，必然有 $Z_n(\omega) = j$，但是若 $p_1 < 1$，此概率为 0. ◀

上临界点 若 $\mu > 1$，则当 $n \to \infty$ 时，$Z_n/\mu^n \to W$. ◀

如果我们可以证明 $P(W > 0) > 0$，那么我们可推断出人口以指数速度增长. 第一步是要证明若 $\mu > 1$，则 $P(\text{对所有的 } n, Z_n > 0) > 0$. 为了解决这个问题，我们考虑分支过程的一个版本：每个时刻都只选择一个个体产生后代. 在这种情形下只要人口数 $S_n > 0$，则 $S_{n+1} = S_n - 1 + Y_{n+1}$，其中 $P(Y_{n+1} = k) = p_k$. 因为 $Y_{n+1} \geqslant 0$，所以这是一个左连续的随机游动，直到 $T_0 = \min\{n : S_n = 0\}$，每步都有变化 $X_m = -1 + Y_m$. $EX_n = \mu - 1$，因此若 $\mu > 1$，根据定理 5.16 可得

$$P_1(T_0 < \infty) = e^\alpha$$

其中 $\alpha < 0$ 是 $E\exp(\alpha X_i) = 1$ 的解. 令 $\rho = e^\alpha$，这意味着

$$1 = \sum_k p_k \rho^{k-1} \qquad \text{或者} \qquad \sum_k p_k \rho^k = \rho$$

这是我们在引理 1.30 中得到的结论：消亡概率是母函数在 $[0,1)$ 中的某个固定点上的值.

$P(\text{对所有的 } n, Z_n > 0) > 0$ 是 $P(W > 0) > 0$ 的必要条件，但不是充分条件. Kesten 和 Stigum (1966) 已经证明：

$$P(W > 0) > 0 \qquad \text{当且仅当} \qquad \sum_{k \geqslant 1} p_k(k\log k) < \infty$$

这个结论的证明非常复杂，但不难证明下面这个结论.

定理 5.19 若 $\sum_k kp_k > 1$ 且 $\sum_k k^2 p_k < \infty$，则 $P(W = 0) = \rho$.

证明 我们从容易的部分开始：若 $P(W = 0) < 1$，则 $P(W = 0) = \rho$. 若有 $Z_n/\mu^n \to 0$，

则对于从第 1 代个体数 Z_1 开始的分支过程，这必然是正确的. 根据 Z_1 的取值进行分解，且令 $\theta = P(W = 0)$，有

$$\theta = \sum_k p_k \theta^k$$

从而 $\theta < 1$ 必然是母函数在一个固定点的取值.

为了证明 $\sum_k k p_k > 1$ 和 $\sum_k k^2 p_k < \infty$ 是 $P(W > 0) > 0$ 的充分条件，我们要令 $W_n = Z_n / \mu^n$ 并计算 EW_n^2. 注意，Z_n 是 Z_{n-1} 个独立同分布的随机变量之和，因此 $E(Z_n \mid Z_{n-1}) = \mu Z_{n-1}$，$E((Z_n - Z_{n-1})^2 \mid Z_{n-1}) = \sigma^2 Z_{n-1}$. 根据引理 5.7，

$$E(Z_n^2 \mid Z_{n-1}) = \sigma^2 Z_{n-1} + (\mu Z_{n-1})^2$$

对上述等式取期望，并对等式两边同除以 μ^{2n}，我们可推出

$$EW_n^2 = EW_{n-1}^2 + \sigma^2 / \mu^{n+1}$$

通过迭代，有 $EW_1^2 = 1 + \sigma^2 / \mu^2$，$EW_2^2 = 1 + \sigma^2 / \mu^2 + \sigma^2 / \mu^3$，于是

$$EW_n^2 = 1 + \sigma^2 \sum_{k=2}^{n+1} \mu^{-k}$$

因此，若 $\mu > 1$，则

$$EW_N^2 \leqslant C_W = 1 + \sigma^2 \sum_{k=2}^{\infty} \mu^{-k}$$

现在为了完成证明，注意到，若 $V \geqslant 0$，则

$$E(V; V > M) \leqslant \frac{1}{M} E(V^2; V > M) \leqslant \frac{1}{M} EV^2 \qquad (5.16)$$

203

由对定理 5.17 中最后一个不等式的讨论可证明

$$EW^2 \leqslant \lim_{n \to \infty} EW_n^2 \leqslant C_W$$

于是运用（5.16），有

$$\mid EW_n - EW \mid \leqslant E \mid W_n - W \mid \leqslant E \mid W_n \wedge M - W \wedge M \mid + 2C_W/M$$

当 $n \to \infty$ 时，第一项趋于 0. 若 M 足够大，第二项 $< \varepsilon$. 这证明了

$$\limsup_{n \to \infty} \mid EW_n - EW \mid \leqslant \varepsilon$$

由于 ε 取值任意，因此有 $1 = EW_n \to EW$.

5.6 习题

在所有习题中，我们将使用关于首达时刻的标准符号：$T_a = \min \{n \geqslant 1 : X_n = a\}$ 和 $V_a = \min \{n \geqslant 0 : X_n = a\}$.

5.1 （兄妹配对） 考虑习题 1.66 中定义的六状态链. 证明 A 的总数是一个鞅，并据此计算出从每一种初始状态开始，最终吸收于状态 2，2（即所有都是 A 状态）的概率.

5.2 令 X_n 表示例 1.9 定义的不含突变的 Wright-Fisher 模型. （a）证明 X_n 是鞅，并应用定理 5.14 推导出 $P_x(V_N < V_0) = x/N$. （b）证明 $Y_n = X_n(N - X_n)/(1 - 1/N)^n$ 是一个鞅. （c）基于此，推导出

$$(N-1) \leqslant \frac{x(N-x)(1-1/N)^n}{P_x(0 < X_n < N)} \leqslant \frac{N^2}{4}$$

5.3 （服从对数正态分布的股票价格） 考虑例 5.5 的一个特殊情形：$X_i = e^{\eta_i}$，$\eta_i = N(\mu, \sigma^2)$. 求当 μ, σ 取

什么值时, $M_n = M_0 \cdot X_1 \cdots X_n$ 是一个鞅?

5.4 假设在 Polya 罐子模型中, 时刻 0 时, 罐子中每种颜色的球各有一个. 令 X_n 表示时刻 n 时红球所占的比例. 应用定理 5.13 推导得 P (对某些 n, $X_n = 0.9$) $= 5/9$.

5.5 假设在 Polya 罐子模型中, 在时刻 0 时, 罐子中有 r 个红球, g 个绿球, 证明 $X = \lim_{n\to\infty} X_n$ 服从 β 分布

$$\frac{(g+r-1)!}{(g-1)!(r-1)!} x^{g-1}(1-x)^{r-1}$$

5.6 **(一个不公平的公平赌博)** 利用递归法定义随机变量, 令 $Y_0 = 1$, 当 $n \geqslant 1$ 时, Y_n 是 $(0, Y_{n-1})$ 上的均匀分布. 若我们令 $U_1, U_2, \cdots$ 是 $(0,1)$ 上的均匀分布, 则我们可将随机变量序列写为 $Y_n = U_n U_{n-1} \cdots U_0$. (a) 根据例 5.5 证明 $M_n = 2^n Y_n$ 是一个鞅. (b) 根据 $\log Y_n = \log U_1 + \cdots + \log U_n$ 这个事实, 证明 $(1/n)\log X_n \to -1$. (c) 根据 (b) 证明 $M_n \to 0$, 即在这个 "公平" 赌博中, 随着时间趋近于 ∞, 我们的财富总是收敛于 0.

5.7 **(一般的生灭链)** 状态空间为 $\{0,1,2,\cdots\}$, 转移概率是
$$p(x, x+1) = p_x$$
当 $x > 0$ 时 $\quad p(x, x-1) = q_x$
当 $x \geqslant 0$ 时 $\quad p(x,x) = 1 - p_x - q_x$

其他情形时, $p(x,y) = 0$. 令 $V_y = \min\{n \geqslant 0 : X_n = y\}$ 是第一次访问 y 的时刻, 令 $h_N(x) = P_x(V_N < V_0)$, $\phi(z) = \sum_{y=1}^{x} \prod_{x=1}^{y-1} q_x/p_x$. 证明:

$$P_x(V_b < V_a) = \frac{\phi(x) - \phi(a)}{\phi(b) - \phi(a)}$$

由此可得到结论: 0 是常返的, 当且仅当, 当 $b \to \infty$ 时, $\phi(b) \to \infty$, 从而得到第 1 章习题 1.70 的另一种解法.

5.8 令 $S_n = X_1 + \cdots + X_n$, 其中 X_i 相互独立, 且 $EX_i = 0$, $\mathrm{var}(X_i) = \sigma^2$. (a) 证明 $S_n^2 - n\sigma^2$ 是一个鞅. (b) 令 $\tau = \min\{n : |S_n| > a\}$. 应用定理 5.13 证明 $E\tau \geqslant a^2/\sigma^2$. 对于简单随机游动 $\sigma^2 = 1$ 的情形, 等式成立.

5.9 **(Wald 第二等式)** 令 $S_n = X_1 + \cdots + X_n$, 其中 X_i 相互独立, 且 $EX_i = 0$, $\mathrm{var}(X_i) = \sigma^2$. 应用上一习题中的鞅证明若 T 是满足 $ET < \infty$ 的停时, 则 $ES_T^2 = \sigma^2 ET$.

5.10 **(赌徒破产的平均时间)** 令 $S_n = S_0 + X_1 + \cdots + X_n$, 其中 $X_1, X_2, \cdots$ 是相互独立同分布的随机变量, 且 $P(X_i = 1) = p < 1/2$, $P(X_i = -1) = 1 - p$. 令 $V_0 = \min\{n \geqslant 0 : S_n = 0\}$. 利用 Wald 等式证明, 若 $x > 0$, 则 $E_x V_0 = x/(1-2p)$.

5.11 **(赌徒破产时刻的方差)** 令 $\xi_1, \xi_2, \cdots$ 相互独立, 且 $P(\xi_i = 1) = p$, $P(\xi_i = -1) = q = 1 - p$, 其中 $p < 1/2$. 令 $S_n = S_0 + \xi_1 + \cdots + \xi_n$. 在例 4.3 中我们已经证明了, 若 $V_0 = \min\{n \geqslant 0 : S_n = 0\}$, 则 $E_x V_0 = x/(1-2p)$. 这个问题的目的是计算 V_0 的方差. (a) 证明 $(S_n - (p-q)n)^2 - n(1 - (p-q)^2)$ 是一个鞅. (b) 据此证明当 $S_0 = x$ 时, V_0 的方差为

$$x \cdot \frac{1 - (p-q)^2}{(p-q)^3}$$

(c) 为什么 (b) 的答案必须是 cx 的形式?

5.12 **(赌徒破产时刻的母函数)** 继续讨论上一问题. (a) 利用指数鞅和停时理论推导: 若 $\theta \leqslant 0$, 则 $e^{\theta x} = E_x(\phi(\theta)^{-V_0})$. (b) 令 $0 < s < 1$. 求解方程 $\phi(\theta) = 1/s$, 再利用 (a) 推得

$$E_x(s^{V_0}) = \left(\frac{1 - \sqrt{1 - 4pqs^2}}{2ps}\right)^x$$

(c) 为什么 (b) 的答案必须是 $f(s)^x$ 形式?

5.13 考虑一个广受欢迎的游戏,其收益分别为 $-1,1,2$,概率均为 $1/3$. 根据例 5.12 的结论计算,当我们以 i 元开始游戏时,我们会破产(即在某一个时刻 n,我们的收益 W_n 为 0 元)的概率.

5.14 分支过程可转化为随机游动,如果在每一步我们仅允许一个个体消亡,并且由其后代代替. 若产生后代个数的分布是 p_k,其母函数为 ϕ,则随机游动的增量有 $P(X_i = k-1) = p_k$. 令 $S_n = 1 + X_1 + \cdots + X_n$,$T_0 = \min\{n:S_n = 0\}$. 假设 $\mu = \sum_k k p_k > 1$. 利用例 5.12 的结论证明 $P(T_0 < \infty) = \rho$,这个值是 $\phi(\rho) = \rho$ 的 < 1 的解.

5.15 设 Z_n 是一个后代分布为 p_k 的分支过程,且 $p_0 > 0$,$\mu = \sum_k k p_k > 1$. 令 $\phi(\theta) = \sum_{k=0}^{\infty} p_k \theta^k$. (a) 证明 $E(\theta^{Z_{n+1}} \mid Z_n) = \phi(\theta)^{Z_n}$. (b) 令 ρ 是 $\phi(\rho) = \rho$ 的 < 1 的解,推导出 $P_k(T_0 < \infty) = \rho^k$.

5.16 (**首达概率**) 考虑一个有限状态空间 S 上的 Markov 链. 令 a 和 b 为 S 中的两个点,$\tau = V_a \wedge V_b$,$C = S - \{a,b\}$. 假设 $h(a) = 1, h(b) = 0$ 且对 $x \in C$,有

$$h(x) = \sum_y p(x,y)h(y)$$

(a) 证明 $h(X_n)$ 是鞅. (b) 推断出若对所有的 $x \in C$ 都满足 $P_x(\tau < \infty) > 0$,则 $h(x) = P_x(V_a < V_b)$ 给出了定理 1.27 的证明.

5.17 (**首达时刻的期望**) 考虑一个状态空间 S 上的 Markov 链. 令 $A \subset S$ 并假设 $C = S - A$ 是一个有限集. 令 $V_A = \min\{n \geqslant 0 : X_n \in A\}$ 表示第一次访问 A 的时刻. 假设对 $x \in A$ 有 $g(x) = 0$,而对于 $x \in C$,有

$$g(x) = 1 + \sum_y p(x,y)g(y)$$

(a) 证明 $g(X_{V_A \wedge n}) + (V_A \wedge n)$ 是一个鞅. (b) 推断出若对任意 $x \in C$ 有 $P_x(V_A < \infty) > 0$,则 $g(x) = E_x V_A$,给出了定理 1.28 的证明.

5.18 (**Lyapunov 函数**) 令 X_n 是状态空间 $\{0,1,2,\cdots\}$ 上的不可约 Markov 链,$\phi \geqslant 0$ 是满足 $\lim_{x \to \infty} \phi(x) = \infty$ 的函数,当 $x \geqslant K$ 时,$E_x \phi(X_1) \leqslant \phi(x)$. 则 X_n 是常返的. 这个抽象的结论在证明很多应用问题中提出的 Markov 链的常返问题是很有用,并且在很多情形中只需考虑 $\phi(x) = x$ 足以. 〔206〕

5.19 (**GI/G/1 排队系统**) 令 $\xi_1, \xi_2, \cdots$ 独立同 F 分布,$\eta_1, \eta_2, \cdots$ 独立同 G 分布. 根据

$$X_{n+1} = (X_n + \xi_n - \eta_{n+1})^+$$

定义一个 Markov 链,其中 $y^+ = \max\{y,0\}$. X_n 是第 n 个顾客到达时排队系统中的工作量,没有包含第 n 个顾客的服务时间 η_n. 第 $n+1$ 个顾客之前的工作量是第 n 个顾客之前的工作量加上他本人的服务时间,减去第 n 个和第 $n+1$ 个顾客到达时间的差. 如果取值为负,服务员追上了工作进度,等待时间为 0. 假设 $E\xi_i < E\eta_i$,令 $\varepsilon = (E\eta_i - E\xi_i)/2$. (a) 证明存在 K,使得当 $x \geqslant K$ 时,$E_x(X_1 - x) \leqslant -\varepsilon$. (b) 令 $U_k = \min\{n : X_n \leqslant K\}$,利用 $X_{U_k \wedge n} + \varepsilon(U_k \wedge n)$ 是一个上鞅的事实推导出 $E_x U_k \leqslant x/\varepsilon$. 〔207〕

第6章 金融数学

6.1 两个简单例子

为给下一节内容作铺垫，我们将在利率为 0 这个不现实的假设条件下看两个简单的具体例子.

单期情形

在我们的第一个情景中，股票在时刻 0 的价格是 90，在时刻 1 时，价格可能是 80 或者 120（见图 6-1）. 假设现在提供给你一个**欧式看涨期权**，**执行价格**为 100，**到期日**是 1. 这意味着在你看到了股票的行情后，你享有在时刻 1 以 100 的价格购买股票的权利（但不是一项义务）. 如果股票价格为 80，那么你不会执行期权来购买股票，你的收益将为 0. 如果股票价格为 120，那么你会选择以 100 的价格购买股票，然后马上以 120 卖出它，来获得 20 的收益. 综合这两种情形，通常可以把我们的收益写为 $(X_1-100)^+$，其中 $z^+=\max\{z,0\}$ 表示 z 的正数部分.

图 6-1

我们的问题是要计算出这个期权的合适价格，初看起来这个问题好像不可能解决，因为我们没有指定不同事件的发生概率. 然而，作为**"无套利定价理论"**的一个神奇表现，在这种情形下，我们不必为了计算价格来指定事件发生的概率. 为了解释一个论断，首先注意到为了获得 30 的收益或者 10 的损失，X_1 将为 120（涨）或者 80（跌）. 如果我们为期权支付了 c 元，则当 X_1 上涨时，我们获得收益 $20-c$，但是当股票下跌时，我们的收益为 $-c$. 将上述两种情形总结为下面的表格：

	股票	期权
涨	30	$20-c$
跌	-10	$-c$

假设我们购买了 x 单位的股票和 y 单位的期权，其中负值代表我们是卖出而非购买. 一种可能的策略是选择 x 和 y 使得不管股票上涨或者下跌收益都相同：

$$30x+(20-c)y=-10x+(-c)y$$

求解有 $40x+20y=0$ 或者 $y=-2x$. 将这个 y 代入到上述方程，得到收益将是 $(-10+2c)x$. 若 $c>5$，则我们可以通过购买大量股票并卖出两倍数量的期权来无风险的获得巨大收益. 当然，若 $c<5$，则我们可以通过执行相反的操作来获得可观收益. 因此，这种情形下，期权的唯一合理价格是 5.

在没有任何损失的可能下获得收益的投资方式称为套利机会. 认为在金融市场中套利不存在（或者至少是非常短暂的）是合理的，因为如果存在套利，那么人们就会在套利机会存在时，充分利用该机会，于是这个机会就消失了. 利用我们的新术语，可以说与无套利相一致的唯一期权价格就是 $c=5$，因此它必为期权的价格.

为了求解一般情况下的期权价格，以另外一种方式观察问题是非常有用的. 令 $a_{i,j}$ 为当第 j 次结果发生时第 i 个证券的收益.

定理 6.1 下面的情形恰好只有一个成立:

(i) 存在一种投资配置 x_i 使得对任意 j 都有 $\sum_{i=1}^{m} x_i a_{i,j} \geqslant 0$，且对某些 k，有 $\sum_{i=1}^{m} x_i a_{i,k} > 0$ 成立.

(ii) 存在一个概率向量 $p_j > 0$，使得对任意 i 都有 $\sum_{j=1}^{n} a_{i,j} p_j = 0$ 成立. ◄

满足 (i) 的 x 是一个套利机会. 我们不损失任何金钱，而且至少存在一种结果使得我们获得一个正收益. 转向 (ii)，向量 p_j 称为是鞅测度，因为若第 j 个结果发生的概率为 p_j，则第 i 种股票的期望价格变化等于 0. 结合这两种解释，我们重新表述为定理 6.2.

定理 6.2 当且仅当存在一个严格正的概率向量使所有的股票价格为鞅时，套利不存在.

证明 易证明其中的一个方向. 若 (i) 成立，则对于任意严格正的概率向量有 $\sum_{i=1}^{m} \sum_{j=1}^{n} x_i a_{i,j} p_j > 0$，因此 (ii) 不成立.

现在假设 (i) 不成立. 当把线性组合 $\sum_{i=1}^{m} x_i a_{i,j}$ 看做是以 j 为下标的向量时，它构成一个 n 维欧式空间的一个线性子空间. 称为 $\mathcal{L}$. 若 (i) 不成立，则子空间与正象限空间 $\mathcal{O} = \{y : 对任意 j 都有 y_j \geqslant 0\}$ 仅在原点相交 (见图 6-2). 根据线性代数知识我们知道，$\mathcal{L}$ 可以扩展为 $n-1$ 维子空间 $\mathcal{H}$，它与 $\mathcal{O}$ 只相交于原点. (重复寻找不在子空间 $\mathcal{L}$ 且仅与 $\mathcal{O}$ 相交于原点的直线，将其添加到子空间中.)

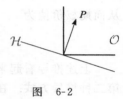

图 6-2

由于 $\mathcal{H}$ 的维数是 $n-1$，它可以写为 $\mathcal{H} = \{y : \sum_{j=1}^{n} y_j p_j = 0\}$，其中 p 是至少有一个正分量的向量. 因为对每个固定的 i，向量 $a_{i,j}$ 在 $\mathcal{L} \subset \mathcal{H}$ 中，所以 (ii) 成立. 对于所有的 $p_j > 0$ 的证明，我们留给读者去验证，如果不然，那么在 $\mathcal{O}$ 中会存在一非零向量包含于 $\mathcal{H}$. ◄

为将定理 6.2 应用到我们的简单例子中，首先注意到在这种情形中，$a_{i,j}$ 由

		$j=1$	$j=2$
股票	$i=1$	30	-10
期权	$i=2$	$20-c$	$-c$

给定. 根据定理 6.2，如果不存在套利，那么必然存在指定的概率 p_j 使得

$$30p_1 - 10p_2 = 0 \qquad (20-c)p_1 + (-c)p_2 = 0$$

由第一个等式我们得出 $p_1 = 1/4$，$p_2 = 3/4$. 重写第二个等式，有

$$c = 20p_1 = 20 \times (1/4) = 5$$

为了对一般情形做准备，注意到，等式 $30p_1 - 10p_2 = 0$ 意味着在 p_j 下，股票价格是鞅 (即价格变化的平均值为 0)，而 $c = 20p_1 + 0p_2$ 意味着期权价格等于在鞅概率下的期望价值.

两期二叉树

假设股票价格从时刻 0 时的 100 开始. 在时刻 1 (一天或者一个月或者一年以后)，它或者是 120 或者是 90. 如果股票在时刻 1 价格是 120，那么它在时刻 2 可能是 140 或者 115. 如果股票在时刻 1 为 90，那么在时刻 2 可能为 120 或者

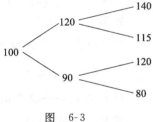

图 6-3

80. 上述三条陈述可简单总结为图 6-3 中的二叉树.

运用期权价格等于它在使得股票价格为鞅的概率下的期望价值的思想，我们可以快速完成例子中的计算. 当 $X_1 = 120$，两种可能情景导致最终的收益为 +20 或者 −5，因此这两事件的概率应为 1/5、4/5. 当 $X_1 = 90$，两种可能情景导致最终的收益为 +30 或者 −10，因此这两个事件的概率应为 1/4、3/4. 当 $X_0 = 100$ 时，第一步价格可能的变化为 +20、−10，因此它们的概率为 1/3 和 2/3. 将这些概率制作成表，有

X_1	X_2	概率	$(X_2 - 100)^+$
120	140	$(1/3) \times (1/5)$	40
120	115	$(1/3) \times (4/5)$	15
90	120	$(2/3) \times (1/4)$	20
90	80	$(2/3) \times (3/4)$	0

从而期权价值为

$$\frac{1}{15} \times 40 + \frac{4}{15} \times 15 + \frac{1}{6} \times 20 = \frac{80 + 120 + 100}{30} = 10$$

上述推导看起来可能有一些迂回，因此我们现在基于无套利的原则，给出期权价格的第二种推导方式. 在上面描述的情景中，我们有四种可能的投资方式：

A_0：将 1 元存入银行，结束时在所有可能情景下都还是 1 元.

A_1：在时刻 0 购买 1 股股票，在时刻 1 卖出.

A_2：若股票在时刻 1 时价格为 120，则购买 1 股股票并在时刻 2 卖出.

A_3：若股票在时刻 1 时价格为 90，则购买 1 股股票并在时刻 2 卖出.

这些投资方式产生的收益，表示为如下结果：

X_1	X_2	A_0	A_1	A_2	A_3	期权价格
120	140	1	20	20	0	40
120	115	1	20	−5	0	15
90	120	1	−10	0	30	20
90	80	1	−10	0	−10	0

注意，四种投资方式产生的收益是四维空间中的向量，自然的想象我们可以通过这些投资行为的线性组合来精确复制期权. 为了求解投资行为 A_i 的系数 z_i，我们写出含有 4 个未知数的方程

$$z_0 + 20z_1 + 20z_2 = 40$$
$$z_0 + 20z_1 - 5z_2 = 15$$
$$z_0 - 10z_1 + 30z_3 = 20$$
$$z_0 - 10z_1 - 10z_3 = 0$$

将第一个方程减去第二个方程，第三个方程减去第四个方程，得出 $25z_2 = 25$，$40z_3 = 20$，

于是有 $z_2 = 1$，$z_3 = 1/2$. 将这些值代入，得到含有两个未知数的两个方程：

$$z_0 + 20z_1 = 20 \quad z_0 - 10z_1 = 5$$

作差可得 $30z_1 = 15$，因此 $z_1 = 1/2$ 和 $z_0 = 10$.

或许读者已经注意到 $z_0 = 10$ 是期权的价格. 这不是偶然的. 我们已经表明，可以以 10 元现金购买和卖出股票来得到在所有情形下与期权相同的结果. 在华尔街的术语中，$z_1 = 1/2, z_2 = 1, z_3 = 1/2$ 是一个**对冲策略**，它允许我们**复制期权**. 一旦我们执行此行为，公平价格必然为 10 元. 为此，注意到，若我们以 12 元的价格卖出期权，然后我们用 10 元现金复制期权，则我们可以获得确定的 2 元收益.

6.2 二项式模型

在本节中我们将考虑二项式模型，即在每个时间点上股票的价格乘以 u（对应于上涨），或者乘以 d（对应于下跌）. 同前一节，我们从单期情形开始.

6.2.1 单期情形

股票有两种可能结果：上涨（H）和下跌（T）（见图 6-4）. 假设利率为 r，它意味着时刻 0 的 1 元与时刻 1 的 $(1+r)$ 元相同. 为了使模型合理，需要

$$0 < d < 1 + r < u. \qquad (6.1)$$

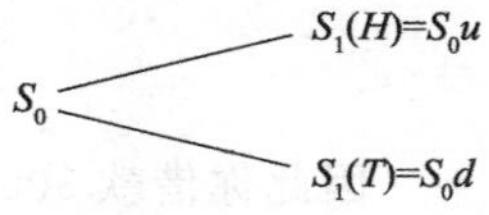

图 6-4 : S_0 分支出 $S_1(H) = S_0 u$ 和 $S_1(T) = S_0 d$

现在考虑一个期权，它在时刻 1 的收益为 $V_1(H)$ 或者 $V_1(T)$. 对看涨期权这可能是 $(S_1 - K)^+$，对看跌期权这可能是 $(K - S_1)^+$，或者是更奇异的期权，因此我们考虑一般情形. 为了得到此期权的"无套利价格"，我们假定在时刻 0 有 V_0 的现金，Δ_0 股的股票，为了使得配置恰好与期权价格匹配，

$$V_0 + \Delta_0\left(\frac{1}{1+r}S_1(H) - S_0\right) = \frac{1}{1+r}V_1(H) \qquad (6.2)$$

$$V_0 + \Delta_0\left(\frac{1}{1+r}S_1(T) - S_0\right) = \frac{1}{1+r}V_1(T) \qquad (6.3)$$

注意，这里要将时刻 1 的资产折现（即除以 $1+r$），使其可与时刻 0 的资产相比.

为了得到 V_0 和 Δ_0 的值，定义风险中性概率 p^* 使得

$$\frac{1}{1+r}(p^* S_0 u + (1 - p^*)S_0 d) = S_0 \qquad (6.4)$$

从而有

$$p^* = \frac{1 + r - d}{u - d} \qquad 1 - p^* = \frac{u - (1+r)}{u - d} \qquad (6.5)$$

条件（6.1）意味着 $0 < p^* < 1$.

根据 p^* (6.2) $+ (1 - p^*)$(6.3)，并运用式（6.4），有

$$V_0 = \frac{1}{1+r}(p^* V_1(H) + (1 - p^*)V_1(T)) \qquad (6.6)$$

即价格是在风险中性概率下期望价值的折现. 取式（6.2）和式（6.3）的差值有

$$\Delta_0 = \left(\frac{1}{1+r}(S_1(H) - S_1(T)) \right) = \frac{1}{1+r}(V_1(H) - V_1(T))$$

这意味着

$$\Delta_0 = \frac{V_1(H) - V_1(T)}{S_1(H) - S_1(T)} \tag{6.7}$$

为了解释对冲的概念，考虑一个具体的例子.

例 6.1　一支股票今天以 60 元的价格卖出. 一个月后它的价格可能是 80 元或者 50 元，即 $u = 4/3, d = 5/6$. 假设利率 $r = 1/18$，因此风险中性概率为

$$\frac{19/18 - 5/6}{4/3 - 5/6} = \frac{4}{9}$$

现在考虑一个看涨期权 $(S_1 - 65)^+$. 根据式（6.6）它的价格为

$$V_0 = \frac{18}{19} \times \frac{4}{9} \times 15 = \frac{120}{19} = 6.3158$$

作为一名有见识的商人，你以 6.50 元的价格出售此期权. 当一名顾客用 65 000 元购买你的 10 000 份看涨期权时，你非常高兴，但是你之后担心的情况是如果股票上涨，你将损失 85 000 元. 根据式（6.5），对冲比率是

$$\Delta_0 = \frac{15}{30} = 1/2$$

因此你借款 $300\,000 - 65\,000 = 235\,000$ 元，并购买 5000 股股票.

情形 1：股票上涨到 80 元. 你拥有的股票价值为 400 000 元. 对于看涨期权，你需要支付 150 000 元，并偿还 $(19/18) \times 235\,000 = 248\,055$ 元贷款，从而你获益 1945 元（以时刻 1 的现金计算）.

情形 2：股票下跌到 50 元. 你拥有的股票价值为 250 000 元. 对于看涨期权，你不需支付金额，但是你需要偿还 248 055 元贷款，因此你同样收益 1945 元.

两种情形下的收益相等看起来有点不可思议，但它不是奇迹. 通过购买正确数量的股票，你复制了期权. 这意味着你获得确定的 1842 元收益（以时刻 0 的现金计算），该收益是通过卖出价格和期权的公平价格差值得到的，在时刻 1 它是 1945 元. ∎

6.2.2　N 期模型

为了在一般情况下求解问题，我们从最后时刻往回倒推，重复应用单期问题的求解方法. 令 a 是由表示前 $n-1$ 个事件结果的 H 和 T 构成的一个长度为 $n-1$ 的序列. 为了复制期权的收益，在 a 中事件已经发生后的时刻 n 的期权价格 $V_n(a)$ 和在此情景下我们需要持有的股票量 $\Delta_n(a)$ 满足：

$$V_n(a) + \Delta_n(a)\left(\frac{1}{1+r}S_{n+1}(aH) - S_n(a) \right) = \frac{1}{1+r}V_{n+1}(aH) \tag{6.8}$$

$$V_n(a) + \Delta_n(a)\left(\frac{1}{1+r}S_{n+1}(aT) - S_n(a) \right) = \frac{1}{1+r}V_{n+1}(aT) \tag{6.9}$$

定义风险中性概率 $p_n^*(a)$ 使得

$$S_n(a) = \frac{1}{1+r}[p_n^*(a)S_{n+1}(aH) + (1 - p_n^*(a))S_{n+1}(aT)] \tag{6.10}$$

经过一些计算可得

$$p_n^*(a) = \frac{(1+r)S_n(a) - S_{n+1}(aT)}{S_{n+1}(aH) - S_{n+1}(aT)} \tag{6.11}$$

在二项式模型中，有 $p_n^*(a) = (1+r-d)/(u-d)$. 然而，股票价格并不服从假设中的二项式模型，仅满足无套利限制条件 $0 < p_n^*(a) < 1$. 注意，这些概率依赖于时刻 n 和历史信息 a.

取 $p_n^*(a)(6.8) + (1-p_n^*(a))(6.9)$ 并运用式（6.10）有

$$V_n(a) = \frac{1}{1+r}[p_n^*(a)V_{n+1}(aH) + (1-p_n^*(a))V_{n+1}(aT)] \tag{6.12}$$

即价值为在风险中性概率下期望的折现值. 取式（6.8）和式（6.9）的差值，于是我们有

$$\Delta_n(a)\left(\frac{1}{1+r}(S_{n+1}(aH) - S_{n+1}(aT))\right) = \frac{1}{1+r}(V_{n+1}(aH) - V_{n+1}(aT))$$

这意味着

$$\Delta_n(a) = \frac{V_{n+1}(aH) - V_{n+1}(aT)}{S_{n+1}(aH) - S_{n+1}(aT)} \tag{6.13}$$

用文字表述，即 $\Delta_n(a)$ 是期权价格的变化与股票价格的变化的比率. 因此，对于看涨或看跌期权有 $|\Delta_n(a)| \leqslant 1$.

我们已定义的期权价格是受到通过股票交易我们可以准确的复制期权的想法的启发，从而它们是符合无套利的唯一价格. 对于一般的 n 期模型，现在我们将通过代数计算说明. 假设我们从 W_0 元开始，当前 n 个事件的结果为 a 时，时刻 n 和时刻 $n+1$ 之间持有的股票数量为 $\Delta_n(a)$. 若我们将资产账户中没有投资于股票的资金投资于货币市场，每期的回报是利率 r 的收益，那么我们的财富满足递归式：

$$W_{n+1} = \Delta_n S_{n+1} + (1+r)(W_n - \Delta_n S_n) \tag{6.14}$$

定理 6.3 若 $W_0 = V_0$，且我们使用（6.13）的投资策略，则有 $W_n = V_n$.

用文字叙述为，我们有一个交易策略可以复制期权.

证明 利用归纳法证明. 根据假设条件，当 $n=0$ 时，结论成立. 令 a 是由 H 和 T 组成的一个长度为 n 的序列. 根据（6.14），

$$W_{n+1}(aH) = \Delta_n(a)S_{n+1}(aH) + (1+r)(W_n(a) - \Delta_n(a)S_n(a))$$
$$= (1+r)W_n(a) + \Delta_n(a)[S_{n+1} - (1+r)S_n(a)]$$

利用归纳法，第一项 $= (1+r)V_n(a)$. 令 $q_n^*(a) = 1 - p_n^*(a)$，式（6.10）意味着

$$(1+r)S_n(a) = p_n^*(a)S_{n+1}(aH) + q_n^*(a)S_{n+1}(aT)$$

用等式 $S_{n+1}(aH) = S_{n+1}(aH)$ 减去上式，有

$$S_{n+1}(aH) - (1+r)S_n(a) = q_n^*(a)[S_{n+1}(aH) - S_{n+1}(aT)]$$

现在应用式（6.13），有

$$\Delta_n(a)[S_{n+1} - (1+r)S_n(a)] = q_n^*(a)[V_n(aH) - V_{n+1}(aT)]$$

结合我们的结论，然后应用式（6.12），

$$W_{n+1}(aH) = (1+r)V_n(a) + q_n^*(a)[V_n(aH) - V_{n+1}(aT)]$$
$$= p_n^*(a)V_n(aH) + q_n^*V_n(aT) + q_n^*(a)[V_n(aH) - V_{n+1}(aT)]$$
$$= V_{n+1}(aH)$$

$W_{n+1}(aT) = V_{n+1}(aT)$ 的证明几乎是相同的.

我们的下一个目标是要证明期权价值等于风险中性概率下期望价值按利率贴现后的值 (定理 6.5). 第一个重要结论如下.

定理 6.4 二项式模型中, 在风险中性概率测度下 $M_n = S_n / (1+r)^n$ 是一个关于 S_n 的鞅.

证明 令 p^* 和 $1 - p^*$ 按式 (6.5) 中定义. 给定一个长度为 n 的由上涨 (H) 和下跌 (T) 构成的序列 a,

$$P^*(a) = (p^*)^{H(a)} (1-p^*)^{T(a)}$$

其中 $H(a)$ 和 $T(a)$ 表示 a 中上涨和下跌数. 为了验证鞅的性质, 我们需要证明

$$E^* \left(\frac{S_{n+1}}{(1+r)^{n+1}} \,\middle|\, S_n = s_n, \cdots, S_0 = s_0 \right) = \frac{S_n}{(1+r)^n}$$

其中 E^* 表明关于 P^* 的期望值. 令 $X_{n+1} = S_{n+1}/S_n$, 它与 S_n 独立, 且以概率 p^* 取值为 u, 以概率 $1 - p^*$ 取值为 d, 有

$$E^* \left(\frac{S_{n+1}}{(1+r)^{n+1}} \,\middle|\, S_n = s_n, \cdots, S_0 = s_0 \right)$$

$$= \frac{S_n}{(1+r)^n} E^* \left(\frac{X_{n+1}}{1+r} \,\middle|\, S_n = s_n, \cdots, S_0 = s_0 \right) = \frac{S_n}{(1+r)^n}$$

因为根据式 (6.10), $E^* X_{n+1} = 1 + r$.

符号 为了使得像上面的计算写起来更简单, 令

$$E_n(Y) = E(Y \mid S_n = s_n, \cdots, S_0 = s_0) \tag{6.15}$$

或者用文字叙述为: 给定时刻 n 的信息下 Y 的条件期望.

第二个重要的跟鞅有关的结论如下.

定理 6.5 假设股票持有量 $\Delta_n(a)$ 可以根据前 n 次股票的走势确定, 令 W_n 表示由式 (6.14) 定义的财富过程. 在 P^* 下, $W_n / (1+r)^n$ 是鞅, 从而期权价格是 $V_0 = E^*(V_n / (1+r)^n)$.

证明 第二个结论可由第一个结论和定理 6.3 推断得到. 根据一些计算和式 (6.14) 可得

$$\frac{W_{n+1}}{(1+r)^{n+1}} = \frac{W_n}{(1+r)^n} + \Delta_n \left(\frac{S_{n+1}}{(1+r)^{n+1}} - \frac{S_n}{(1+r)^n} \right)$$

因为 $\Delta_n(a)$ 是可容许的赌博策略且 $S_n / (1+r)^n$ 是鞅, 因此根据定理 5.12 可证所需结论.

6.3 具体例子

回到例子, 我们会经常使用下面的二项式模型, 因为它计算简便

$$u = 2, \quad d = 1/2, \quad r = 1/4 \tag{6.16}$$

风险中性概率为

$$p^* = \frac{1+r-d}{u-d} = \frac{5/4 - 1/2}{2 - 1/2} = \frac{1}{2}$$

根据式（6.12），期权价格符合下面的递归式：

$$V_n(a) = 0.4[V_{n+1}(aH) + V_{n+1}(aT)] \qquad (6.17)$$

例 6.2 回望看涨期权 在这类期权下，你可以在时刻 3 以当前的价格购买股票，然后以到现在为止的最高价格卖出，从而获得收益

$$V_3 = \max_{0 \leqslant m \leqslant 3} S_m - S_3$$

[218]

我们的目标是对这种期权，在式（6.16）给出的二项式模型下令 $S_0 = 4$，来计算它的价值 $V_n(a)$ 和复制策略 $\Delta_n(a)$. 这里结点上面的数字是股票价格（见图 6-5），而结点下面的数字是 $V_n(a)$、$\Delta_n(a)$. 观察最右边，$S_3(HTT) = 2$，而过去的最大值是 $8 = S_1(H)$，于是 $V_3(HTT) = 8 - 2 = 6$.

在二叉树上，结点上面的数字为股票价格，下面的数字为期权价格. 为了解释结点上期权价格的计算，注意到，根据式（6.17），

$$V_2(HH) = 0.4(V_3(HHH) + V_3(HHT)) = 0.4(0 + 8) = 3.2$$
$$V_2(HT) = 0.4(V_3(HTH) + V_3(HTT)) = 0.4(0 + 6) = 2.4$$
$$V_1(H) = 0.4(V_2(HH) + V_2(HT)) = 0.4(3.2 + 2.4) = 2.24$$

如果只想得到期权价格，那么根据定理 6.5 中 $V_0 = E^*(V_N / (1+r)^N)$ 来计算更为便捷：

$$V_0 = \left(\frac{4}{5}\right)^3 \times \frac{1}{8} \times (0 + 8 + 0 + 6 + 0 + 2 + 2 + 2 + 3.5) = 1.376$$ ■

例 6.3 看跌期权 我们将运用（6.16）的二项式模型，但现在假设 $S_0 = 8$（见图 6-6），考虑价值为 $V_3 = (10 - S_3)^+$ 的看跌期权. 这种期权价值仅与价格相关，从而我们可以将上面的二叉树简化为：

[219]

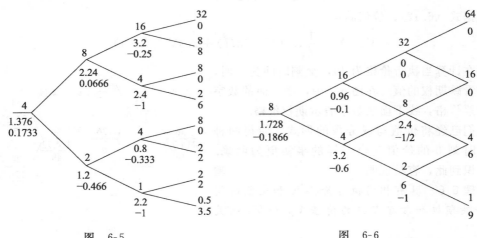

图 6-5   图 6-6

在二叉树上，结点上面的数字为股票价格，下面的为期权价格. 为了解释结点期权价格的计算，注意到，根据式（6.17）：

$$V_2(2) = 0.4[V_3(4) + V_3(1)] = 0.4 \times [8 + 9] = 6.8$$
$$V_2(8) = 0.4[V_3(16) + V_3(2)] = 0.4 \times [0 + 6] = 2.4 \quad V_2(32) = 0$$
$$V_1(4) = 0.4[V_2(8) + V_2(2)] = 0.4 \times [2.4 + 6] = 3.36$$

$$V_1(16) = 0.4[V_2(32) + V_2(8)] = 0.4 \times [0 + 2.4] = 0.96$$
$$V_0(8) = 0.4[V_1(16) + V_1(40)] = 0.4 \times [0.96 + 3.36] = 1.728$$

同样，如果仅需要得到期权价格，那么利用定理 6.5 计算更为便捷：

$$V_0 = \left(\frac{4}{5}\right)^3 \times \left(6 \times \frac{3}{8} + 9 \times \frac{1}{8}\right) = 1.728$$

而如果我们要计算复制策略

$$\Delta_n(a) = \frac{V_{n+1}(aH) - V_{n+1}(aT)}{S_{n+1}(aH) - S_{n+1}(aT)}$$

则需要由递归式产生的所有信息

$$\Delta_2(HH) = 0$$
$$\Delta_2(HT) = (0 - 6)/(16 - 4) = -0.5$$
$$\Delta_2(TT) = (6 - 9)/(4 - 1) = -1$$
$$\Delta_1(H) = (0 - 2.4)/(32 - 8) = -0.1$$
$$\Delta_1(T) = (2.4 - 6)/(8 - 2) = -0.6$$
$$\Delta_0(T) = (0.96 - 3.2)/(16 - 4)$$

注意，$V_n(aH) \leqslant V_n(aT)$ 且期权价格的变化总是小于股票价格的变化，因此 $-1 \leqslant \Delta_n(a) \leqslant 0$. ∎

例 6.4 买卖权评价关系   考虑 $S_0 = 32, u = 3/2, d = 2/3, r = 1/6$ 的二项式模型. 根据式（6.5）知，风险中性概率是

$$p^* = \frac{1 + r - d}{u - d} = \frac{7/6 - 2/3}{3/2 - 2/3} = \frac{3/6}{5/6} = 0.6$$

于是根据式（6.12），价值满足

$$V_n(a) = \frac{1}{7}(3.6V_{n+1}(aH) + 2.4V_{n+1}(aT))$$

我们现在计算当执行价格为 49，交割时间为 2 时，看涨和看跌期权的值. 在图 6-7 中，线上面的数字表示股票价格，线下面的数字表示期权价格.

我们已经将价值写成分数的形式，使得两种期权在时刻 0 的价值完全一样的事实更为明确. 一旦认识到此，容易证明：∎

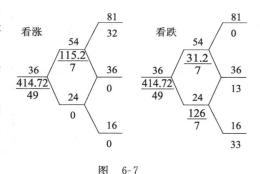

图   6-7

定理 6.6   具有相同执行价格 K 和交割时间 N 的看跌期权和看涨期权的价值 V_P 和 V_C 的关系为

$$V_P - V_C = \frac{K}{(1 + r)^N} - S_0$$

特别地，若 $K = (1 + r)^N S_0$，则 $V_P = V_C$.

证明   关键在于

$$S_N + (K - S_N)^+ - (S_N - K)^+ = K$$

考虑 $S_N \geqslant K$ 和 $S_N \leqslant K$ 这两种情形. 同时除以 $(1+r)^N$, 取期望值 E^* 并运用 $S_n/(1+r)^n$ 是鞅的事实,

$$S_0 + E^* \frac{(K-S_N)^+}{(1+r)^N} - E^* \frac{(K-S_N)^+}{(1+r)^N} = \frac{K}{(1+r)^N}$$

由于左边第二项是 V_P, 第三项是 V_C, 所需结论得证. ◀

注意到上述结论可以应用于根据任意看跌期权的价值来计算相应的看涨期权价值, 这很重要. 回到前面的例子中, 观察到时刻 1 的结点的价格为 54, 上述公式意味着

$$\frac{31.2}{7} - \frac{115.2}{7} = -\frac{84}{7} = -12 = \frac{6}{7} \times 49 - 54$$

例 6.5 敲出期权 在这些期权中, 当股票价格下跌到一定水平时期权将失效, 不论股票的最终价格是多少. 为了说明问题, 考虑例 6.4 的二项式模型: $u = 3/2, d = 2/3, r = 1/6$. 这里我们假设 $S_0 = 24$(见图 6-8), 考虑一个敲出屏障为 20 的看涨期权 $(S_3 - 28)^+$, 也就是说如果股票价格下跌到 20 则期权失效. 正如我们已经计算得到的, 风险中性概率为 $p^* = 0.6$, 价值的递归式是

$$V_n(a) = \frac{6}{7}[0.6V_n(aH) + 0.4V_n(aT)],$$

在额外的边界条件下, 若股票价格 $\leqslant 20$, 则期权价值为 0.

为了验证答案, 注意到, 敲出期权的特征排除了到 36 的路径中的一个, 因此

$$V_0 = (6/7)^3 \times 0.6^3 \times 53 + 2 \times 0.6^2 \times 0.4 \times 8 = 8.660$$

由此我们看到, 敲出屏障通过 $(6/7)^3 \times 0.6^2 \times 0.4 \times 8 = 0.7255$ 降低了期权的价值. ■

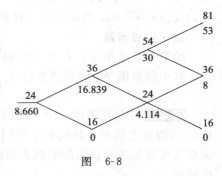

图 6-8

6.4 资本资产定价模型

在本节中, 我们将探索一种期权定价方法, 它与传统的经济学思想更为一致. 这里, 我们隐藏的议题是说明如何将 6.2 节中的思想应用于简化一个看起来很复杂的问题.

假设每一位投资者都有一个非降、凹的效用函数 (见图 6-9). 若 $0 \leqslant \lambda \leqslant 1$, 且 $x < y$, 则

$$U(\lambda x + (1-\lambda)y) \geqslant \lambda U(x) + (1-\lambda)U(y) \tag{6.18}$$

从几何上看, 从 $(x, U(x))$ 到 $(y, U(y))$ 的线段在函数图像的下方.

从经济学角度看, 投资者是风险厌恶型. 相比于以概率 λ 收益 x, 以概率 $1-\lambda$ 收益 y 的彩票, 他们更喜欢确定的收益 $\lambda x + (1-\lambda)y$.

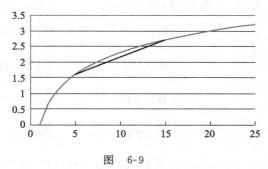

图 6-9

引理 6.7　若 U 是光滑的，那么 U 是凹函数，如果 $U'' < 0$.

证明　$U'' < 0$ 意味着 U' 是递减的，因此若 $x > y$，则

$$\frac{1}{\lambda(x-y)}\int_y^{\lambda x+(1-\lambda)y}U'(z)\mathrm{d}z \geqslant \frac{1}{x-y}\int_y^x U'(z)\mathrm{d}z$$

用文字叙述，即长度为 $\lambda(x-y)$ 的区间 $[y,\lambda x+(1-\lambda)y]$ 上的平均斜率大于区间 $[y,x]$ 上的平均斜率. 积分并进行一些代数计算，得到

$$U(\lambda x+(1-\lambda y))-U(y)\geqslant \lambda(U(x)-U(y))$$

再做一点代数运算后即为式（6.18）.

一些具体的效用函数的例子是：

当 $x \geqslant 0$ 时，$U_p(x)=x^p/p$，其中 $0 < p < 1$；当 $x < 0$ 时，$U(x)=-\infty$.

当 $x > 0$ 时，$U_0(x)=\ln x$；当 $x \leqslant 0$ 时，$U(x)=-\infty$.

当 $x > 0$ 时，$U_p(x)=x^p/p$，其中 $p < 0$；当 $x \leqslant 0$ 时，$U(x)=-\infty$.

这里除以 p 非常有用，因为在这三种情形中都有 $U_p'(x)=x^{p-1}$，当 $x \geqslant 0$ 时，$U_p''(x)=(p-1)x^{p-2}\leqslant 0$. 定义的第二部分给我们做了限制. 在第二种和第三种情形中，当 $x \downarrow 0$ 时，$U_p(x)\to -\infty$，然而在第一种情形中，当 $x \downarrow 0$ 时，$U_p(x)\to +\infty$.

最优投资问题

给定一个效用函数 U 和初始财富值，寻找一个可容许的交易策略 Δ_n 使得 $EU(W_N)$ 最大，其中财富值 W_n 满足递推公式（6.14）

$$W_{n+1}=\Delta_n S_{n+1}+(1+r)(W_n-\Delta_n S_n)$$

例 6.6　现在考虑一个具体的例子，在两期二项式模型中，$S_0=4,u=2,d=1/2,r=1/4$，且股票上涨和下跌的概率分别为 $2/3$、$1/3$，求 $U(x)=\ln x$ 的最大值. 注意到，我们是在真实情况或者说实际的概率测度下求最优解，而不是在计算期权价格中构造的风险中性概率 $p^*=q^*=1/2$ 下求解.

在时刻 1，我们的财富满足

$$W_1(H)=8\Delta_0+\frac{5}{4}(W_0-4\Delta_0)=\frac{5}{4}W_0+3\Delta_0$$

$$W_1(T)=2\Delta_0+\frac{5}{4}(W_0-4\Delta_0)=\frac{5}{4}W_0+3\Delta_0$$

记 $\delta_1=\Delta_1(H),\delta_2=\Delta_1(T),\delta_0=\Delta_0$，在时刻 2，我们的财富为

$$W_2(HH)=16\delta_1+\frac{5}{4}(W_1(H)-8\delta_1)=6\delta_1+\frac{15}{4}\delta_0+\frac{25}{16}W_0$$

$$W_2(HT)=4\delta_1+\frac{5}{4}(W_1(H)-8\delta_1)=-6\delta_1+\frac{15}{4}\delta_0+\frac{25}{16}W_0$$

$$W_2(TH)=4\delta_2+\frac{5}{4}(W_1(H)-2\delta_2)=\frac{3}{2}\delta_2-\frac{15}{4}\delta_0+\frac{25}{16}W_0$$

$$W_2(TT)=\delta_2+\frac{5}{4}(W_1(H)-2\delta_2)=-\frac{3}{2}\delta_2-\frac{15}{4}\delta_0+\frac{25}{16}W_0$$

令 y_0,y_1,y_2,y_3 是在结果为 HH,HT,TH,TT 下我们在时刻 2 拥有的财富值. 为了对应，考虑二进制数 $H=0,T=1$. 运用这些符号，我们要最大化

$$V = E\ln W_2 = \frac{4}{9}\ln y_0 + \frac{2}{9}\ln y_1 + \frac{2}{9}\ln y_2 + \frac{1}{9}\ln y_3$$

224

求偏导并利用关于 y_i 的等式，有

$$\frac{\partial V}{\partial \delta_0} = \frac{15}{4}\left(\frac{4}{9}\cdot\frac{1}{y_0} + \frac{2}{9}\cdot\frac{1}{y_1} - \frac{2}{9}\cdot\frac{1}{y_2} - \frac{1}{9}\cdot\frac{1}{y_3}\right)$$

$$\frac{\partial V}{\partial \delta_1} = 6\left(\frac{4}{9}\cdot\frac{1}{y_0} - \frac{2}{9}\cdot\frac{1}{y_1}\right)$$

$$\frac{\partial V}{\partial \delta_2} = \frac{3}{2}\left(\frac{2}{9}\cdot\frac{1}{y_2} - \frac{1}{9}\cdot\frac{1}{y_3}\right)$$

根据第二个和第三个等式可得 $2y_1 = y_0$ 和 $2y_3 = y_2$. 第一个等式意味着

$$\frac{4}{y_0} + \frac{2}{y_1} = \frac{2}{y_2} + \frac{1}{y_3}$$

或者 $4/y_1 = 2/y_3$，即 $2y_3 = y_1$. 从而若 $y_3 = c$，则 $y_1 = y_2 = 2c$，$y_0 = 4c$. 添加关于 W_2 的等式，有

$$9c = y_0 + y_1 + y_2 + y_3 = \frac{25}{4}W_0$$

随之得到

$$y_3 = \frac{4}{9}\times\frac{25}{4}W_0, \quad y_2 = y_1 = \frac{2}{9}\times\frac{25}{4}W_0, \quad y_0 = \frac{1}{9}\times\frac{25}{4}W_0 \tag{6.19}$$

一旦有了 y_i 的值，我们就有

$$y_0 - y_1 = 12\delta_1 \quad y_2 - y_3 = 3\delta_2 \quad y_0 + y_1 - y_2 - y_3 = 15\delta_0$$

回到一般的二项式模型的两期情形，前面的计算提示我们，我们真正要求解的是最终财富值 y_i. 我们不能求解出任意 y_i. 根据定理 6.5，我们的财富值的折现 $W_n/(1+r)^n$ 是 P^* 下的鞅，于是令 p_m^* 是结果为 $m = 0,1,2,3$ 下的风险中性概率，必然有

$$\frac{1}{(1+r)^2}\sum_{m=0}^{3} p_m^* y_m = W_0$$

相反地，给定一个满足上述条件的向量，则收益为这些值的期权价值为 W_0，且存在一个交易策略允许我们复制该期权. 令 p_m 是发生结果为 $m = 0,1,2,3$ 的真实概率，我们要求解的 m 要

225

$$\text{最大化} \qquad \sum_{m=0}^{3} p_m \ln y_m$$

$$\text{约束条件为} \ (1+r)^{-2}\sum_{m=0}^{3} p_m^* y_m = W_0$$

考虑无限制条件下最大化

$$L = \sum_{m=0}^{3} p_m U(y_m) - \frac{\lambda}{(1+r)^2}\left(\sum_{m=0}^{3} p_m^* y_m - W_0(1+r)^2\right)$$

的问题. 求偏导有

$$\frac{\partial L}{\partial y_m} = \frac{p_m}{y_m} - \frac{\lambda p_m^*}{(1+r)^2}$$

令其等于 0，有

$$y_m = \frac{p_m(1+r)^2}{\lambda p_m^*}$$

最后的细节是选择 λ 使其满足限制条件，即

$$\frac{1}{(1+r)^2}\sum_{m=0}^{3} p_m^* \frac{p_m(1+r)^2}{\lambda p_m^*} = \frac{1}{\lambda}\sum_{m=0}^{3} p_m = W_0$$

或者由于 p_m 的和为 1，所以 $\lambda = 1/W_0$，且

$$y_m = W_0(1+r)^2 \frac{p_m}{p_m^*}$$

由于 $1+r = 5/4$，$p_3 = 4/9$，$p_2 = p_1 = 2/9$，$p_0 = 1/9$，所有 $p_m^* = 1/4$，这与式（6.19）一致. 然而从这个新的求解方法我们容易看出一般情形下解的性质. ■

6.5 美式期权

欧式期权合约指定了一个到期日，并且如果该期权最终要执行，那么必须在到期日执行. 持有者可以选择在任何时间行使权利的期权称为**美式期权**. 我们主要关心的是看涨和看跌期权，它们在行权时刻的价值是股票价格的函数，但是考虑依赖路径的期权不会增加更多的困难，因此我们推导这种一般情形下的基本公式.

给定一个由上涨和下跌构成的，长度为 n 的序列 a，令 $g_n(a)$ 表示期权的价值，如果我们在时刻 n 行权. 我们的第一个目标是对 N 期情形计算价值函数 $V_n(a)$. 为了简化一些陈述，不失一般性，我们的假设条件是 $g_N(a) \geqslant 0$，因此 $V_N(a) = g_N(a)$. 从时间上倒推，注意到，在时刻 n，我们可以行使期权或者采取让游戏再多进行一步. 由于我们是要停止还是要继续取决于哪种选择下有更好的收益：

$$V_n(a) = \max\left\{g_n(a), \frac{1}{1+r}[p_n^*(a)V_{n+1}(aH) + q_n^*(a)V_{n+1}(aT)]\right\} \quad (6.20)$$

其中 $p_n^*(a)$ 和 $q_n^*(a) = 1 - p_n^*(a)$ 是使得标的物股票为鞅的风险中性概率.

例 6.7 考虑一个具体例子，假设条件同例 6.3，股票价格可用二项式模型描述，$S_0 = 8$，$u = 2$，$d = 1/2$，$r = 1/4$，考虑一个执行价格为 10 的看跌期权，也就是 $g_n = (10 - S_n)^+$. 风险中性概率 $p^* = 0.5$，递推公式为

$$V_{n-1}(a) = 0.4[V_n(aH) + V_n(aT)]$$

在图 6-10 中，每条线上的两个数字是股票的价格和期权的价值，线下的数字是如果行权的话期权的价值和如果我们再多进行一步递推而计算出的值. 两者中较大的数字标注了星号，表示该时刻的期权价值. 为了解释求解的方法，注意，从最后时刻倒推.

$$V_2(2) = \max\{8, 0.4(6+9) = 6\} = 8$$
$$V_2(8) = \max\{2, 0.4(0+6) = 2.4\} = 2.4$$
$$V_2(32) = \max\{0, 0\} = 0$$
$$V_1(4) = \max\{6, 0.4(2.4+8) = 4.16\} = 6$$
$$V_1(16) = \max\{0, 0.4(0+2.4) = 0.96\} = 0.96$$
$$V_0(8) = \max\{2, 0.4(0.96+6) = 2.784\} = 2.784$$

这样计算得到期权价值和最优策略：在每一结点停止还是继续依赖于哪个数值更大．注意到，此处的期权价值大于我们计算出的欧式期权的价值 1.728．当然这不是严格的小于，因为在美式期权中的一种可能性是在每一步都继续，这就让它变成了欧式期权．■

对于某些理论结果，注意到

$$V_0 = \max_\tau E^* \left(\frac{g_\tau}{(1+r)^\tau} \right) \tag{6.21}$$

是有用的，其中最大值是在满足 $0 \leqslant \tau \leqslant N$ 的所有停时 τ 上取到的．在例 6.7 中，$\tau(T) = 1$，$\tau(H) = 3$，即如果在第一步股票下跌，我们停止．否则继续，直到最后一步．

$$V_0 = \frac{1}{2} \times 6 \times \frac{4}{5} + \frac{1}{8} \times 6 \times \left(\frac{4}{5} \right)^3 = 2.4 + 0.384$$

证明 关键是证明更强的结论

$$V_n(a) = \max_{\tau \geqslant n} E_n^* \left(g_\tau / (1+r)^{\tau-n} \right)$$

其中 E_n^* 是在给定到时刻 n 已经发生的事件下的条件期望．令 $W_n(a)$ 表示等式右边．若我们对前 n 步的结果 a 取条件，则 $P(\tau = n)$ 为 1 或者 0．在第一种情形下，我们得到 $g_n(a)$．在第二种情形下，$W_n(a) = [p_n^*(a)W_{n+1}(aH) + q_n^*(a)W_{n+1}(aT)]/(1+r)$，因此 $W_n(a)$ 和 V_n 满足同样的递推公式．◄

例 6.8 继续研究前面例子中建立的模型，但是现在考虑一个看涨期权 $(S_n - 10)^+$．计算过程是相同的，但是结果是无聊的：最优策略是一直继续，因此美式期权和欧式期权没有差别（见图 6-11）．

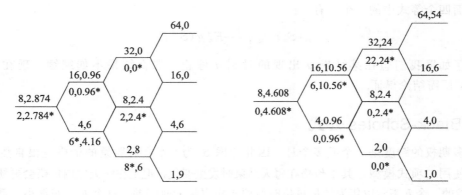

图 6-10   图 6-11

为了让读者省去烦琐复杂的计算，我们给出递推公式：

$$V_2(2) = \max\{0,0\} = 0$$
$$V_2(8) = \max\{0, 0.4(0+6) = 2.4\} = 2.4$$
$$V_2(32) = \max\{22, 0.4(54+60) = 24\} = 24$$
$$V_1(4) = \max\{0, 0.4(0+2.4) = 0.96\} = 0.96$$
$$V_1(16) = \max\{6, 0.4(24+2.4) = 10.56\} = 10.56$$
$$V_0(8) = \max\{0, 0.4(10.56+0.96) = 4.608\} = 4.608$$

我们的下一个目标是证明在美式看涨期权情形下最优策略是一直继续．为了解释原因，我们将抽象的结论公式化. 我们称 g 是凸函数，如果对任意 $0 \leqslant \lambda \leqslant 1$ 和实数 s_1, s_2，有

$$g(\lambda s_1 + (1-\lambda)s_2) \leqslant \lambda g(s_1) + (1-\lambda)g(s_2) \tag{6.22}$$

从几何上看，从 $(s_1, g_1(s))$ 到 $(s_2, g_2(s))$ 的线段总是在函数 g 的图像上面. 对于看涨期权 $g(x) = (x-K)^+$ 和看跌期权 $g(x) = (K-x)^+$ 来说，它是正确的. 然而，只有看涨期权满足下面结论中的所有条件.

定理 6.8 若 g 是一个非负凸函数且 $g(0)=0$，则对于收益为 $g(S_n)$ 的美式期权，最优策略是等待，直到在到期日行使权利.

证明 由于 $S_n/(1+r)^n$ 是 P^* 下的鞅，

$$g(S_n) = g\left(E_n^*\left(\frac{S_{n+1}}{1+r}\right)\right)$$

在风险中性概率下

$$S_n(a) = p_n^*(a)\frac{S_{n+1}(aH)}{1+r} + (1-p_n^*(a))\frac{S_{n+1}(aH)}{1+r}$$

应用式（6.22）且 $\lambda = p_n^*(a)$，得到

$$g\left(E_n^*\left(\frac{S_{n+1}}{1+r}\right)\right) \leqslant E_n^*\left(g\left(\frac{S_{n+1}}{1+r}\right)\right)$$

对 $s_2 = 0$ 和 $g(0) = 0$ 利用式（6.22），我们有 $g(\lambda s_1) \leqslant \lambda g(s_1)$，从而可得

$$E_n^*\left(g\left(\frac{S_{n+1}}{1+r}\right)\right) \leqslant \frac{1}{1+r}E_n^* g(S_{n+1})$$

综合上面四个等式中的三个，有

$$g(S_n) \leqslant \frac{1}{1+r}E_n^* g(S_{n+1})$$

这证明了如果我们想在某结果 a 出现的时刻 n 停止，那么结果不如继续. 现在根据式（6.21），所需结论得证. ◀

6.6 Black-Scholes 公式

很多期权的跨度是一个或多个月，因此考虑 S_t 为 t 年之后股票的价格是很自然的. 我们可以使用二项式模型，其中价格在每天结束时发生变化，但是在一天之内价格会更新几次也是很自然的. 令 h 表示以年为计量单位时股票价格更新的时间差. 这个 h 会非常小，例如，若每天更新，则 h 是 $1/365$，因此很自然地令 $h \to 0$. 要知道当取极限时会发生什么事情，我们令

$$S_{nh} = S_{(n-1)h}\exp(\mu h + \sigma\sqrt{h}\, X_n)$$

其中 $P(X_n = 1) = P(X_n = -1) = 1/2$. 这是一个二项式模型，其中

$$u = \exp(\mu h + \sigma\sqrt{h}\,) \quad d = \exp(\mu h - \sigma\sqrt{h}\,) \tag{6.23}$$

迭代后可知

$$S_{nh} = S_0\exp\left(\mu nh + \sigma\sqrt{h}\sum_{m=1}^{n}X_m\right) \tag{6.24}$$

若令 $t = nh$，则第一项恰为 μt. 记 $h = t/n$，第二项变为

$$\sigma\sqrt{t} \cdot \frac{1}{\sqrt{n}}\sum_{m=1}^{n}X_m$$

取 $n \to \infty$ 的极限，利用

定理 6.9（中心极限定理） 设 $X_1, X_2, \cdots$ 独立同分布，$EX_i = 0, \text{var}(X_i) = 1$，则对于任意 x，有

$$P\left(\frac{1}{\sqrt{n}}\sum_{m=1}^{n}X_m \leqslant x\right) \to P(\chi \leqslant x) \tag{6.25}$$

其中 χ 服从标准正态分布. 即

$$P(\chi \leqslant x) = \int_{-\infty}^{x}\frac{1}{\sqrt{2\pi}}e^{-y^2/2}\,\mathrm{d}y$$

式（6.25）中的结论经常写为

$$\frac{1}{\sqrt{n}}\sum_{m=1}^{n}X_m \Rightarrow \chi$$

其中 $\Rightarrow$ 读作"依分布收敛于". 回想如果我们用一个常数 c 乘以标准正态分布 χ，则结果服从均值为 0，方差为 c^2 的正态分布，我们看出

$$\sqrt{t} \cdot \frac{1}{\sqrt{n}}\sum_{m=1}^{n}X_m \Rightarrow \sqrt{t}\chi$$

且极限服从均值为 0，方差为 t 的正态分布. ◀

这促使我们给出如下定义.

定义 称 $B(t)$ 是一个标准 Brown 运动，如果 $B(0) = 0$ 且它满足下列条件：

（a）**独立增量** 对任意 $0 = t_0 < t_1 < \cdots < t_k$，都有 $B(t_1) - B(t_0), \cdots, B(t_k) - B(t_{k-1})$ 相互独立；

（b）**平稳增量** $B_t - B_s$ 服从正态分布 $N(0, t-s)$；

（c）$t \to B_t$ 是连续的.

为了解释（a），注意到，若 $n_i = t_i/h$，则随机变量和

$$\sum_{n_{i-1} < m \leqslant n_i}X_m \quad i = 1, \cdots, k$$

是相互独立的. 对于（b），我们注意到，和的分布仅与所加项的数目相关，再利用之前的计算结果可得. 条件（c）是对真实系统的一个自然的假设：Brown 于 1825 年在显微镜下观察到的水中花粉粒的不规则运动促进了这个定义的给出.

应用这个新定义，我们的股票价格模型可以写为

$$S_t = S_0 \cdot \exp(\mu t + \sigma B_t) \tag{6.26}$$

其中 B_t 表示标准的 Brown 运动，这里 μ 是股票的**指数增长**率，σ 是它的**波动率**. 如果我们在这个近似模型中也假设每一期的利率是 rh，并回想

$$\left(\frac{1}{1+rh}\right)^{t/h} = \frac{1}{(1+rh)^{t/h}} \to \frac{1}{e^{rt}} = e^{-rt}$$

则股票价格的折现值为

$$\mathrm{e}^{-rt}S_t = S_0 \cdot \exp((\mu - r)t + \sigma B_t)$$

根据均值为 0，方差为 $\sigma^2 t$ 的正态分布的矩母函数公式，见式（5.15），有

$$E\exp(-(\sigma^2/2)t + \sigma B_t) = 1$$

既然 B_t 具有独立增量性，若我们令

$$\mu = r - \sigma^2/2 \tag{6.27}$$

则利用同例 5.6 中对指数鞅的推理方法得，股票价格的折现值 $\mathrm{e}^{-rt}S_t$ 是一个鞅.

从离散时间情形大胆推断，我们可以猜测期权价格是在使得股票价格是鞅的概率下它的期望值.

定理 6.10 记 E^* 是当式（6.26）中 $\mu = r - \sigma^2/2$ 时的期望. 欧式期权的价值 $g(S_T)$ 可由 $E^* \, \mathrm{e}^{-rT} g(S_T)$ 得到.

证明 我们通过对离散逼近取极限来证明此结论. 风险中性概率 p_h^* 为

$$p_h^* = \frac{1 + rh - d}{u - d}. \tag{6.28}$$

利用式（6.23）中的 u 和 d 公式，并回想 $\mathrm{e}^x = 1 + x + x^2/2 + \cdots$，

$$\begin{aligned}
u &= 1 + \mu h + \sigma\sqrt{h} + \frac{1}{2}(\mu h + \sigma\sqrt{h})^2 + \cdots \\
&= 1 + \sigma\sqrt{h} + (\sigma^2/2 + \mu)h + \cdots \\
d &= 1 + \mu h - \sigma\sqrt{h} + (\sigma^2/2 + \mu)h + \cdots
\end{aligned} \tag{6.29}$$

因此由式（6.28），有

$$p_h^* \approx \frac{\sigma\sqrt{h} + (r - \mu - \sigma^2/2)h}{2\sigma\sqrt{h}} = \frac{1}{2} + \frac{r - \mu - \sigma^2/2}{2\sigma}\sqrt{h}$$

若 $X_1^h, X_2^h, \cdots$ 独立同分布，且

$$P(X_1^h = 1) = p_h^* \quad P(X_1^h = -1) = 1 - p_h^*$$

那么均值和方差是

$$EX_i^h = 2p_h^* = \frac{(r - \mu - \sigma^2/2)}{\sigma}\sqrt{h}$$

$$\mathrm{var}(X_i^h) = 1 - (EX_i^h)^2 \to 1$$

应用中心极限定理，注意到

$$\begin{aligned}
\sigma\sqrt{h}\sum_{m=1}^{t/h} X_m^h &= \sigma\sqrt{h}\sum_{m=1}^{t/h}(X_m^h - EX_m^h) + \sigma\sqrt{h}\sum_{m=1}^{t/h} EX_m^h \\
&\to \sigma B_t + (r - \mu + \sigma^2/2)t
\end{aligned}$$

因此在风险中性测度 P^* 下，

$$S_t = S_0 \cdot \exp((r - \sigma^2/2)t + \sigma B_t)$$

离散逼近情形下期权的价值 $g(S_T)$ 由其在风险中性测度下的期望值给出. 忽略期望值的极限等于极限的期望值这个细节的证明，所需结论得证. ◀

Black-Scholes 偏微分方程

我们继续假设期权在时刻 T 的收益为 $g(S_T)$. 令 $V(t, s)$ 是在时刻 $t < T$, 当股票的价格

为 s 时权的价值. 根据离散逼近的推理方法并忽略在这种情形下价值依赖于 h 的事实,

$$V(t-h,s) = \frac{1}{1+rh}\left[p^*V(t,su) + (1-p^*)V(t,sd)\right]$$

做一些代数运算有

$$V(t,s) - (1+rh)V(t-s,h) = p^*\left[V(t,s) - V(t,su)\right] + (1-p^*)\left[V(t,s) - V(t,sd)\right]$$

两边同除以 h 有

$$\frac{V(t,s) - V(t-h,s)}{h} - rV(t-h,s) \qquad (6.30)$$

$$= p^*\left[\frac{V(t,s) - V(t,su)}{h}\right] + (1-p^*)\left[\frac{V(t,s) - V(t,sd)}{h}\right]$$

令 $h \to 0$, 式 (6.30) 的左边收敛于

$$\frac{\partial V}{\partial t}(t,s) - rV(t,s) \qquad (6.31)$$

在 s 对 $V(t,s)$ 做幂级数展开,

$$V(t,s') - V(t,s) \approx \frac{\partial V}{\partial x}(t,s)(s'-s) + \frac{\partial^2 V}{\partial x^2}(t,s)\frac{(s'-s)^2}{2}$$

令 $s' = su$ 和 $s' = sd$, 应用上述等式, 式 (6.30) 的右边

$$\approx \frac{\partial V}{\partial x}(t,s)s\left[(1-u)p^* + (1-d)(1-p^*)\right]/h$$

$$-\frac{1}{2}\frac{\partial^2 V}{\partial x^2}(t,s)s^2\left[p^*(1-u)^2 + (1-p^*)(1-d)^2\right]/h$$

从式 (6.28),

$$\frac{(1-u)p^* + (1-d)(1-p^*)}{h} \approx -\left(\frac{\sigma^2}{2} + \mu\right) = -r$$

$$\frac{(1-u)^2 p^* + (1-d)^2(1-p^*)}{h} \approx \sigma^2$$

因此取极限, 式 (6.30) 的右边等于

$$\frac{\partial V}{\partial x}(t,s)s[-rh] + \frac{1}{2}\frac{\partial^2 V}{\partial x^2}(t,s)s^2\sigma^2 h$$

结合上面的等式和式 (6.31)、式 (6.30), 对 $0 \leqslant t < T$, 价值函数满足

$$\frac{\partial V}{\partial t} - rV(t,s) + rs\frac{\partial V}{\partial x}(t,s) + \frac{1}{2}\sigma^2 s^2\frac{\partial^2 V}{\partial x^2}(t,s) = 0 \qquad (6.32)$$

边界条件是 $V(T,s) = g(s)$.

6.7 看涨和看跌期权

现在我们将上一节发展出的理论应用到看涨和看跌期权的具体例子中. 初看第一个结论中的公式可能有些复杂, 但非常神奇的是, 通过求解偏微分方程来定义价值, 存在如此简单的公式.

定理 6.11 欧式看涨期权 $(S_t - K)^+$ 的价格是

$$S_0 \Phi(d_1) - \mathrm{e}^{-rt} K \Phi(d_2)$$

其中常数项为

$$d_1 = \frac{\ln(S_0/K) + (r + \sigma^2/2)t}{\sigma\sqrt{t}}, \quad d_2 = d_1 - \sigma\sqrt{t}$$

证明　利用 $\ln(S_t/S_0)$ 服从正态分布 $N(\mu t, \sigma^2 t)$ 的事实，其中 $\mu = r - \sigma^2/2$，我们得到

$$E^*(\mathrm{e}^{-rt}(S_t - K)^+) = \mathrm{e}^{-rt}\int_{\ln(K/S_0)}^{\infty}(S_0 \mathrm{e}^y - K)\frac{1}{\sqrt{2\pi\sigma^2 t}}e^{-(y-\mu t)^2/2\sigma^2 t}\mathrm{d}y$$

将积分拆分为两部分，然后进行变量替换 $y = \mu t + w\sigma\sqrt{t}$，$\mathrm{d}y = \sigma\sqrt{t}\,\mathrm{d}w$，积分

$$= \mathrm{e}^{-rt}S_0 \mathrm{e}^{\mu t}\frac{1}{\sqrt{2\pi}}\int_{\alpha}^{\infty}\mathrm{e}^{w\sigma\sqrt{t}}\mathrm{e}^{-w^2/2}\mathrm{d}w - \mathrm{e}^{-rt}K\frac{1}{\sqrt{2\pi}}\int_{\alpha}^{\infty}\mathrm{e}^{-w^2/2}\mathrm{d}w \qquad (6.33)$$

其中 $\alpha = (\ln(K/S_0) - \mu t)/\sigma\sqrt{t}$. 处理第一项，注意到

$$\frac{1}{\sqrt{2\pi}}\int_{\alpha}^{\infty}\mathrm{e}^{w\sigma\sqrt{t}}\mathrm{e}^{-w^2/2}\mathrm{d}w = \mathrm{e}^{w^2/2}\int_{\alpha}^{\infty}\frac{1}{\sqrt{2\pi}}\mathrm{e}^{-(w-\sigma\sqrt{t})^2/2}\mathrm{d}w$$

$$= \mathrm{e}^{w^2/2}P(N(\sigma\sqrt{t},1) > \alpha)$$

前面的概率可以写为服从正态分布 $N(0,1)$ 的随机变量 χ 的分布函数 Φ，即 $\Phi(t) = P(\chi \leqslant t)$，注意到

$$P(N(\sigma\sqrt{t},1) > \alpha) = P(\chi > \alpha - \sigma\sqrt{t})$$

$$= P(\chi \leqslant \sigma\sqrt{t} - \alpha) = \Phi(\sigma\sqrt{t} - \alpha)$$

其中在中间的等式中，我们利用了 χ 和 $-\chi$ 服从相同的分布这个事实. 利用式（6.33）中的后两个计算，转换为

$$\mathrm{e}^{-rt}S_0 \mathrm{e}^{\mu t}\mathrm{e}^{\sigma^2 t/2}\Phi(\sigma\sqrt{t} - \alpha) - \mathrm{e}^{-rt}K\Phi(-\alpha)$$

因为 $\mu = r - \sigma^2/2$，所以 $\mathrm{e}^{-rt}\mathrm{e}^{\mu t}\mathrm{e}^{\sigma^2 t/2} = 1$. 如第一个正态分布的论证有

$$d_1 = \sigma\sqrt{t} - \alpha = \frac{\ln(S_0/K) + (r - \sigma^2/2)t}{\sigma\sqrt{t}} + \sigma\sqrt{t}$$

235 这同定理中给出的表达式一致. 第二个更容易得到：$d_2 = d_1 - \sigma t$. ◀

　　例 6.9 **一个 Google 看涨期权**　在 2011 年 12 月 5 日早上，Google 股票以每股 620 元的价格卖出，而一个到期日为 3 月 12 日，执行价格为 $K = 635$ 的看涨期权以 33.10 元卖出. 将此与 Black-Scholes 公式的预测值相比较，假设每年的利率 $r = 0.01$，波动率 $\sigma = 0.3$. 直到到期日的 100 天是 $t = 0.273\,93$ 年. 在一点电子数据表的帮助下，我们发现公式预测的价格是 32.93 元. ∎

　　例 6.10 **买卖权平价关系**　买卖权平价关系允许我们利用公式

$$V_P - V_C = \mathrm{e}^{-rT}K - S_0$$

从看涨期权价值的 V_C 来计算看跌期权价值 V_P. 在 3 月 12 日的 Google 期权的例子中，$\exp(-rt) = 0.9966$，因此我们也可以忽略这个因素. 正如下面表格显示的，公式在应用中表现良好

执行价格	V_P	V_C	$S_0 + V_P - V_C$
600	28.00	55.60	598.20
640	45.90	32.70	638.20
680	74.16	17.85	681.31

6.8 习题

6.1 一支股票现在的价格为 110 元. 一年之后,它的价格可能为 121 元,也可能是 99 元. (a) 假设利率 $r = 0.04$,求一个看涨期权 $(S_1 - 113)^+$ 的价格. (b) 为了复制期权,我们需要购买的股票数量 Δ_0 为多少? (c) 证明在有 V_0 现金和 Δ_0 股股票时恰好复制期权.

6.2 一支股票现在的价格为 60 元. 一年之后,它的价格可能是 75 元,也可能是 45 元. (a) 假设利率 $r = 0.05$,求一个看跌期权 $(60 - S_1)^+$ 的价格. (b) 为了复制期权,我们需要购买的股票数量 Δ_0 为多少? (c) 证明在有 V_0 现金和 Δ_0 股股票时恰好复制期权.

6.3 在无套利计算中,至关重要的是假设股票价格仅有两种可能性. 假设股票现在的价格是 100,但是一个月之后价格可能为 130,110,80,称结果为 1,2 和 3. (a) 求使得股票价格为鞅的所有(非负)概率 p_1,p_2 和 $p_3 = 1 - p_1 - p_2$. (b) 在这些鞅概率下,求看涨期权 $(S_1 - 105)^+$ 期望值的最大值 v_1 和最小值 v_0. (c) 证明我们可以从开始有现金 v_1,购买 x_1 股股票,在三种所有可能结果下都有 $v_1 + x_1(S_1 - S_0) \geqslant (S_1 - 105)^+$,在结果 1 和 3 下等号成立. (d) 如果我们开始有现金 v_0 开始,购买 x_0 股股票,在三种所有可能结果都有 $v_0 + x_0(S_1 - S_0) \leqslant (S_1 - 105)^+$,在结果 2 和 3 下等号成立. (e) 利用 (c) 和 (d) 讨论,那些与无套利一致的唯一期权价格在 $[v_0, v_1]$ 中.

6.4 康奈尔大学曲棍球队正在和哈佛大学曲棍球队进行一场比赛,比赛结果可能是赢、输、平局. 一个赌徒提供给你三种赌约的收益,每种赌注都为 1 元

	赢	输	平局
第 1 种赌约	0	1	1.5
第 2 种赌约	2	2	0
第 3 种赌约	0.5	1.5	0

(a) 假设你可以购买任意数量(甚至是负的)的这些赌约. 请问存在套利机会吗? (b) 如果仅提供前两种赌约呢?

6.5 假设微软公司股票的卖出价格是 100,而网景公司的卖出价格是 50. 一场诉讼案的三种可能结果对两家公司的股票价格有如下影响:

	微软公司	网景公司
1(获胜)	120	30
2(调解)	110	55
3(输掉)	84	60

那么我们愿意为一个在案件结束后以 50 的价格购买网景公司的股票的期权支付多少?用两种方法回答此问题: (i) 寻找使得两家股票价格是鞅的一个概率分布, (ii) 通过运用现金和购买微软公司和网景公司的股票来复制期权求解.

6.6 考虑一个两期二项式模型,$u = 2$,$d = 1/2$,利率 $r = 1/4$,假设 $S_0 = 100$. 求执行价格是 80 的欧式看涨期权,即收益为 $(S_2 - 80)^+$ 的期权的价值. 为了恰好复制期权,求需要持有的股票数量 Δ_0、

236

$\Delta_1(H)$ 和 $\Delta_1(T)$.

6.7 考虑一个两期二项式模型，$u=3/2$，$d=2/3$，利率 $r=1/6$，假设 $S_0=45$. 求执行价格是 50 的欧式看跌期权，即收益 $(50-S_2)^+$ 的期权的价值. 为了恰好复制期权，求需要持有的股票数量 Δ_0、$\Delta_1(H)$ 和 $\Delta_1(T)$.

6.8 亚式期权的收益是基于平均价格 $A_n=(S_0+\cdots+S_n)/(n+1)$ 得到的. 假设股票价格遵循 $S_0=4$，$u=2$，$d=1/2$，$r=1/4$ 的二项式模型. (a) 对于执行价格为 4 的三期看涨期权，计算价值函数 $V_n(a)$ 和复制策略 $\Delta_n(a)$. (b) 利用 $V_0=E^*(V_3/(1+r)^3)$ 验证你的结果.

6.9 回望看跌期权中，在时刻 3 你能以过去的最低价格购买股票，然后以当前价格售出从而获得收益
$$V_3=S_3-\min_{0\leqslant m\leqslant 3}S_m$$
假设股票价格遵循 $S_0=4$，$u=2$，$d=1/2$，$r=1/4$ 的二项式模型. (a) 对于执行价格为 4 的三期看涨期权，计算价值函数 $V_n(a)$ 和复制策略 $\Delta_n(a)$. (b) 利用 $V_0=E^*(V_3/(1+r)^3)$ 验证你的结果.

6.10 考虑一个 $u=3$，$d=1/2$，$r=1/3$，$S_0=16$ 的三期二项式模型. 对于欧式质因子期权，在时刻 3（当行使期权权利时）的股票价格质因子分解的每一个因子都将获得 1 元收益. 例如，若股票价格为 $24=2^3 3^1$，则收益为 $4=3+1$. 求该期权的无套利价格.

6.11 假设 $S_0=27$，$u=4/3$，$d=2/3$，利率 $r=1/9$. 欧式"现金或无价值期权"的收益在 $S_3>27$ 时为 1 元，其他情形为 0. 求期权价值 V_n 和对冲策略 Δ_n.

6.12 假设二项式模型中 $S_0=54$，$u=3/2$，$d=2/3$，$r=1/6$. 考虑敲出障碍是 70 的看跌期权 $(50-S_3)^+$. 求期权的价值.

6.13 现在考虑一个四期二项式模型，其中 $S_0=32$，$u=2$，$d=1/2$，$r=1/4$，假设我们拥有一个敲出障碍为 100 的看跌期权 $(50-S_4)^+$. (a) 证明此敲出期权与如下期权的价值相同：当 $S_4=2,8$ 或者 32 时，该期权的收益是 $(50-S_4)^+$；当 $S_4=128$ 时，其收益为 0；当 $S_4=512$ 时，其收益为 -18. (b) 计算 (a) 中期权的价值.

6.14 考虑 $S_0=64$，$u=2$，$d=1/2$，$r=1/4$ 的二项式模型. (a) 求看涨期权 $(S_3-125)^+$ 的价值 $V_n(a)$ 和对冲策略 $\Delta_n(a)$. (b) 通过计算 $V_0=E^*(V_3/(1+r)^3)$ 验证 (a) 题的答案. (c) 求该看涨期权在时刻 0 的价值.

6.15 考虑 $S_0=27$，$u=4/3$，$d=2/3$，$r=1/9$ 的二项式模型. (a) 求风险中性概率 p^*. (b) 求看跌期权 $(30-S_3)^+$ 的价值 $V_n(a)$ 和对冲策略 $\Delta_n(a)$. (c) 通过计算 $V_0=E^*(V_3/(1+r)^3)$ 验证 (b) 题的答案.

6.16 考虑习题 6.15 中 $S_0=27$，$u=4/3$，$d=2/3$，$r=1/9$ 的二项式模型，但是现在要 (a) 求美式看跌期权 $(30-S_3)^+$ 的价值和最优执行策略. (b) 求美式看涨期权 $(S_3-30)^+$ 的价值.

6.17 继续上面习题中的模型：$S_0=27$，$u=4/3$，$d=2/3$，$r=1/9$，现在我们对于找出 $|S_3-30|$ 的美式跨式期权的价值 V_S 感兴趣. 将其与之前习题中计算得到的看跌期权和看涨期权的价值 V_P 和 V_C 相比较，可以看出 $V_S\leqslant V_P+V_C$. 解释这为什么是正确的.

6.18 考虑一个三期二项式模型，其中 $S_0=16$，$u=3$，$d=1/2$，$r=1/3$. 一个美式有限责任看涨期权，若在时刻 $0\leqslant n\leqslant 3$ 行权，则收益是 $\min\{(S_n-10)^+,60\}$. 用文字叙述，即这是一个看涨期权，但是你的收益限制在 60 元以下. 求期权价值和最优执行策略.

6.19 从美式角度来看回望看跌期权，在时刻 n，你可以以当前价格购买股票，然后以过去到现在的最高价格卖出，从而获得 $V_n=\max_{0\leqslant m\leqslant n}S_m-S_n$ 的收益. 当股票价格遵循 $S_0=8$，$u=2$，$d=1/2$，$r=1/4$ 的二项式模型时，计算此期权在这种三期模型下的价值.

6.20 亚式期权的收益是基于平均价格 $A_n=(S_0+\cdots+S_n)/(n+1)$ 给出的. 假设股票价格遵循 $S_0=4$，$u=2$，$d=1/2$，$r=1/4$ 的二项式模型. 求该三期亚式期权 $(S_n-4)^+$ 的美式版本的价值，即当你可

以在任意时刻行权的情形下的情况.

6.21 证明对任意 a 和 b, $V(s,t) = as + be^{rt}$ 满足 Black-Scholes 微分方程. 与此对应的投资行为是什么?

6.22 当 $S_t > K$ 时,"现金或无价值期权"的收益为 1 元, 其他情形为 0. 求期权 (在时刻 0) 的价值公式. 当执行价格是初始价格, 期权的期限是 1/4 年, 波动率 $\sigma = 0.3$ 时, 为简单起见, 我们假设利率为 0, 求期权的价值是多少?

6.23 在 1998 年 3 月 22 日 Intel 股票以 74.625 卖出. 假设利率是 $r = 0.05$, 波动率 $\sigma = 0.375$, 运用 Black-Scholes 公式计算一个到期日是 2000 年 1 月 ($t = 1.646$ 年), 执行价格为 100 的看涨期权的价值.

6.24 在 2011 年 12 月 20 日, 卡夫食品公司的股票价格是 36.83. (a) 假设利率 $r = 0.01$, 波动率 $\sigma = 0.15$, 运用 Black-Scholes 公式计算到期日是 3 月 12 日 ($t = 0.227$ 年), 执行价格是 33 的看涨期权的价值. 这里选择的波动率使得价格与 $(3.9, 4.0)$ 的买卖价差一致. (b) 请问执行价格是 33 的看跌期权, 0.4 的价格是否与买卖权平价关系一致.

6.25 在 2011 年 12 月 20 日, 埃克森美孚的股票价格是 81.63. (a) 假设利率 $r = 0.01$, 波动率 $\sigma = 0.26$, 运用 Black-Scholes 公式计算到期日是 4 月 12 日 ($t = 0.3123$ 年), 执行价格是 70 的看涨期权的价值. 这里选择的波动率使得价格与 $(12.6, 12.7)$ 的买卖价差一致. (b) 请问执行价格是 70 的看跌期权, 1.43 的价格是否与买卖权平价关系一致.

239

附录 A 概率论复习

这里我们将复习概率论的一些基本内容，这些内容通常在概率论的基础课程中讲授，我们将集中在那些对学习本书比较重要的部分上.

A.1 概率，独立性

试验这个术语用来指任意事先不知道结果的过程. 两个简单的试验是掷硬币、掷骰子. 和一个试验相联系的样本空间是所有可能结果的集合. 样本空间通常用 Ω 表示，即大写的希腊字母 Omega.

例 A.1 抛掷三枚硬币 抛掷一枚硬币有两种可能结果，称为"正面朝上"和"反面朝上"，用 H 和 T 表示. 抛掷三枚硬币导致 $2^3 = 8$ 种结果：

$$\begin{array}{cccc} & HHT & HTT & \\ HHH & HTH & THT & TTT \\ THH & TTH & & \end{array}$$

例 A.2 掷两颗骰子 掷一颗骰子有六种可能结果：1，2，3，4，5，6. 掷两颗骰子产生 36 种结果 $\{(m,n): 1 \leqslant m, n \leqslant 6\}$.

概率论的目标是计算各种感兴趣事件的概率. 直观上，一个事件是关于试验结果的一个陈述. 正式来说，**事件**是样本空间的一个子集. 对于抛掷三枚硬币，一个例子是"两枚硬币正面朝上"，或者说

$$A = \{HHT, HTH, THH\}$$

对于掷两颗骰子的试验，一个例子是"和是 9"，或者说

$$B = \{(6,3), (5,4), (4,5), (3,6)\}$$

事件就是集合，因此我们可以将集合论中的基本运算应用到事件上. 例如，若 $\Omega = \{1,2,3,4,5,6\}$，$A = \{1,2,3\}$，$B = \{2,3,4,5\}$，则**并集**为 $A \bigcup B = \{1,2,3,4,5\}$，**交集**为 $A \bigcap B = \{2,3\}$，A 的**补集**为 $A^c = \{4,5,6\}$. 为了引入下一个定义，需要另外一个符号：若两个事件的交集是空集 $\varnothing$，则它们是**互不相容**的. A 和 B 并不互不相容，但是如果 $C = \{5,6\}$，则 A 和 C 互不相容.

概率是一种将事件映射到实数的方式，它满足：

(i) 对任意事件 A，都有 $0 \leqslant P(A) \leqslant 1$.

(ii) 若 Ω 是样本空间，则 $P(\Omega) = 1$.

(iii) 对有限或无限个互不相容事件序列，有 $P(\bigcup_i A_i) = \sum_i P(A_i)$.

用文字叙述，即互不相容集合并集的概率等于各个集合概率之和. 我们没有对下标作规定，因为它可能是有限的，

$$P(\bigcup_{i=1}^k A_i) = \sum_{i=1}^k P(A_i)$$

或者是无限的，

$$P(\bigcup_{i=1}^{\infty} A_i) = \sum_{i=1}^{\infty} P(A_i)$$

在例 A.1 和例 A.2 中，所有的结果都具有相同的概率，因此

$$P(A) = |A| / |\Omega|$$

其中 $|B|$ 是 B 中包含的样本点个数的简写. 对于概率的一个非常一般的例子，令 $\Omega = \{1, 2, \cdots, n\}$；$p_i \geqslant 0$ 且 $\sum_i p_i = 1$，定义 $P(A) = \sum_{i \in A} p_i$. 由概率的定义立即得到下面两条基本性质

$$P(A) = 1 - P(A^c) \tag{A.1}$$
$$P(B \bigcup C) = P(B) + P(C) - P(B \bigcap C) \tag{A.2}$$

为了说明它们的应用，考虑如下的例子.

例 A.3　　掷两颗骰子，为了简单起见，假设它们为红色和绿色骰子. 令 $A = $ "至少一颗骰子出现 4 点"，$B = $ "红色骰子出现 4 点"，$C = $ "绿色骰子出现 4 点"，因此 $A = B \bigcup C$.

解法 1　　$A^c = $ "没有一颗骰子出现 4 点"，它包含了 $5 \times 5 = 25$ 种结果，因此根据式 (A.1) 得 $P(A) = 1 - 25/36 = 11/36$.

解法 2　　$P(B) = P(C) = 1/6$，而 $P(B \bigcap C) = P(\{4, 4\}) = 1/36$，因此根据式 (A.2) 得 $P(A) = 1/6 + 1/6 - 1/36 = 11/36$. ■

条件概率

假设我们被告知事件 A 以 $P(A) > 0$ 发生了. 那么样本空间从 Ω 缩减为 A，从而在给定事件 A 已经发生的条件下事件 B 发生的概率是

$$P(B \mid A) = P(B \bigcap A)/P(A) \tag{A.3}$$

为了解释此公式，注意到 (i) B 中只有包含于 A 的那部分可能发生，且 (ii) 因为现在样本空间是 A，所以我们必须除以 $P(A)$，使得 $P(A \mid A) = 1$. 式 (A.3) 的两边同时乘以 $P(A)$，我们可得到**乘法定理**：

$$P(A \bigcap B) = P(A)P(B \mid A) \tag{A.4}$$

直观上，我们想象事件分两阶段发生. 首先，我们观察 A 是否发生，然后我们观察在 A 已经发生的条件下 B 发生的概率. 在很多情形中，问题中的两个阶段是明晰的.

例 A.4　　假设我们从装有 6 个蓝色球和 4 个红色球的罐子中无放回的抽取两个球. 那么我们会抽到两个蓝色球的概率是多少？令 $A = $ 第一次抽到的是蓝色球，$B = $ 第二次抽到的是蓝色球. 显然，$P(A) = 6/10$. 在 A 发生后，罐子中还有 5 个蓝色球和 4 个红色球，因此 $P(B \mid A) = 5/9$，根据式 (A.4)，得

$$P(A \bigcap B) = P(A)P(B \mid A) = \frac{6}{10} \times \frac{5}{9}$$

为了验证这是正确答案，注意到，若我们无放回地抽取两个球并记录抽取的顺序，则有 10×9 种结果，而在这些结果中有 6×5 种抽取方式得到的是两个蓝色球. ■

乘法原理在求解很多种问题时有用. 为了说明它的应用，考虑下例.

例 A.5　　假设我们掷一颗四面的骰子，然后抛掷如该骰子出现点数个数的硬币. 我们

恰好得到一个正面朝上的概率是多少？令 $B=$ 我们恰好得到一个正面朝上，$A_i=$ 第一次掷骰子出现了 i 点. 显然，$P(A_i)=1/4,1\leqslant i\leqslant 4$. 经过一点思考可得

$$P(B\mid A_1)=1/2,\quad P(B\mid A_2)=2/4, P(B\mid A_3)=3/8,\quad P(B\mid A_4)=4/16$$

因此根据哪个 A_i 发生进行分解，

$$P(B)=\sum_{i=1}^{4}P(B\cap A_i)=\sum_{i=1}^{4}P(A_i)P(B\mid A_i)=\frac{1}{4}\left(\frac{1}{2}+\frac{2}{4}+\frac{3}{8}+\frac{4}{16}\right)=\frac{13}{32}$$

有人可能会问相反的问题：如果 B 发生，则最有可能的原因是什么？根据条件概率的定义和乘法原理，

$$P(A_i\mid B)=\frac{P(A_i\cap B)}{\sum_{j=1}^{4}P(A_j\cap B)}=\frac{P(A_i)P(B\mid A_i)}{\sum_{j=1}^{4}P(A_j)P(B\mid A_j)}\tag{A.5}$$

这个有点庞大的公式称为 **Bayes 公式**，但在这里不会看到很多应用. ■

但最后同样重要的是，称 A 和 B 两事件相互独立，如果 $P(B\mid A)=P(B)$. 用文字叙述，即已知 A 发生并不影响 B 发生的概率. 利用乘法原理，这个定义可写为更对称的方式

$$P(A\cap B)=P(A)\cdot P(B)\tag{A.6}$$

例 A.6   掷两颗骰子且令 $A=$ "第一颗骰子是 4 点".

令 $B_1=$ "第二颗骰子是 2 点". 这满足我们对于独立的直观概念，因为第一颗骰子的结果与第二颗骰子的结果没有任何关系. 为了从式（A.6）验证独立性，注意到 $P(B_1)=1/6$ 而交集 $A\cap B_1=\{(4,2)\}$ 发生的概率是 1/36

$$P(A\cap B_1)=\frac{1}{36}\neq\frac{1}{6}\times\frac{4}{36}=P(A)P(B_1)$$

令 $B_2=$ "两颗骰子的点数之和为 3". 事件 A 和 B_2 互不相容，因此它们不能相互独立.
$$P(A\cap B_2)=0<P(A)P(B_2)$$

令 $B_3=$ "两颗骰子的点数之和为 9". 这次事件 A 的发生提高了 B_3 发生的概率，即 $P(B_3\mid A)=1/6>4/36=P(B_3)$，因此两事件不独立. 为了利用式（A.6）来验证这个结论，注意到根据式（A.4）有

$$P(A\cap B_3)=P(A)P(B_3\mid A)>P(A)P(B_3)$$

令 $B_4=$ "两颗骰子的点数之和为 7". 有些令人惊奇的是，A 和 B_4 相互独立. 为了利用式（A.6）来验证此结论，注意到 $P(B_4)=6/36$，$A\cap B_4=\{(4,3)\}$ 的概率是 1/36，因此

$$P(A\cap B_3)=\frac{1}{36}=\frac{1}{6}\times\frac{6}{36}=P(A)P(B_3)$$

将独立概念扩展到多于两个事件的情形的方式有两种.

称 $A_1,\cdots,A_n$ 两两独立，如果对任意 $i\neq j$，都有 $P(A_i\cap A_j)=P(A_i)P(A_j)$.

称 $A_1,\cdots,A_n$ 独立或相互独立，如果对任意 $1\leqslant i_1<i_2<\cdots<i_k\leqslant n$，有

$$P(A_{i_1}\cap\cdots\cap A_{i_k})=P(A_{i_1})\cdots P(A_{i_k}).$$

若我们抛掷 n 枚硬币并令 $A_i=$ "第 i 枚硬币正面朝上"，则 A_i 是相互独立的，因为 $P(A_i)=1/2$ 且对下标的任意选择 $1\leqslant i_1<i_2<\cdots<i_k\leqslant n$，有 $P(A_{i_1}\cap\cdots\cap A_{i_k})=1/2^k$. 我们下一个例子将说明两两独立的事件可能不相互独立.

例 A.7 抛掷三枚硬币   令 $A=$ "第一枚和第二枚硬币抛掷结果相同"，$B=$ "第二枚

和第三枚硬币抛掷结果相同"，$C =$ "第三枚和第一枚硬币抛掷结果相同". 显然有 $P(A) = P(B) = P(C) = 1/2$. 这些事件中任意两个的交集

$$A \cap B = B \cap C = C \cap A = \{HHH, TTT\}$$

是发生概率为 $1/4$ 的一个事件. 由此可得到

$$P(A \cap B) = \frac{1}{4} = \frac{1}{2} \times \frac{1}{2} = P(A)P(B)$$

即 A 和 B 独立. 同理，B 和 C 独立，C 和 A 独立；因此 A, B 和 C 两两独立. 然而 A, B, C 三事件不独立，因为 $A \cap B \cap C = \{HHH, TTT\}$，于是

$$P(A \cap B \cap C) = \frac{1}{4} \neq \left(\frac{1}{2}\right)^3 = P(A)P(B)P(C)$$

上面这个例子有一些不寻常. 然而这个例子的寓意是要说明，要证明几个事件相互独立时，你不能只验证两两独立.

A.2　随机变量，分布

正式来说，随机变量是定义在样本空间上的一个实值函数. 然而，在大多数情形下，样本空间通常并不显而易见，因此我们通过给出它们的分布来描述随机变量. 在离散情形，随机变量可以在有限集合或者可数无限集合上取值，分布通常用概率函数给出. 或者说，对每一个满足 $P(X = x) > 0$ 的值 x，我们给出 $P(X = x)$.

例 A.8　二项分布　若我们进行 n 次试验，每次试验成功的概率为 p，则成功次数 S_n 有

$$P(S_n = k) = \binom{n}{k} p^k (1-p)^{n-k} \qquad k = 0, \cdots, n$$

用文字描述，即 S_n 服从参数为 n 和 p 的二项分布，我们将其简写为 $S_n = \text{binomial}(n, p)$. ∎

例 A.9　几何分布　若我们重复进行一个成功概率为 p 的试验，直至出现一次成功为止，则需要进行的试验次数 N，有

$$P(N = n) = (1-p)^{n-1} p \qquad n = 1, 2, \cdots$$

用文字描述，即 N 服从参数为 p 的几何分布，我们将其简写为 $N = \text{geometric}(p)$. ∎

例 A.10　Poisson 分布　称 X 服从参数 $\lambda > 0$ 的 Poisson 分布，或者 $X = \text{Poisson}(\lambda)$，如果

$$P(X = k) = \mathrm{e}^{-\lambda} \frac{\lambda^k}{k!} \qquad k = 0, 1, 2, \cdots$$

为了说明它是一个概率分布，回想

$$\mathrm{e}^x = \sum_{k=0}^{\infty} \frac{x^k}{k!} \tag{A.7}$$

因此上面的概率值非负且和为 1. ∎

在很多情况下，随机变量可以取实直线或者实直线的一个特定子集上的任意值. 一个具体的例子是，考虑一个随机抽取到的人的身高或体重，或者一个人从洛杉矶开车到旧金山花费的时间. 称随机变量 X 有一个**密度函数**为 f 的**连续分布**，若对任意 $a \leqslant b$，有

$$P(a \leqslant X \leqslant b) = \int_a^b f(x)\mathrm{d}x \qquad (\mathrm{A}.8)$$

从几何上看，$P(a \leqslant X \leqslant b)$ 表示曲线 f 下方在 a 和 b 之间的面积.

为了使得对任意 a 和 b，$P(a \leqslant X \leqslant b)$ 都非负，且 $P(-\infty < X < +\infty) = 1$，必须有

$$f(x) \geqslant 0 \quad 且 \quad \int_{-\infty}^{+\infty} f(x)\mathrm{d}x = 1 \qquad (\mathrm{A}.9)$$

任何满足式 (A.9) 的 f 称为一个**密度函数**. 现在我们将定义三种最重要的密度函数.

例 A. 11 (a, b) 上的均匀分布

$$f(x) = \begin{cases} 1/(b-a) & a < x < b \\ 0 & 其他情形 \end{cases}$$

这里的想法是我们从 (a,b) 上"随机"选择一个值. 即不可能取区间外的数并且区间内的所有数值都具有相同的概率密度. 注意到，上述性质意味着当 $a < x < b$ 时，$f(x) = c$. 这种情形下，积分为 $c(b-a)$，因此我们必须取 $c = 1/(b-a)$. ■

例 A. 12 指数分布

$$f(x) = \begin{cases} \lambda e^{-\lambda x} & x \geqslant 0 \\ 0 & 其他情形 \end{cases}$$

这里 $\lambda > 0$ 是一个参数. 为了验证这是一个密度函数，注意到

$$\int_0^{+\infty} \lambda e^{-\lambda x}\,\mathrm{d}x = -e^{-\lambda x} \Big|_0^{+\infty} = 0 - (-1) = 1$$ ■

在概率论的基础课程中，下一个例子是明星. 然而在这里它只是一个小角色.

例 A. 13 正态分布

$$f(x) = (2\pi)^{-1/2}\,e^{-x^2/2}$$

因为没有 f 的不定积分的封闭形式的表达式，因此需要一点技巧来验证这是一个概率密度函数. 这些细节在这里并不重要，因此我们忽略. ■

任意一个随机变量（离散型、连续型或者中间型）都有**分布函数**，定义为 $F(x) = P(X \leqslant x)$. 若 X 的密度函数是 $f(x)$，则

$$F(x) = P(-\infty < X \leqslant x) = \int_{-\infty}^x f(y)\mathrm{d}y$$

即 F 是 f 的一个原函数.

计算分布函数的理由之一可以根据下面的公式进行解释. 若 $a < b$，则 $\{X \leqslant b\} = \{X \leqslant a\} \bigcup \{a < X \leqslant b\}$，且右边的两个集合互不相容，因此

$$P(X \leqslant b) = P(X \leqslant a) + P(a < X \leqslant b)$$

或者，重新整理，有

$$P(a < X \leqslant b) = P(X \leqslant b) - P(X \leqslant a)$$
$$= F(b) - F(a) \qquad (\mathrm{A}.10)$$

上述公式对于任意随机变量都成立. 当 X 具有密度函数 f 时，这说明

$$\int_a^b f(x)\mathrm{d}x = F(b) - F(a)$$

即积分可以根据原函数在两个端点处的差值来求出.

为了看到分布函数的形式并解释式（A.10）的应用，回到例子上.

例 A.14 **均匀分布** 当 $a < x < b$ 时，$f(x) = 1/(b-a)$.

$$F(x) = \begin{cases} 0 & x \leqslant a \\ (x-a)/(b-a) & a \leqslant x \leqslant b \\ 1 & x \geqslant b \end{cases}$$

为了验证此，注意到，$P(a < X < b) = 1$，因此当 $x \geqslant b$ 时，$P(X \leqslant x) = 1$；当 $x \leqslant a$ 时，$P(X \leqslant x) = 0$. 当 $a \leqslant x \leqslant b$ 时，计算得

$$P(X \leqslant x) = \int_{-\infty}^{x} f(y)\mathrm{d}y = \int_{a}^{x} \frac{1}{b-a}\mathrm{d}y = \frac{x-a}{b-a}$$

在最重要的 $a = 0, b = 1$ 的特殊情形，当 $0 \leqslant x \leqslant 1$ 时，有 $F(x) = x$. ∎

例 A.15 **指数分布** 对 $x \geqslant 0$，$f(x) = \lambda e^{-\lambda x}$.

$$F(x) = \begin{cases} 0 & x \leqslant 0 \\ 1 - e^{-\lambda x} & x \geqslant 0 \end{cases}$$

答案中的第一行容易验证. 因为 $P(X > 0) = 1$，所以对 $x \leqslant 0$ 有 $P(X \leqslant x) = 0$. 对 $x \geqslant 0$，计算

$$P(X \leqslant x) = \int_{0}^{x} \lambda e^{-\lambda y}\mathrm{d}y = -e^{-\lambda y}\mid_{0}^{x} = 1 - e^{-\lambda x}$$ ∎

在很多情况下，我们需要知道几个随机变量 $X_1, \cdots, X_n$ 的关系. 如果 X_i 是离散型随机变量那么这是容易的问题，每当它们为正时，我们简单给出概率分布，它们指定了

$$P(X_1 = x_1, \cdots, X_n = x_n)$$

的值. 当每个随机变量都有连续分布时，这个关系通过给出**联合密度函数**来描述，它的解释是

$$P((X_1, \cdots, X_n) \in A) = \int \cdots \int_A f(x_1, \cdots, x_n)\mathrm{d}x_1 \cdots \mathrm{d}x_n$$

类似于式（A.9），我们必须要求 $f(x_1, \cdots, x_n) \geqslant 0$ 并且

$$\int \cdots \int f(x_1, \cdots, x_n)\mathrm{d}x_1 \cdots \mathrm{d}x_n = 1$$

已经引入了 n 个随机变量的联合分布，为简单起见，在本节后面的内容中，我们将把注意力集中在 $n = 2$ 的情况. 我们面临的第一个问题是："给定 (X, Y) 的联合分布，如何重新获得 X 和 Y 的分布？"在离散情形这是一个容易的问题. X 和 Y 的边缘分布为

$$P(X = x) = \sum_y P(X = x, Y = y)$$

$$P(Y = y) = \sum_y P(X = x, Y = y) \tag{A.11}$$

用语言解释第一个公式，若 $X = x$，则 Y 取值为某数值 y，于是为了求解 $P(X = x)$，我们对 y 的所有取值的互不相容事件 $\{X = x, Y = y\}$ 的概率求和.

将公式（A.11）直截了当地一般化到连续分布的情况：用积分代替求和，由密度函数代替概率函数. 若 X 和 Y 具有联合密度函数 $f_{X,Y}(x, y)$，则 X 和 Y 的**边缘密度函数**为

$$f_X(x) = \int f_{X,Y}(x, y)\mathrm{d}y$$

$$f_Y(y) = \int f_{X,Y}(x,y)\mathrm{d}x \tag{A.12}$$

类似于离散情形, 用语言解释第一个公式为: 若 $X = x$, 则 Y 取值为某数值 y, 因此为了求解 $f_X(x)$, 我们将联合密度函数 $f_{X,Y}(x,y)$ 对 y 的所有可能取值进行积分.

称两个随机变量相互独立, 如果对任意两个集合 A 和 B, 有

$$P(X \in A, Y \in B) = P(X \in A)P(Y \in B) \tag{A.13}$$

在离散情形中, 式 (A.13) 等价于对任意 x, y,

$$P(X = x, Y = y) = P(X = x)P(Y = y) \tag{A.14}$$

在连续情形中独立的条件是完全相同的: 联合密度是边缘密度的乘积

$$f_{X,Y}(x,y) = f_X(x)f_Y(y) \tag{A.15}$$

直接把独立的概念推广到 n 个随机变量的情形: 联合概率分布或者概率密度等于边缘分布或密度的乘积.

独立的两个重要结论如下.

定理 A.1   若 $X_1, \cdots, X_n$ 独立, 则

$$E(X_1 \cdots X_n) = EX_1 \cdots EX_n \qquad \qquad \blacktriangleleft$$

定理 A.2   若 $X_1, \cdots, X_n$ 独立且 $n_1 < \cdots < n_k \leqslant n$, 则

$$h_1(X_1, \cdots X_{n_1}), h_2(X_{n_1+1}, \cdots X_{n_2}), \cdots h_k(X_{n_{k-1}}+1, \cdots X_{n_k}) \qquad \blacktriangleleft$$

独立.

用文字描述第二个结论, 即独立随机变量的不交集合的函数也是独立的.

本节中我们的最后一个主题是当 X 和 Y 相互独立时 $X + Y$ 的分布. 在离散情形这很容易得出:

$$P(X + Y = z) = \sum_x P(X = x, Y = z - x) = \sum_x P(X = x)P(Y = z - x) \tag{A.16}$$

为了看出上述第一个等式, 注意到, 如果和是 z, 那么 X 必须取某个值 x, Y 必然是 $z - x$. 第一个等式对于任意随机变量都是有效的. 第二个等式成立是由于我们假设 X 和 Y 是相互独立的.

例 A.16   如果 $X = \mathrm{binomial}(n, p)$ 和 $Y = \mathrm{binomial}(m, p)$ 独立, 则 $X + Y = \mathrm{binomial}(n+m, p)$.

通过直接计算证明.

$$\begin{aligned}
P(X + Y = i) &= \sum_{j=0}^{i} \binom{n}{j} p^j (1-p)^{n-j} \cdot \binom{m}{i-j} p^{i-j} (1-p)^{m-i+j} \\
&= p^j (1-p)^{n+m-i} \sum_{j=0}^{i} \binom{n}{j} \cdot \binom{m}{i-j} \\
&= \binom{n+m}{i} p^i (1-p)^{n+m-i}
\end{aligned}$$

最后一个等式来自如下事实: 若我们从 n 个男孩, m 个女孩的群体中挑选 i 个个体, 这有 $\binom{n+m}{i}$ 种方式可以做到, 那么必然有 j 个男孩和 $i - j$ 个女孩, $0 \leqslant j \leqslant i$.

更简单的证明.

考虑一个 $n+m$ 次独立试验的序列. 令 X 表示前 n 次试验中成功次数，Y 表示后 m 次试验成功次数，根据式（A.13），X 和 Y 相互独立. 显然他们的和服从 binomial$(n+m,p)$.

将公式（A.16）按通常的方式推广到连续分布：将概率看作密度函数，用积分替换求和，

$$f_{X+Y}(z) = \int f_X(x) f_Y(z-x) \mathrm{d}x \qquad (A.17)$$

例 A.17 令 U 和 V 相互独立且均服从 $(0,1)$ 上的均匀分布. 计算 $U+V$ 的密度函数.

解 若当 $0 \leqslant x \leqslant 1$ 时，$U+V=x$，则必然有 $U \leqslant x$，从而 $V \geqslant 0$. 回想一下，我们也必须有 $U \geqslant 0$，

$$f_{U+V}(x) = \int_0^x 1 \times 1 \mathrm{d}u = x \qquad 0 \leqslant x \leqslant 1$$

如果当 $1 \leqslant x \leqslant 2$ 时，$U+V=x$，则必须有 $U \geqslant x-1$，从而 $V \leqslant 1$. 回想一下，我们也必须有 $U \leqslant 1$，

$$f_{U+V}(x) = \int_{x-1}^1 1 \times 1 \mathrm{d}u = 2-x \qquad 1 \leqslant x \leqslant 2$$

结合这两个公式，我们看到和的密度函数是三角形的. 它从 0 开始，以速率 1 线性增长，直到在 $x=1$ 达到值 1，然后线性递减到 $x=2$ 处的值 0.

A.3 期望，矩

如果 X 有离散分布，那么 $h(X)$ 的**期望值**是

$$Eh(X) = \sum_x h(x) P(X=x) \qquad (A.18)$$

当 $h(x) = x$ 时，它退回到 X 的期望值或者说**均值** EX，经常用 μ，有时也为了强调所考虑的随机变量而用 μ_X 来表示这个值. 当 $h(x) = x^k$ 时，$Eh(X) = EX^k$ 为 k 阶矩. 当 $h(x) = (x-EX)^2$ 时，

$$Eh(X) = E(X-EX)^2 = EX^2 - (EX)^2$$

称为 X 的**方差**. 它经常用 $\mathrm{var}(X)$ 或 σ_X^2 表示. 方差是分布如何分散的一个度量. 然而，若 X 的单位是英尺，则方差的单位是平方英尺，而**标准差** $\sigma(X) = \sqrt{\mathrm{var}(X)}$ 的单位同样是英尺，它比方差更好地给出了距离均值的"典型"偏差的思想.

例 A.18 **掷一枚骰子** $P(X=x) = 1/6$，$x=1,2,3,4,5,6$，因此

$$EX = (1+2+3+4+5+6) \times \frac{1}{6} = \frac{21}{6} = 3.5$$

这种情形下，期望值恰好是六种可能取值的平均，

$$EX^2 = (1^2 + 2^2 + 3^2 + 4^2 + 5^2 + 6^2) \times \frac{1}{6} = \frac{91}{6}$$

因此方差为 $91/6 - 49/4 = 70/24$. 取平方根，我们看到标准差是 1.71. 从 $|X-EX|$ 的角度，三种可能的偏差是 $0.5, 1.5, 2.5$ 的概率均为 $1/3$，于是 1.71 确实是距离均值的典型偏

差的一个合理近似.

例 A.19 几何分布 从几何数列的和开始

$$(1-\theta)^{-1} = \sum_{n=0}^{\infty} \theta^n$$

然后进行两阶求导并消去取值为 0 的项, 得到

$$(1-\theta)^{-2} = \sum_{n=1}^{\infty} n\theta^{n-1}, \qquad 2(1-\theta)^{-3} = \sum_{n=2}^{\infty} n(n-1)\theta^{n-2}$$

取 $\theta = 1-p$, 我们看到

$$EN = \sum_{n=1}^{\infty} n(1-p)^{n-1}p = p/p^2 = \frac{1}{p}$$

$$EN(N-1) = \sum_{n=2}^{\infty} n(n-1)(1-p)^{n-1}p = 2p^{-3}(1-p)p = \frac{2(1-p)}{p^2}$$

于是

$$\text{var}(N) = EN(N-1) + EN - (EN)^2$$
$$= \frac{2(1-p)}{p^2} + \frac{p}{p^2} - \frac{1}{p^2} = \frac{(1-p)}{p^2}$$

将期望的定义直接推广到连续型随机变量情形. 我们用密度函数替换概率分布, 用积分替换求和,

$$Eh(X) = \int h(x)f_X(x)\mathrm{d}x \qquad\qquad (\text{A.19})$$

[252]   **例 A.20 (a,b) 上的均匀分布** 假设对 $a < x < b$, X 的密度函数 $f_X(x) = 1/(b-a)$, 其他情形为 0. 这种情况下,

$$EX = \int_a^b \frac{x}{b-a}\mathrm{d}x = \frac{b^2-a^2}{2(b-a)} = \frac{(b+a)}{2}$$

因为 $b^2 - a^2 = (b-a)(b+a)$. 注意到 $(b+a)/2$ 是区间的中点, 因此是 X 的均值的自然选择. 再进行一些运算, 得到

$$EX^2 = \int_a^b \frac{x^2}{b-a}\mathrm{d}x = \frac{b^3-a^3}{3(b-a)} = \frac{b^2+ba+a^2}{3}$$

因为 $b^3 - a^3 = (b-a)(b^2+ba+a^2)$. 对 EX 进行平方, 得出 $(EX)^2 = (b^2 + 2ab + a^2)/4$, 因此

$$\text{var}(X) = (b^2 - 2ab + a^2)/12 = (b-a)^2/12$$

为了帮助解释我们在上面两个例子中已经得到的答案, 我们利用以下结论.

定理 A.3 若 c 是一个实数, 则

$$(\text{a})E(X+c) = EX+c \qquad\qquad (\text{b})\text{var}(X+c) = \text{var}(X)$$
$$(\text{c})E(cX) = cEX \qquad\qquad (\text{d})\text{var}(cX) = c^2\text{var}(X) \quad\blacktriangleleft$$

(a,b) 上的均匀分布 若 X 是 $[(a-b)/2, (b-a)/2]$ 上的均匀分布, 则根据对称性, $EX = 0$. 若 $c = (a+b)/2$, 则 $Y = X+c$ 是 $[a,b]$ 上的均匀分布, 则根据定理 (A.3) 的 (a) 和 (b),

$$EY = EX + c = (a+b)/2$$
$$\text{var}(Y) = \text{var}(X)$$

根据第二个公式，我们看到均匀分布的方差仅依赖于区间的长度. 为了看出它将是一个 $(b-a)^2$ 的倍数，注意到 $Z = X/(b-a)$ 是 $[-1/2, 1/2]$ 上的均匀分布，再利用定理 A.3 的 (d) 推出 $\mathrm{var}(X) = (b-a)^2 \mathrm{var}(Z)$. 当然，需要经过计算推出 $\mathrm{var}(Z) = 1/12$.

在本书中有几处要用到**母函数**. 若 X 的分布为 $p_k = P(X = k)$，则它的母函数是 $\phi(x) = \sum_{k=0}^{\infty} p_k x^k$，$\phi(1) = \sum_{k=0}^{\infty} p_k = 1$. 求导（不必担心求和与积分交换顺序的细节），我们有

$$\phi'(x) = \sum_{k=1}^{\infty} k p_k x^{k-1} \qquad \phi'(1) = EX$$

或者一般地，经过 m 阶导数之后

$$\phi^{(m)}(x) = \sum_{k=m}^{\infty} k(k-1)\cdots(k-m+1) p_k x^{k-1}$$

$$\phi^{(m)}(1) = E[X(X-1)\cdots(X-m+1)]$$

例 A.21 Poisson 分布 $P(X = k) = \mathrm{e}^{-\lambda k} \lambda^k / k!$. 母函数为

$$\phi(x) = \sum_{k=0}^{\infty} \mathrm{e}^{-\lambda k} \frac{\lambda^k x^k}{k!} = \exp(-\lambda + \lambda x)$$

m 次求导后我们有

$$\phi^m(x) = \lambda^m \exp(-\lambda(1-x))$$

且 $E[X(X-1)\cdots(X-m+1)] = \lambda^m$. 据此我们得到 $EX = \lambda$，像我们对几何分布的推理方法一样，

$$\mathrm{var}(X) = EX(X-1) + EX - (EN)^2 = \lambda^2 + \lambda - \lambda^2 = \lambda \qquad ■$$

下面两个结论给出了期望和方差的重要性质.

定理 A.4 若 $X_1, \cdots, X_n$ 是任意随机变量，则

$$E(X_1 + \cdots + X_n) = EX_1 + \cdots + EX_n \qquad ◄$$

定理 A.5 若 $X_1, \cdots, X_n$ 相互独立，则

$$\mathrm{var}(X_1 + \cdots + X_n) = \mathrm{var}(X_1) + \cdots + \mathrm{var}(X_n) \qquad ◄$$

定理 A.6 若 $X_1, \cdots, X_n$ 相互独立，且分布的母函数为 $\phi(x)$，则和的母函数为

$$E(x^{S_n}) = \phi(x)^n \qquad ◄$$

为了说明这几条性质的应用，考虑下例.

例 A.22 二项分布 若我们进行 n 次试验，每次试验成功的概率为 p，则成功次数 S_n 有

$$P(S_n = k) = \binom{n}{k} p^k (1-p)^{n-k} \qquad k = 0, \cdots, n$$

为计算期望和方差，我们从 $n = 1$ 的情形开始，它称为 Bernoulli 分布，为了简化符号，用 X 替换 S_1，我们有 $P(X = 1) = p$，$P(X = 0) = 1 - p$，因此

$$EX = p \cdot 1 + (1-p) \cdot 0 = p$$

$$EX^2 = p \cdot 1^2 + (1-p) \cdot 0^2 = p$$

$$\mathrm{var}(X) = EX^2 - (EX)^2 = p - p^2 = p(1-p)$$

为了计算 S_n 的期望和方差，我们观察到若 $X_1, \cdots, X_n$ 相互独立且与 X 同分布，则 $X_1 + \cdots +$

X_n 与 S_n 同分布. 直观上这个结论成立，因为 $X_i = 1$ 意味着第 i 次试验成功，因此和是总的成功次数. 利用定理 A.4 和 A.5，我们有

$$ES_n = nEX = np \qquad \mathrm{var}(S_n) = n\,\mathrm{var}(X) = np(1-p)$$

而对于母函数，当 $n = 1$ 时，它是 $(1-p+px)$，因此根据定理 A.6，S_n 的母函数为

$$(1-p+px)^n$$

一般地，如果我们令 $p = \lambda/n$ 并令 $n \to \infty$，则

$$\left(1 - \frac{\lambda}{n}(1-x)\right)^n \to \exp(-\lambda(1-x))$$

这是 Poisson 分布的母函数.

在某些情形，利用另一种计算 X 期望的方法是有用的. 在离散情形下，公式为

定理 A.7   如果 $X \geqslant 0$ 是整值的，那么

$$EX = \sum_{k=1}^{\infty} P(X \geqslant k) \tag{A.20}$$

证明   令 $1_{\{X \geqslant k\}}$ 表示当 $X \geqslant k$ 时，取值为 1，其他情形为 0 的随机变量. 易知

$$X = \sum_{k=1}^{\infty} 1_{\{X \geqslant k\}}.$$

取期望并注意到 $E1_{\{X \geqslant k\}} = P(X \geqslant k)$，于是

$$EX = \sum_{k=1}^{\infty} P(X \geqslant k)$$

所需结论得证.   ◀

一般地，有类似结论成立.

定理 A.8   令 $X \geqslant 0$. H 是一个可微的非降函数，$H(0) = 0$. 则

$$EH(X) = \int_0^{\infty} H'(t) P(X > t)\,\mathrm{d}t$$

证明   我们假设 H 非降只是为了确保积分存在（它有可能是 ∞）. 引入示性函数 $1_{\{X > t\}}$，当 $X > t$ 时，它取值为 1，其他情形为 0，有

$$\int_0^{\infty} H'(t) 1_{\{X > t\}} = \int_0^x H'(t)\,\mathrm{d}t = H(X)$$

取期望，所需结论得证.   ◀

取 $H(x) = x^p$，$p > 0$，我们有

$$EX^p = \int_0^{\infty} pt^{p-1} P(X > t)\,\mathrm{d}t \tag{A.21}$$

当 $p = 1$ 时，它变为

$$EX = \int_0^{\infty} P(X > t)\,\mathrm{d}t \tag{A.22}$$

在离散情形下，类似于式（A.21）有

$$EX^p = \sum_{k=1}^{\infty} (k^p - (k-1)^p) P(X \geqslant k) \tag{A.23}$$

当 $p = 2$ 时，它变为

$$EX^2 = \sum_{k=1}^{\infty}(2k-1)P(X \geqslant k) \tag{A.24}$$

为了阐述最后一个有用的结论，回想称 ϕ 是凸函数，如果它对任意 x, y 和 $\lambda \in (0,1)$，都有

$$\phi(\lambda x + (1-\lambda)y) \leqslant \lambda\phi(x) + (1-\lambda)\phi(y)$$

对于一个光滑函数，这等价于 ϕ' 是非降的，或者 $\phi'' \geqslant 0$.

定理 A.9 若 ϕ 是凸函数，则 $E\phi(X) \geqslant \phi(EX)$.

证明 有一个线性函数 $l(y) = \phi(EX) + c(y-EX)$，从而对任意 $y, l(y) \leqslant \phi(y)$. 如果接受了这个事实，证明将是容易的. 用 X 替换 y，取期望有

$$E\phi(X) \geqslant El(X) = \phi(EX)$$

因为 $E(X-EX) = 0$，为了证明这个事实，注意到对任意 z，当 $h \downarrow 0$ 时，有

$$\frac{\phi(z+h)-\phi(z)}{h} \downarrow c_+ \qquad \frac{\phi(z)-\phi(z-h)}{h} \uparrow c_-$$

取 $z = EX$ 和 $c \in [c_-, c_+]$，得到了所需的线性函数. ◀

参 考 文 献

［1］Athreya KB，Ney PE (1972) Branching processes. Springer，New York.

［2］Geman S，Geman D (1984) Stochastic relaxation，gibbs distributions and the bayesian restoration ofimages. IEEE Trans Pattern Anal Mach Intell 6：721-741.

［3］Gliovich T，Vallone R，Tversky A (1985) The hot hand in basketball：on the misperception of random sequences. Cogn Psychol 17：295-314.

［4］Hammersley JM，D C Handscomb DC (1984) Monte Carlo methods. Chapman and Hall，LondonHastings WK (1970) Monte carlo sampling methods using markov chains and their applications. Biometrika 57：97-109.

［5］Kesten H，Stigum B (1966) A limit theorem for multi-dimensional galton-watson processes. Ann Math Stat 37：1211-1223.

［6］Kirkpatrick S，Gelatt CD Jr，Vecchi M (1983) Optimizing by simulated annealing. Science 220：671-680.

［7］Metropolis N，Rosenbluth A，Rosenbluth M，Teller A，Teller E (1953) Equation of state computation by fast computing machines. J Chem Phys 21：1087-1092.

［8］Tierney L (1994) Markov chains for exploring posterior distributions. Ann Stat 22：1701-1762.

索　引

索引中的页码为英文原书页码，与书中页边标注的页码一致.

A

Absorbing states（吸收态），6，74
Algorithmic efficiency（算法效率），89-90
Alternating renewal processes（交替更新过程），123
American options（美式期权），226-230
Aperiodic（非周期的），29
Arbitrage opportunity（套利机会），210，237

B

Barbershop（理发店），154，158-159
Bayes' formula（Bayes 公式），244
Bernoulli-Laplace model of diffusion（Bernoulli-Laplace 扩散模型），85
Binomial distribution（二项分布），44，246，254-255
Binomial model（二项式模型），237，238
　call option（看涨期权），215
　investment strategy（投资策略），216
　N period model（N 期模型），215-218
　one period case（单期情形），213-215
　risk neutral probability（风险中性概率），214-216
Birth and death chains（生灭链），38，90，153，205
Bishop's random walk（象的随机游动），85
Black-Scholes formula（Black-Scholes 公式），230-234
Black-Scholes partial differential equation（Black-Scholes 偏微分方程），233-234
Branching processes（分支过程），6，67-68，202-203
Brother-sister mating（兄妹配对），89，204
Brownian motion（Brown 运动），231

C

Central limit theorem（中心极限定理），230-232
Chapman-Kolmogorov equation（Chapman-Kolmogorov 方程），10，140-141
Closed set for Markov chain（Markov 链的闭集），

17，18
Complement of a set（集合的补），242
Compound Poisson processes（复合 Poisson 过程），103-105
Conditional expectation（条件期望），185-187
Conditional probability（条件概率），11
Continuous distribution（连续分布），246
Continuous time Markov chains（连续时间 Markov 链）
　birth processes（生过程），143
　branching processes（分支过程），141
　Chapman-Kolmogorov equation（Chapman-Kolmogorov 方程），140-141
　computer simulation（计算机模拟），142-143
　exit distributions and hitting times（离出分布和首达时刻）
　　barbershop chain（理发店链），158-159
　　branching process（分支过程），156-157
　　M/M/1 queue（M/M/1 排队系统），156，157
　formal construction（正式构造），142
　informal construction（非正式构造），142
　limiting behavior（极限行为）
　　basketball game（篮球赛），151-152
　　detailed balance condition（细致平衡条件），152-156
　　stationary distribution（平稳分布）149，150
　　weather chain（天气链），150-151
　Markovian queues（Markov 排队系统）
　　multiple servers（多服务员排队系统），164-167
　　single server queues（单服务员排队系统），160-164
　M/M/s queue（M/M/s 排队系统），141
　Poisson process（Poisson 过程），141
　queueing networks（排队网络），167-174，182-183
　transition probability（转移概率），140，144-149
　uniformization（归一化）143

Convergence theorem for Markov chains（Markov 链的收敛定理），31，47-48，73

Counter processes（计数过程），120，135

Coupon collector's problem（卡片收集问题），89

Cramér's estimate of ruin（Cramér 破产估计），199-200

D

Decomposition theorem（分解定理），26，73

Density function（密度函数），93，246

Detailed balance condition（细致平衡条件），175

  barbershop（理发店），154

  birth and death chains（生灭过程），38，153

  Ehrenfest chain（Ehrenfest 链），38-39

  machine repair model（机器维修模型），154-155

  $M/M/\infty$ queue（$M/M/\infty$ 排队系统），155

  $M/M/s$ queue（$M/M/s$ 排队系统），155

  random walk（随机游动），41-42

  random walks on graphs（图上的随机游动），40-41

  three machines, one repairman（三台机器，一个维修工），39-40

  two state chains（两状态链），153-154

Discrete renewal process（离散更新过程），129-131，136-137

Disjoint sets（不交的集合），242

Distribution function（分布函数），93，247

Doubling strategy（加倍策略），192-194

Doubly stochastic chains（双随机链）

  definition（定义），34

  mathematician's monopoly（数学家大富翁），36

  random walk（随机游动），35

  real monopoly（真实的大富翁游戏），36-37

  tiny board game（小型桌面类游戏），35

Dual transition probability（对偶转移概率），42

Duration（持续时间）

  of fair games（公平赌博的），62-63，197-198

  of nonfair games（不公平赌博的），63-64

E

Ehrenfest chain（Ehrenfest 链），2-3，86

detailed balance condition（细致平衡条件），38-39

limit behavior（极限行为），27

European call option（欧式看涨期权），209，235，237

Event（事件），241

Exit distributions（离出分布），86-90，156-160，179-180

  gambler's ruin（赌徒破产），56-57

  matching pennies（硬币匹配），54-55

  roulette（轮盘赌），57-58

  tennis（网球比赛），52-54

  Wright-Fisher model（Wright-Fisher 模型），55-56

Exit times（离出时刻），86-90

  duration of fair games（公平赌博的持续时间），62-63

  duration of nonfair games（不公平赌博的持续时间），63-64

  finite state space（有限状态空间），60

  tennis（网球比赛），59-60

  two year college（两年制大学），58

  waiting time for HT（等待 HT 出现的时间），61-62

  waiting time for TT（等待 TT 出现的时间），60-61

Expected value（期望值），251-257

Experiment（试验），241

Exponential distribution（指数分布），93-96，111-113，247

  density function（密度函数），93

  distribution function（分布函数），93

  exponential races（指数分布排序），94-96，110

  lack of memory property（无记忆性），94，110

  with rate（速率），93，110

Exponential growth（指数增长），231

Exponential martingale（指数鞅），190-191

Exponential races（指数分布排序），94-96，110

F

Feed-forward queues（前馈排队系统），182

G

Gambler's ruin（赌徒破产），1-2，11-12，14-15，56-57

Gamma distribution（Gamma 分布），96

Generating function（母函数），68，206，253-254

Geometric distribution（几何分布），246，252

$GI/G/1$ queue（$GI/G/1$ 排队系统），125，207

Google call options（Google 看涨期权），236

H

Hedging strategy（对冲策略），213，238

Hitting probabilities（首达概率），206

Hitting times（首达时刻），156-160，179-180，206

I

Independent events（独立事件），244，245

Independent increments（独立增量），99，110，231

Independent Poissson（独立 Poisson 分布），98

Independent random variables（独立随机变量），249

Indicator function（示性函数），185

Infinite state spaces（无限状态空间），90-91

    binary branching（二分支过程），69-70

    branching processes（分支过程），67-68

    $M/G/1$ queue（$M/G/1$ 排队系统），70-71

    null recurrent（零常返），66

    positive recurrent（正常返），66

    reflecting random walk（带反射壁的随机游动），64-66

Inspection paradox（检验悖论），132-133

Intersection of sets（交集），242

Inventory chain（库存链），4-5，32-34

Irreducible Markov chain（不可约 Markov 链），17，18，149

J

Jensen's inequality（Jensen 不等式），186

Joint density function（联合密度函数），248

K

King's random walk（王的随机游动），85

Kolmogorov's backward equation（Kolmogorov 向后方程），145

    cycle condition（循环条件），179

    forward equation（向前方程），145

    Poisson process（Poisson 过程），146

    two-state chains（两状态链），146-147

    Yule process（Yule 过程），147-149

kth moment（k 阶矩），251

L

Lack of memory property（无记忆性），94，110，124，139

Landscape dynamics（景观动态），84

Left-continuous random walk（左连续随机游动），198-199

Library chain（图书馆链），85

Little's formula（Little 公式），126-127，164，174

Lognormal stock prices（服从对数正态分布的股票价格），204

Lyapunov functions（Lyapunov 函数），206-207

M

Machine repair model（机器维修模型），154-155

Manufacturing process（制造过程），86

Marginal density（边缘密度），249

Marginal distributions（边缘分布），249

Markov chains（Markov 链），174-175

    absorbing states（吸收态），6，74

    branching processes（分支过程），6

    brand preference（品牌偏好），4

    classification of states（状态分类）

        closed set（闭集），17，18

        communicates with（可达），15-16

        irreducible（不可约），17，18

        recurrent（常返），14，16

        seven-state chain（七状态链），16-17

        stopping time（停时），13

strong Markov property（强 Markov 性），13-20

transient（非常返），14

convergence theorem（收敛定理），47-48

converge to equilibrium（收敛到均衡），77

detailed balance condition（细致平衡条件）

    birth and death chains（生灭链），38

    Ehrenfest chain（Ehrenfest 链），38-39

    random walk（随机游动），41-42

    random walks on graphs（图上的随机游动），40-41

    three machines，one repairman（三台机器，一个维修工），39-40

doubly stochastic chains definition（双随机链定义），34

    mathematician's monopoly（数学家大富翁），36

    random walk（随机游动），35

    real monopoly（真实的大富翁游戏），36-37

    tiny board game（小型桌面类游戏），35

Ehrenfest chain（Ehrenfest 链），2-3

exit distributions（离出分布）

    gambler's ruin（赌徒破产问题），56-57

    matching pennies（硬币匹配），54-55

    roulette（轮盘赌），57-58

    tennis（网球比赛），52-54

    Wright-Fisher model（Wright-Fisher 模型），55-56

exit times（离出时刻）

    duration of fair games（公平赌博的持续时间），62-63

    duration of nonfair games（不公平赌博的持续时间），63-64

    finite state space（有限状态空间），60

    tennis（网球比赛），59-60

    two year college（两年制大学），58

    waiting time for HT（等待 HT 出现的时间），61-62

    waiting time for TT（等待 TT 出现的时间），60-61

gambler's ruin（赌徒破产），1-2，75

infinite state spaces（无限状态空间）

binary branching（二分支过程），69-70

branching processes（分支过程），67-68

$M/G/1$ queue（$M/G/1$ 排队系统），70-71

null recurrent（零常返），66

positive recurrent（正常返），66

reflecting random walk（带反射壁的随机游动），64-66

inventory chain（库存链），4-5

limit behavior（极限行为）

    aperiodic（非周期），29

    asymptotic frequency（渐近频率），31

    basketball chain（篮球链），30

    convergence theorem（收敛定理），31

    Ehrenfest chain（Ehrenfest 链），27

    inventory chain（库存链），32-34

    renewal chain（更新链），27

    repair chain（修复链），31-32

    stationary measure（平稳测度），31

    transition matrix（转移矩阵），28

Metropolis-Hastings algorithm（Metropolis-Hastings 算法）

    binomial distribution（二项分布），44

    geometric distribution（几何分布），44

    simulated annealing（模拟退火法），46

    two dimensional Ising model（二维 Ising 模型），45-46

multistep transition probabilities（多步转移概率）

    Chapman-Kolmogorov equation（Chapman-Kolmogorov 方程），10

    conditional probability（条件概率），9，11

    gambler's ruin（赌徒破产），11-12

repair chain（修复链），5-6

reversibility（可逆性），42-43

social mobility（社会流动），4

stationary distributions（平稳分布），20-26，46，72-73，76，77

transition matrix（转移矩阵），2

transition probability（转移概率），2

two-stage Markov chains（两阶段 Markov 链），7

weather chain（天气链），3-4

Wright-Fisher model（Wright-Fisher 模型），6-7

Markovian queues（Markov 排队系统），181

　　multiple servers（多服务员排队系统），164-167

　　single server queues（单服务员排队系统），160-164

Martingale increments（鞅增量），191

Martingales（鞅）

　　applications（应用）

　　　　bad martingale（坏鞅），196

　　　　Cramér's estimate of ruin（Cramér 破产估计），199-200

　　　　duration of fair games（公平赌博的持续时间），197-198

　　　　gambler's ruin（赌徒破产），196

　　　　left-continuous random walk（左连续随机游动），198-199

　　　　Wald's equation（Wald 等式），198

　　basic properties（基本性质），188-191

　　conditional expectation（条件期望），185-187

　　convergence（收敛）

　　　　branching processes（分支过程），202-203

　　　　Polya's urn（Polya 罐子），201-202

　　exponential martingale（指数鞅），190

　　gambler's ruin（赌徒破产），189，205，206

　　gambling strategies, stopping times（赌博策略，停时）

　　　　doubling strategy（加倍赌博策略），192-194

　　　　predictable process（可料过程），193

　　　　independent random variables（独立随机变量），190

　　martingale increments（鞅增量），191

　　submartingale（下鞅），188-189

　　supermartingale（上鞅），188

　　symmetric simple random walk（对称简单随机游动），189-190

Matching pennies（硬币匹配），54-55

Mathematical finance（金融数学）

　　American options（美式期权），226-230

　　binomial model（二项式模型）

　　　　callback option（回望看涨期权），218-219

　　　　call option（看涨期权），215

　　　　investment strategy（投资策略），216

　　　　knockout options（敲出期权），222

　　　　N period model（N 期模型），215-218

　　　　one period case（单期情形），213-215

　　　　put-call parity（买卖权平价关系），221

　　　　put option（看跌期权），219-221

　　　　risk neutral probability（风险中性概率），214-216

　　Black-Scholes formula（Black-Scholes 公式），230-234

　　capital asset pricing model（资本资产定价模型），223-226

Metropolis-Hastings algorithm（Metropolis-Hastings 算法）

　　binomial distribution（二项分布），44

　　geometric distribution（几何分布），44

　　simulated annealing（模拟退火法），46

　　two dimensional Ising model（二维 Ising 模型），45-46

$M/G/\infty$ queue（$M/G/\infty$ 排队系统），107

$M/G/1$ queue（$M/G/1$ 排队系统），70-71，127-129

$M/M/\infty$ queue（$M/M/\infty$ 排队系统），155

$M/M/1$ queue（$M/M/1$ 排队系统），156，157，160-164，172-173

$M/M/s$ queue（$M/M/s$ 排队系统），141，155，164-167

Moment generating function（矩母函数），232

Multiple servers（多服务员排队系统），164-167

Multiplication rule（乘法定理），13，243

Multistep transition probabilities（多步转移概率），8-12

N

Nonhomogeneous Poisson processes（非齐次 Poisson 过程），103

Normal distribution（正态分布），247-248

Null recurrent（零常返），66

P

Pairwise independent（两两独立），244

Period of a state（一个状态的周期），27

Poisson approximation to binomial（二项分布的 Poisson 逼近），113

Poisson distribution（Poisson 分布），110，246，254

  mean and variance（期望和方差），110

  sums of（和），98

Poisson processes（Poisson 过程）

  basic properties（基本性质），113-115

  compound（复合），103-105

  definition（定义），97-103

  nonhomogeneous（非齐次），103

  Poisson distribution（Poisson 分布），97

  random sums（随机和），110-111，115-116

  with rate（速率），97

  transformations（变换）

    conditioning（条件分布），108-109，111

    superposition（叠加）107-108，111

    thinning（稀释），106-107，110

Poisson race（Poisson 比赛），108

Pollaczek-Khintchine formula（Pollaczek-Khintchine 公式），128，162，164

Polya's urn（Polya 罐子），201-202，204

Positive recurrent（正常返），66

Probability（概率）

  complement of a set（集合的补），242

  conditional probability（条件概率）

    Bayes' formula（Bayes 公式），244

    independent events（独立事件），244

    multiplication rule（乘法定理），243

    pairwise independent（两两独立），244

  disjoint sets（不相交集合），242

  event（事件），241

  expected value, moment（期望值，矩），251-257

  experiment（试验），241

  intersection of sets（交集），242

  random variables（随机变量）

    binomial distribution（二项分布），246

    exponential distribution（指数分布），247-250

    geometric distribution（几何分布），246

    normal distribution（正态分布），247-248

    Poisson distribution（Poisson 分布），246

    probability function（概率函数），245

    uniform distribution（均匀分布），247，248

  sample space（样本空间），241

  union（并），242

Probability function（概率函数），245

Put-call parity（买卖权平价关系），236

Q

Queen's random walk（后的随机游动），86

Queueing theory（排队理论）

  cost equations（成本方程），126-127

  $GI/G/1$ queue（$GI/G/1$ 排队系统），125

  $M/G/1$ queue（$M/G/1$ 排队系统），127-129

Queues in series（串联队列），177，182

R

Random sums（随机和），110-111

Random variables（随机变量），245-251

Random walk（随机游动），35，41-42，83，85

Random walks on graphs（图上的随机游动），40-41

Recurrent state（常返态），71-72

Rejection sampling（拒绝样本），44

Renewal processes（更新过程），119

  age and residual life（年龄和剩余寿命），129-133

  laws of large numbers（大数定律）

    alternating renewal processes（交替更新过程），123

    counter processes（计数过程），120

    long run car costs（长远看汽车的费用），122

    machine repair（维修机器），120

    Markov chains（Markov 链），119

    Poisson janitor（Poisson 到达的看门人），123-124

    strong law of large numbers（强大数定律）120-121

  queueing theory（排队理论）

    cost equations（成本方程），126-127

    $GI/G/1$ queue（$GI/G/1$ 排队系统），125

    $M/G/1$ queue（$M/G/1$ 排队系统），127-129

Repair chain（修复链），5-6，31-32

Residual life（剩余寿命），129-133

Roulette（轮盘赌），57-58

S

Sample space（样本空间），241

Seven-state chain（七状态链），16-17，78

Simple random walk（简单随机游动），189-190

Simulated annealing（模拟退火法），46

Single server queues（单服务员排队系统），160-164

Social mobility（社会流动），4，15

Standard deviation（标准差），251

Stationary distributions（平稳分布），72-73，76，77，175

 basketball（篮球赛），25

 brand preference（品牌偏好），24-25

 initial state（初始状态），20

 irreducible（不可约），50-51

 for monopoly（大富翁），37

 social mobility（社会流动），21，23

 TI83 calculator（TI83 计算器），24

 two state transition probability（两状态转移概率），22

 weather chain（天气链），20-22

Stationary increments（平稳增量），231

Stock prices（股票价格），204

Stopping theorem（停时定理），206

Stopping times（停时），13，192-195

Strong law of large numbers（强大数定律），120-121

Strong Markov property（强 Markov 性），13-20

Submartingale（下鞅），188-190，192

Sucker bet（Sucker 赌博），87-88

Supermartingale（上鞅），188，189，192，194，195，200

Superposition of Poisson processes（Poisson 过程的叠加），107-108，111

T

Thinning of Poisson processes（Poisson 过程的稀释），106-107，110，116-118

Total variation distance（全变差距离），102

Transient state（非常返态）26，71-72

Transition matrix（转移矩阵），2

Transition probability（转移概率），2，84，144-149

 branching processes（分支过程），6

 brand preference（品牌偏好），4

 gambler's ruin，（赌徒破产）11-12

 Kolmogorov's backward equation（Kolmogorov 向后方程），145

  forward equation（向前方程），145

  Poisson process（Poisson 过程），146

  two-state chains（两状态链），146-147

  Yule process（Yule 过程），147-149

 seven-state chain（七状态链），16-17

 social mobility（社会流动），8-9，15

Two state Markov chains（两状态 markov 链），78-79

Two-station queue（两状态排队系统），167-170

U

Unfair fair game（不公平的公平赌博），205

Uniform distribution（均匀分布），247，248，253

Union（并），242

Utility function（效用函数），224

W

Waiting times for coin patterns（等待硬币模式出现的时间），60-62，87

Wald's equation（Wald 等式），198，205

Weather chain（天气链），3-4，20-22，150-151

Wright-Fisher model（Wright-Fisher 模型），6-7，55-56，86，204

Y

Yule process（Yule 过程），141，143，147-149

统计学：基于R应用

作者：贾俊平 ISBN：978-7-111-46651-2 定价：39.00元

应用时间序列分析：R软件陪同

作者：吴喜之 刘苗 ISBN：978-7-111-46816-5 定价：39.00元

金融数据分析导论：基于R语言

作者：Ruey S.Tsay ISBN：978-7-111-43506-8 定价：69.00元

例解回归分析（原书第5版）

作者：Samprit Chatterijee 等 ISBN：978-7-111-43156-5 定价：69.00元